O

iFORCE 原力 满足世界的好奇心

生命本身的感觉
The Feeling of Life Itself

〔美〕克里斯托夫·科赫 著　李恒威 译
Christof Koch

THE
FIRST
MOVER

CTS K 湖南科学技术出版社·长沙

THE
FIRST
MOVER

前言：意识回归

11 　　为了更清楚地揭示意识之于生命的关键意义，你不妨与魔鬼来一场交易。根据交易，你要放弃所有的意识体验，而作为回报，你将获得无穷的财富。你得偿所愿，但必须让渡你所有的主观感受，从而变成一具僵尸（zombie）。从表面上看，你的生活一切正常——能言、能行、理财、参与热闹的社交活动等。可是你的内在生活消失了：你不再有视觉、听觉、嗅觉、爱、恨、痛苦、记忆、思考、计划、想象、梦境、后悔、需要、希望、忧虑等一切体验。从你的角度来看，你生不如死，因为你什么感受都没有。

　　自人类有思想记录以来，体验是如何出现的，这始终让人感到困惑。两千多年前，亚里士多德（Aristotle）就曾警告过他的读者："世上最难的事情，莫过于获得任何关于灵魂的确切知识。"这个被称为心—身问题（mind-body problem）的难题，古往今来一直困扰着哲学家和学者。我们的主观体验似乎与构成我们脑的物理物质截然不同。无论是物理学的基本方程、化学的元素周期表，还是基因中不停振动的四种碱基（ATGC）序列，我们都无法从中找到任何意识的踪迹。然而，每天清晨醒来，我们就能看、能听、能感受和能思考。体验是我们认识世界的唯一途径。

　　心智（the mental）如何与物质（the physical）相关联？关于这个问题，大多数人认为，随着物质复杂性的增加，心智会从中涌现。也就是说，在这个星球演化出像我们这样巨大的脑之前的亿万年里，心智是不存在的。可是，我们真的相信，在那个时间点之前，用物理学家埃尔温·薛定谔（Erwin Schrodinger）那句令人难忘的话来说，世界"不过是一场没有观众的演出，不为任何人存在。因此可以十分恰当地说，世界根本就不存在吗"？ 12 或者，也许心智一直存在着，与物质共存，但却不是以一种易于辨识的形式存在？也许意识在巨大的脑演化完成之前就出现了？在此，我决心探索一条鲜为人知的道路。

　　你的意识是什么时候开始出现的？当你经历分娩，首次接触到外界的强烈刺激，如耀眼的灯光、喧嚣的声音和缺氧的环境时，这是否是你第一次体验到惶恐与混乱？或许，比这更早，当你还待在母亲温暖安全的子宫里时意识就已经出现了。

　　你的体验流将如何结束？是像蜡烛一样突然熄灭，还是渐渐暗淡？能将你的心智与一个临终动物嫁接到一起，从而在濒死体验中感到超自然的神圣吗？未来科技能将你的心智上传到云端来拯救你，并把你的心智转化到一个工程媒介中，使之成为一个新躯壳中的幽灵吗？

　　类人猿、猴子和其他哺乳动物能听到声音并看到生命的景象吗？狗是像勒内·笛卡尔（René Descartes）著名的论断所认为的那样仅仅是机器吗？还是说它们也能体验到一个芳香弥漫的世界。

目前我们面临一个迫切的问题：计算机能否拥有体验数字代码？能否感受到任何事物？随着机器学习的巨大进步，我们已经跨越了一个重要的门槛，有可能在在座许多读者的有生之年，我们将会看到具有人类水平的人工智能的出现。然而，这些人工智能是否会拥有与其人类水平智能相匹配的人类水平的意识呢？

这些问题之前仅在哲学家、小说家和电影制作人的范围内被讨论，现如今，我要向你展示，科学家是如何讨论它和解决它的。由于有了先进仪器，科学界的同行可以深入到脑的内部，从而推动意识科学在过去的10多年里取得了前所未有的进步。心理学家已经详细分析了每种有意识知觉究竟受到哪种认知操作的支撑。许多认知活动在意识的"聚光灯"之外悄然进行。科学正在照亮这些"无意识的"黑暗通道，它们通常是那些奇怪的、被人遗忘的事情所寄居的阴影之处。

我会用两章来追踪意识在其首要器官——神经系统中的印迹。令人惊讶的是，尽管许多脑区在神经细胞数量上占有显著比重，如小脑的神经细胞数量是大脑皮层的4倍之多，但它们对体验的实质性贡献却并不突出。特别值得注意的是新大脑皮层，作为已知宇宙中最复杂、高度兴奋的物质，其不同脑区与体验的紧密程度存在显著差异，有些脑区与体验的关联程度远超过其他区域。

随着时间的推移，对意识神经印迹的探索将不断深入，如 13
同探险家深入错综复杂的丛林一般，深入到神经系统的某个未
知角落。科学家将逐步揭示出哪一组神经细胞表达了哪些蛋白
质，以及这些细胞以何种活动样式承载了何种体验。这一重大
发现将成为科学探索历程中的一个里程碑。对于神经和精神病
患者来说，这一发现也将带来巨大的福音。

尽管我们了解了意识的神经相关物，但仍需面对更深层次
的问题：与意识体验相关的为何是这些特定的神经元，而不是
其他神经元？为何是这个特定的振动，而不是其他振动？确定某
种物理活动能够产生某种感受是科学的一大进步。然而，我们
更希望了解的是，为什么是这种机制与我们的体验紧密相连？
为什么是脑的生物物理特性，而不是其他复杂生物器官如肝脏，
能引发这种短暂的生命感受？

我们亟一个定量的理论，这一理论应起始于体验，并由此
深入脑的层次。这个理论可以推断和预测出体验会在哪里出现。
对我来说，过去十年最令人兴奋的进展就是诞生了一个这样的
理论，这在思想史还是头一遭。整合信息理论（IIT）对整体（a
whole）无论是演化形成还是工程设计的各个部分及其相互作用
进行了深入探讨，并通过精密的运算演算导出这个整体体验的
数量和质量。《对生命本身的感受》（*The Feeling of Life Itself*）中
最为引人注目的两章便概述了这一理论，以及该理论如何依据
内在因果力来界定意识体验。

前言：意识回归   005

从这些抽象考虑的严格性出发，我开始深入繁杂的临床实践。我描述了如何用这个理论来建造一个工具，以便检测无反应患者的意识是在场还是缺席。接下来，我将讨论该理论中一些违反直觉的预测。如果在恰当的地方将脑切开，其单一心智将分裂为共存于一个颅骨内的两个独立心智。与此相反，如果我们利用未来的脑连接技术直接将两个人的脑相连，那么这两个人截然不同的心智就可能融为一个单一心智，然而代价是他们原本作为两个独立个体的心智将消失。该理论预测，无任何内容的意识状态，即在某些冥想修习中为人所知的纯粹体验（*pure experience*），有可能在近乎静默的皮层中实现。

14 在考虑了意识为什么会演化之后，《对生命本身的感受》将视角转向了计算机。当今主流信念的基本信条所表现出的时代精神是：随着时间的推移，数字和可编程的计算机能够模拟包括人类智能和意识在内的各种现象。计算机的体验是一个聪明的黑客就能做到的。

根据整合信息理论，没有什么比计算主义的信条更偏离真相了。体验不是从计算中产生的。尽管硅谷的数字精英对计算主义有着近乎宗教的信念，但是不会有一个运行于云端的灵魂2.0。虽然适当编程的算法可以识别图像、下围棋、与我们交流以及驾驶汽车，但它们永远不会具备意识。即使是一个完美的人脑模拟软件，也无法产生任何体验，因为它缺乏大脑固有的因果力。该软件的言行看似明智，但声称拥有的体验纯属虚构，是伪意识的表现，就像一座无人的空屋（no one is home）。那是无体验的智能。

意识属于自然领域。如同质量和电荷一样，意识有因果力。若要在机器中创造达到人类水平的意识，那么人脑所固有的因果力必须得以在金属、晶体管以及构成机器硬件的线路中实现。在此，我想指出的是，与人脑相比，当前计算机所具备的因果力是微不足道的。因此，为了实现人工意识，我们要么开发出与今天的那些机器截然不同的计算机架构，要么实现超人类主义者（transhumanists）所构想的神经回路与硅片电路的融合。

在结语中，我探究了大自然的广阔天地。我们发现，即使是所谓的简单动物，其脑部结构实际上也极为复杂，IIT暗示鹦鹉、渡鸦、章鱼和蜜蜂等动物也具备体验世界的能力。然而，当动物的神经系统退化至水母那原始的神经网络时，它们的体验能力将会明显降低。此外，我们还注意到单细胞微生物在其细胞膜中展现了原生态的分子复杂性，因此我们推测它们或许也拥有某种感受能力。

整合信息理论已经引起了哲学家、科学家和临床医生的广泛关注，因为它为实验研究提供了更多的可能性，并且有望揭示那些迄今为止超出了经验研究范围的现实层面。

在逆境中创立新公司的企业家，必须具备适度的自我催眠能力。这种能力对于维持持续多年的高强度的工作动力具有不可估量的价值。因此，我所撰写的这本书坚信这个理论是正确

的，并未过多顾及学术界惯常的审慎态度，即以"在特定条件下"等表述作为开篇。我当然注意到当前存在的争议，并在书
15 中的注释部分引用了大量最新的研究资料。不论我的直觉如何，自然最终必须在实验中做出它的裁决，它要么证实这个理论预测的正确性，要么证伪它。

　　这是我所写的第三部关于体验的著作。《意识探秘》（ The Quest for Consciousness ）于2005年问世，该作品源于我多年讲授的一门课程。期间我调研了大量与主观体验相关的心理学和神经学文献。2012年，我推出了《意识：一个浪漫还原论者的自 白》（ Consciousness: Confessions of a Romantic Reductionist ），该书囊括了那几年间的科研进展与发现，其中还夹杂了一些我个人色彩的自传。

　　《对生命本身的感受》的论述则更为聚焦。你仅需要知道的是，我是人类可能性甲板上随机出现的70亿分之一，我快乐地成长，我曾在美国、非洲、欧洲和亚洲的许多城市住过，我的职业轨迹从物理学家转变为神经生物学家，我是一位素食主义者，热衷哲学，嗜书如命，与活蹦乱跳的狗狗为伴，同时我也是一名户外运动的狂热爱好者，乐此不疲地做各种身体运动，当然，我也有过忧郁的时刻，毕竟我身处一个辉煌时代的尾声。那么，让我们以意识为向导，启程踏上这一探索之旅吧。

　　　　　　　　　　　　　　　　　　　　2018年10月于西雅图

致谢

著书立说是人生一大乐事。与肉体短暂的欢愉相比，著书立说在智力和情感上给予了我更为长久的满足。思考著作的内容，与他人讨论并修改，与编辑、设计师及出版商合作，这些事会让人心力专注。

我谨向过去三年里参与本书撰写的所有人表示衷心的感谢。

朱迪思·费尔德曼（Judith Feldmann）对我的散文进行了编辑。艺术家本尼迪克特·罗西（Bénédicte Rossi）将我的草图设计成精美图画。该书的标题源自两方面的灵感：一是来自伊丽莎白·科赫（Elizabeth Koch）的评价，她在我一次讲座后惊叹道："你研究了生命的感受"；二是来自弗朗西斯·克里克（Francis Crick）一本书的标题《生命本身：起源与本质》（*Life Itself: Its Origin and Nature*）。

我的许多朋友和同事阅读了拙作的草稿，他们指出了其中的一些不当及前后矛盾之处，并帮我精炼一些基本概念。我要特别感谢拉里萨·阿尔班塔基斯（Larissa Albantakis）、梅勒妮·博利（Melanie Boly）、法特玛·德尼兹（Fatma Deniz）、迈克·霍瑞利茨（Mike Hawrylycz）、帕特里克·豪斯（Patrick House）、大卫·麦考密克（David McCormick）、利亚德·穆德里克（Liad Mudrik）和朱利奥·托诺尼（Giulio Tononi），他们不仅花费大量时间通读全文，还提出了宝贵的校正意见。哲学家弗朗西斯·法伦（Francis Fallon）和马修·欧文（Matthew Owen）帮我澄清了一些令人困扰的概念问题。我女儿加布里埃尔·科赫（Gabriele Koch）编辑了书中的一些关键部分。经过他们的不懈努力，这本书得到了极大的改进和完善。

平日里，我是西雅图艾伦脑科学研究所（Allen Institute for Brain Science）的首席科学家和主席，专注于在细胞层次上研究哺乳动物的脑。我们研究所进行的科研工作为本书的多个方面提供了重要信息。我要感谢已故的保罗·G·艾伦（Paul G.Allen），他向我和我的同事展现出的远见和思路，让我们能够在"大科学、团队科学和开放科学"（Big Science, Team Science and Open Science）的座右铭下从事这些难题的研究。我感谢艾伦研究所的首席执行官艾伦·琼斯（Allan Jones）对我学术追求的宽容。我非常感谢小蓝点基金会（Tiny Blue Dot Foundation）为本书中与意识相关的研究提供资助。

最后，我要感谢我的妻子特蕾莎·沃德-科赫（Teresa Ward-Koch），她与卢比（Ruby）和费利克斯（Felix）一道，时常提醒我什么才是生命中真正重要的东西，这让我摆脱了在深夜和清晨写作时不免涌起的孤寂感。

目录

1. 意识是什么？

1　　　　下面这些有什么共同之处呢？心爱食物的美味、牙齿受感染的刺痛、大快朵颐的饱足感、时间在等待中的缓慢流逝、深思熟虑后的行动意愿以及在大赛前混杂着焦虑的兴奋。

　　　　所有这些都是差异显著的体验。这些体验有一个共同点它们都是主观状态，都是被有意识地感受到的状态。对意识本质的解释似乎难以捉摸，许多人声称它根本无法定义。可是定义它实际上就这么简单：

　　　　意识是体验。

　　　　如此而已。意识就是任何一种体验，从最平凡的到最崇高的。尽管在某些定义中，人们会加入"主观的"（*subjective*）或"现象的"（*phenomenal*）这类形容词，但在我看来，这些形容词是不必要的。另外，有些人试图区分"觉知"（*awareness*）与"意识"（*consciousness*），但基于我之前的论述，我认为这种区分并不具有实际意义，因此我会交替使用这两个词。此外，我也不会对"感受"与"体验"进行区分，尽管在日常使用中，"感受"一词通常用于强烈的情感,比如感到愤怒或坠入爱河。正如我使用的那样,任何感受都是一种体验。因此从整体来看,意识就是鲜活的实在(lived reality)。意识是对生命本身的感受。这是我唯一有资格拥有的永恒。如果没有体验,我就是一具僵尸,对我自己来说就是一无所有。

确实,我的心智(mind)包含了其他方面。特别地,在意识聚光灯之外还有一片非意识(non-conscious)和无意识(unconscious)的广阔领域。然而,心—身问题最具挑战性的部分是意识,而不是非意识的加工。不可思议的一点在于,我确实能看到和感受到种种事物,而不是我的视觉系统如何加工像雨点一样撞击在我视网膜上的光子流从而识别出一张面孔。虽然任何一款智能手机都可以做到后者,但没有一款智能手机能做到前者。

17世纪的法国物理学家、数学家和哲学家勒内·笛卡尔在 2 他的著作《方法谈》(*Discourse on the Method*)中追寻作为所有思想之基础的最终的确定性。他的推理是:如果他假设一切都可以怀疑,包括外部世界是否存在这一点,而他仍然知道一些东西,那么他所知道的东西就是确定的。为此,笛卡尔设想了一个"拥有超级能力的邪恶的欺骗者",它可以在有关世界的存在、他的身体以及他所看到或感受到的一切问题上欺骗他。可是,仍然有一点不容置疑,即他正在体验一些事情。笛卡尔的结论是:因为他是有意识的,所以他存在。他这句令人难忘的格言表达了西方思想中的一个最著名的推论:

我思，故我在。[2]

一千多年前，基督教的建教教父之一的希波的奥古斯丁(Saint Augustine of Hippo)，在他的著作《上帝之城》(*City of God*)中提出了一个极为类似的论证，其口号是*si fallor sum*，或者

我错，故我在。[3]

影片《黑客帝国》(*Matrix*)三部曲的主角尼奥 (Neo)虽为"平庸之辈"却给人以接近当代赛博朋克(cyberpunk)的感性形象。尼奥生活在一个由计算机模拟的"母体"(Matrix)中，这个母体对他而言就似日常的"真实"世界。事实上，尼奥和其他人的身体都被堆放在巨大的仓库里，被那些有情识(sentient)的机器(笛卡尔的邪恶欺骗者的现代版本)用作能量源。在尼奥服用墨菲斯(Morpheus)给他的红色药丸之前，他处在否认这一现实(reality)的生活中。可是毫无疑问，尼奥拥有意识体验，即使它们的意识内容完全是虚妄的。

换言之，现象学 —— 我体验到什么以及我的体验是如何被建构的 —— 要先于我能对外部世界所做的推断，包括科学定律。意识先于物理学。

不妨这样想一下：我看到了一些我已学会称之为"脸"的东西。对脸的知觉印象遵循一定的规律：它一般是左右对称的，由

我们习惯上认为的嘴巴、鼻子和两只眼睛组成。通过仔细审视一张脸上的眼睛，我可以推断出这张脸是否在注视我，它是愤怒的还是惊恐的等等。我默认为这些规则属于存在于我之外的世界中的物体，也就是所谓的人。我学会了如何与他们互动，并且我推断我就是一个像他们一样的人。随着我的成长，我已经完全适应了这一推理过程，以至于我深信这是理所当然的。基于这些体验，我构建了一个全面的世界图景。在运用科学的主体间的（intersubjective）方法时，这一推断过程得到了强化，并展现出巨大的影响力，从而揭示了现实中的隐藏方面，如电子和重力、爆炸的恒星、遗传密码、恐龙等等。

但归根结底，这些都是推论，虽然这些推论十分合乎情理，但也不过是推论而已。所有这些推论都可能证明是错误的。但我个人的体验却并非如此，它是我确信无疑的事实。而其他所有一切，包括外部世界的存在，都只是猜测。

1.1 否认体验

意识就是体验，这个常识定义的强大之处在于它是完全显而易见的。还有什么比这更简单的呢？对我来说，意识就是世界显现在我面前和我感受世界的方式（我将在下一章谈论你的意识）。

少数研究人员对该定义持有异议。为了减少因无法解释生命这个核心方面而引发的心理不安（mental discomfort），某些哲学家如帕特里夏·丘奇兰德和保罗·丘奇兰德（Patricia and

Paul Churchland）夫妇，蔑称"体验是实在的"这一民众信念
（folk belief）是一个幼稚的假定，认为它如同"地球是平的"这
一过时的观念，终将被时代所淘汰。①他们力图从有教养人群的
优雅谈话中消除意识这一观念（idea）。4 从某种角度而言，这
个观点不禁让人以为，没有人会遭受残忍、折磨、苦痛、抑郁、
沮丧或焦虑。如果这是正确的，那么这种取消立场（eliminative
stance）意味着：如果人们仅仅因为体验的本质确实让人困惑，
就认为意识并非是实在的，那么痛苦就会轻易地（tout court）从
世界中消失！乌托邦实现了（当然，人们也不会有快乐和喜悦；
要做煎蛋卷，你就得打破鸡蛋）。说得好听点，我觉得这是绝对
不可能的。对体验真实本质的否定，在某种程度上类似于形而
上学的科塔尔综合征（Cotard's syndrome），有这种病症的患
者会否认自己活着。

其他人，如丹尼尔·丹尼特（Daniel Dennett），会极力争辩
说：尽管意识存在，但它没有任何内在或特殊之处。正如他在接
受《纽约时报》（New York Times）采访时所说："那些难以捉摸
4 的主观意识体验——红色之红、痛苦之痛——就是哲学家所
说的感受质（qualia）吗？它们完全是错觉。"5 除了我要保持绝对
静止、平躺在地板上等一系列行为倾向，让我倍感难受的背痛
是不真实的。

这些言论宣称意识的内在本质是我们需要摆脱的最后一大

---

①译者注：民众心理学认为我们每个人都拥有信念和愿望等心智现象，它们都是实在的；
丘奇兰德夫妇反对民众心理学的观点，并持有"体验非实在"的取消主义立场。

错觉（Grand Illusion）。出于自身的缘故，这些言论也受到大部分硅谷人物的认可和支持（我会在倒数第2章再谈论这一点）。我认为这种看法是荒谬的，因为如果意识是所有人都共有的错觉，那么它仍然是一种主观体验，这种体验不亚于任何真正的知觉印象。

鉴于这些诡辩不休的论证，可以清晰地看出，20世纪分析哲学在很大程度上已经落伍了。的确，美国的资深哲学家约翰·塞尔（John Searle）给他的同事说过一些颇为打击人的话：

> 过去五十年主流心智哲学……最显著的特征就是……它似乎显然是错误的。[6]

哲学家盖伦·斯特劳森（Galen Strawson）认为：

> 如果这些哲学家在某种意义上拒绝疼痛之类事物本质的日常观点……那么他们的观点似乎是有史以来人类非理性的最惊人表现之一。在此背景下，假定存在一个我们无法感知到的神圣存在，这似乎比否认经验常识的观点更为合理。[7]

我认为体验是我直接熟知的实在的唯一方面。体验的存在明显地挑战了我们目前对现实的物理本质的有限理解，而这迫切需要一种合理的、经验上可验证的解释。

　　19世纪的物理学家恩斯特·马赫（Ernst Mach）（音速就是以他的名字来命名的）是现象学的坚定拥趸，现象学专注于研究世界呈现给我们的方式。我改编了他的一幅著名铅笔画《内在视角》（*Innenperspektive*，图1.1），并提出一个重要的观点：为了体验到某个事物，我并不需要依赖科学理论、宗教经典、社会权威或任何其他人的认可。我的意识体验为其自身存在，无须要任何外在事物，诸如观察者。任何意识理论都必须反映这一内在实在。[8]

图1.1　内在视角：通过我的左眼所见的世界 —— 包括我的一部分眉毛和鼻子，以及我的狗卢比，它坐在躺椅上看着我。这种知觉印象与实在相符的程度最终是开放的，或许我正在产生幻觉，但这是一幅我有意识视觉体验的图画，这是我直接熟知的唯一实在。

1.2 将意识定义为体验带来的挑战

这个常识定义有一个缺点：它仅对其他有意识的生物有意义。向无意识的超级智能（superintelligence）或向僵尸（zombie）解释体验是没有意义的。这种情况是否会一直存在还有待进一步观察和研究，因为哲学家托马斯·内格尔（Thomas Nagel）所说的"客观现象学（objective phenomenology）"可能触手可及。

客观地说，看（seeing）与视觉运动行为（visuomotor behavior）密切相关，其中视觉运动行为可以被定义为：作用于频谱中特定部分的入射电磁辐射。在这个意义上，无论是苍蝇、狗还是人，任何有机体只要能对视觉输入做出某些行动反应，那么就能够看见（事物）。但是，这种对视觉运动行为的描述完全忽略了"看到"的部分——画中描绘的生活场景，正如图1.1所示。视觉运动行为就是行动，这本身没有问题，但它与我对眼前场景的主观知觉完全不同。 ₆

如今，图像处理软件不但可以轻松存储照片，还可以挑选和识别面孔。该算法从组成图像的像素中提取信息，并输出一个标签，例如"妈妈"。然而，这种直截了当的转换——输入图像，输出标签——与我看到我母亲时的体验截然不同。前者是一种输入-输出转换，后者是一种存在状态（a state of being）。

向僵尸解释"感受"的难度，远超向先天失明的人解释"看

见 "。因为失明者知道声音、触摸、爱和恨等等；我只需要解释一下，视觉体验就像是一种听觉体验，只是视觉感知是与一些随着眼睛和头部转动而以某种方式移动的斑点有关，这些斑点的表面具有特殊的性质，比如颜色和质地。相比之下，僵尸没有任何一种知觉印象可以与"看到"这种感受进行比较。

　　每天清晨醒来，我都会面对一个充满有意识体验的世界。作为一个理性存在，我试图解释这种清明感受的本质，谁拥有它，谁没有，它是如何从物理现象和我的身体中产生的，以及人造的工程系统是否可以拥有它。虽然客观地定义意识远比定义电子、基因或黑洞更为困难，但这并不意味着我必须放弃对意识科学的探索。相反，我得继续加倍努力！

1.3　体验是有结构的

　　任何一次体验均具备其内在的区别。也就是说，任何体验都具备结构，这种结构由众多内在的现象区分所构成。请参照图1.1中的具体视觉体验进行思考。图画的中心是我的伯恩山犬卢比，它正坐在我搭在椅子的双腿上。我们还可以在背景中看到其他物体。可是，这还不是全部，还有很多很多。有左右、上下、中心与边缘、近距离与远距离等无数的空间关系。即使当我在完全黑暗的环境中睁开眼睛，我仍能体验到一个向四面八方延伸的几何空间的丰富意象。

　　实际体验无法用图画描绘，它还包括卢比的独特气味，以

及我对卢比的情感色彩，这塑造了我对她的态度。这些截然不 7
同的感觉（sensory）和情感（affective）方面交织在一个复杂体
验的鸡尾酒中，每个方面都有自己的时间进程，快的、慢的、短
暂的、持续的。大多数体验都是如此，每一种体验都可以根据感
觉形态（modalities）做出更精细的划分。[10]

请思考一下另一种日常体验。清晨，我享用了一杯卡布奇
诺，随后坐在狭窄的座位上。经过两个小时的颠簸飞行，我感
受到膀胱的压力逐渐增大。当我抵达航站楼的卫生间时，尿意
已经难以忍受。[11]随后，我意识到尿液在流动，随着压力的释放，
我有一种轻微愉悦的感觉。但除此之外，我无法进一步内省了。
我不能把这些感觉（sensations）分解成更原始的元素。我无法
越过印度教中所说的"摩耶的面纱"（veil of the Maya）①。我的内
省铁锹（introspective spade）撞上了难以穿透的基岩。[12]我当然
从未体验过位于我颅内构成所有体验的物理基质的突触、神经
元等东西。对我的内省来说，那个层次完全是隐秘的。

最后，请考虑一类罕见的有意识状态，这是众多宗教传统
（无论是基督教、犹太教、佛教还是印度教）共有的一种神秘体
验。这种神秘体验的特点在于，它没有任何具体的体验内容，如
声音、图像、身体感受、记忆、恐惧、欲望、自我等。在此状态
下，体验者与体验本身之间不存在明确的区分，同时也没有领
悟者（apprehender）与领悟之间的区别。这是一种不二的境界。

①译者注："摩耶"是梵语Maya的音译，该词在印度哲学和美学中意译为"幻、幻象、幻
术"，最早出现在印度最古老的典籍《梨俱吠陀》中。

中世纪晚期的多米尼加修道士、哲学家和神秘主义者梅斯特·埃克哈特（Meister Eckhart）在一片平淡无奇的平原上邂逅了上帝 —— 他灵魂的本质，他写道：

> 那里是沉静的"中心"，因为没有任何造物曾进入那里，没有意象（image），也没有进行活动或理解的灵魂，因此她在那里没有觉知到有任何意象，无论是她自己的还是任何其他造物的。[13]

长期进行佛教冥想的修行者会使用类似的语言来描述这种无遮蔽的或纯然的觉知：

> 像万里无云的天空一样清澈，停留于澄净而无形的开阔中。像没有波涛的海洋一样宁静，保持完全的自在，不受思想的干扰。像未受风吹动的火焰一样灿烂且永恒不变，保持完全的清澈和明亮。[14]

我将在第10章谈论无内容的意识或纯粹意识（pure consciousness），因为这一现象对意识的任何计算性解释都构成了严峻的挑战。请注意，严格来说，即使是纯粹体验也是整体的子集（虽然不是真子集），因此也是有结构的。

8　　　除了任何一种有意识体验的内在和结构化的性质之外，对于我的体验，我还能确定什么？无论体验是多么平淡或奇异，我还能肯定地对它做出什么评判呢？

1.4　体验是富含信息的、整合的，以及确定的

对于任何有意识体验来说，以下这三个额外的属性是不容置疑的。

首先，任何体验都包含大量信息（*informative*），并因其不同的方式而有显著的差异。每一种体验都蕴含丰富的信息，包含大量的细节，由具体的现象区分组合而成，它们以特定的方式结合在一起。我曾经看过的或将来要看的每一部电影的每一个镜头都带给我与众不同的体验，在整个视野的各个位置上显示出具有各自色彩、形状、线条和纹理的现象学。此外，我还具备听觉、嗅觉、触觉、感性和其他身体体验，每一种体验均具有其独特性。不存在一般性的（*generic*）体验，即使我在浓雾中视线模糊，无法看清我所看到的东西，这也是一种特定体验。

近期，我有幸探访了一家盲人咖啡馆，它给我带来一次颠覆人生的经历。从一个灯火通明的前厅，我慢慢穿过一条又长又黑又窄的走道，进入一个漆黑一片的房间。房间是如此黑暗，以至于我连妻子在我面前挥动的手都看不见。我们摸索着找到一把椅子坐下，向其他客人做了自我介绍，然后开始在幽冥般的黑暗中小心翼翼地用餐。这次极为独特的体验旨在让健康人能够更深入地理解盲人的生活状况。可是即使在这个漆黑的房间里，我也有一种差异显著的、特定的、混合着其嘈杂回声和感受的视觉体验，这与在漆黑的酒店房间中醒来的体验迥然不同。

其次，任何体验都是整合的（*integrated*），无法还原为那些独立的组成部分。每一种体验都是统一的、整体性的，涵盖了该体验中的所有现象区分及其关系。我体验到那幅图画的整个内容，包括我躺在沙发上的身体和房间，而不仅是双腿以及一只手。我没有体验过独立于左侧的右侧，或者与其蹲在上面的躺椅分离开的狗。我体验到整个场景。当有人对我谈及他们的蜜月（honeymoon）时，我想到的是这对夫妇开始一段浪漫之旅的独特画面，而不是想到高悬空中的巨大物体（moon）以及由蜜蜂酿造的甜蜜物质（honey）。

第三，任何体验在内容和时空层面上都是确定的（*definite*）。这是毋庸置疑的。再看看图1.1中的那个室内场景，我躺在沙发上闭着右眼，从左眼的视角进行透视，以明暗对比的方式感知我的狗和这个世界。在此，可区分的意识内容"在里面"，而其他一切都"在外面"，未被体验到。我看到的世界并没有被一条线分开，以至于这条线外的东西都是灰色或黑暗的，诸如我脑袋后面的东西那样。这样的分界线根本不存在。画笔的笔触被画到画布上；其他的东西都没画到画布上。

我的体验具有确定的内容。如果有更多的东西（比如说，一边看一边体验剧烈的头痛）或更少的东西（就像没有狗的那幅画），那将是一种不同的体验。

总结来说，每一个有意识的体验都具备五个明确且不可否认的属性：每个体验都是为自身存在的、有结构的、富含信息的、整合的和确定的。一切意识体验都有这五个本质属性，无论它们是平凡的还是崇高的，是痛苦的还是狂欢的。

1.5 体验具有视角性和时间性

一些研究人员认为，除了这五个属性之外，体验可能还有其他属性。例如，每种体验都有一个独特的视角——第一人称描述，即主体的视角。我正在看着这幅画；我正处在这个世界的中心。[16] 我怀疑我被给予的中心地位（centeredness）是来自我的视觉、听觉和触觉对空间的表征。这三个相关感觉空间中的每一个都有单独的特定位置，那就是眼睛、耳朵和我的身体各自所处的位置。显然，重点在于，我看到的、听到的和感受到的都涉及一个共同的空间（例如，我从张合的嘴唇中听到的声音会被分配给一张共存的脸），"我"就位于这个奇点（singular point）处，也就是我自己空间的原点。此外，这个中心也是任何行为的焦点，诸如移动眼睛时视角会随之变化。因此，从感觉运动相依（sensorimotor contingencies）的结构中会自然而然地出现一个视角，一个来自某处而不是无源之见的视角，这不需要假定任何额外的基本属性。

更令人信服的一个例子是，任何一种体验都发生在特定的时刻，即当下的现在（the present now）。自古以来，如何以客观的方式定义"现在"难倒了众多哲学家、物理学家和心理学家。毫无疑问，生命存在于过去、现在和未来三个明确的时间领域（temporal dominions）中，而我们所体验的现在则是连接过去与未来的桥梁。[17]过去包含了已经发生的一切,它是不变的,即使在回忆我的记忆库里的事件时,它们似乎容易被重新解释或受到随后看起来违反因果性的事件的影响。未来是所有尚未发生的事情的总和,它是开放且充满变数的。我们体验到的现在会转瞬即逝,变成过去的记忆,而未来的最前沿则会逐渐变成现在,因此,我们所体验的现在也是似是而非的(specious present)。

然而,我们必须认识到,存在一些非同寻常的体验,其特点在于对时间的知觉出现停滞。以服用迷幻剂的人群为例,他们所感知的时间流动,即此刻的持续性,可能会显著减慢,甚至完全停止。同样,当个体全神贯注于某项活动,如攀爬险峻的花岗岩峭壁时,时间似乎会放慢脚步。像电影《黑客帝国》就巧妙地利用了人们熟知的"子弹时间"效应,将时间减慢的感知具象化。换言之,时间的流动并不是所有体验的普遍属性,而只是大多数体验的属性。[18]

那么,就目前而言,我们可以明确所有的意识体验均具有五重基本属性:

每个意识体验都为自身而存在,是有结构的,是特定的,是整体的,以及是确定的。[19]

所以,对我来说体验就是如此。对你来说又如何呢?对于别人的体验,我又能自信地说些什么呢?又如何在实验室内对他人体验进行研究?对于这些问题,我将在下一章进行深入探讨。

2. 谁有意识？

到目前为止，我一直热衷于分享我的个人体验。之所以如 11
此，是因为这些体验是我唯一直接熟知的东西。在本章，我要谈
的就是你和其他人的体验。

在罗马时代，私人（ *Privatus* ）①是指那些退出公共生活的
人。在当今互联网和社交媒体时代，要做到这一点是无法想象
的。这个词也适用于任何有意识体验：每个体验都是私人的，其
他任何人都无法通达你的体验。我看到黄色的感知是属于我的，
而且只能是我的。即使你和我都看到同一辆黄色校车，我们也
可能会体验到不同的色彩，你的体验肯定会让你产生不同的联
想，而我的体验也会让我产生不同的联想。

意识的第一人称方面（first-person aspect）是心智的一种
独特属性，这使得研究它比研究科学的通常对象更具挑战性。
对于那些由质量、运动、电荷、分子结构等所定义的属性，只要
有合适的仪器和工具，任何人都可以进行测量。恰当地说，这样
的属性被称为第三人称属性（ *third-person properties* ）。

---

①译者注："*Privatus*"是一个拉丁语，英语词汇"private"就是从它发展而来。

因此，心—身问题的挑战在于：如何弥合体验心智的主观的、第一人称视角与科学的、客观的第三人称视角之间的鸿沟。

请注意，他人的体验并不是科学研究中的唯一不可观测的存在物。不能直接探究的最著名的对象是量子力学的波函数。所有能测量的都是从波函数推导出来的概率。多重宇宙是宇宙中所有宇宙的巨大集合，其中每个宇宙都有其独特的物理规律，因此多重宇宙是另一个不可观测的实体。与波函数或意识不同，多重宇宙完全超出了我们的因果范围，然而，它仍然是引发我们热烈思考的主题。[1]。

12　唯我论（solipsism）是一种对意识私人性的极端回应，这种形而上学的教条主张，在我的心智之外不存在任何东西。这种观点在逻辑上具有一致性，无法被反驳，但却缺乏建设性，因为它无法解释关于我所生活的宇宙中的有趣事实。例如，我的心智是如何产生的？为什么宇宙中充满了星星、狗和面孔？这些事物遵循哪些规律？

一种较为温和的唯我论承认了外部世界的实在性，但否认其他有意识心智的存在。除了"我"，其他所有人都是没有感受的僵尸，他们只是假装在爱和恨。虽然这种想法在逻辑上是可能的，但在理智上却是哗众取宠的。因为它认为有且只有我的脑产生意识。一条心理物理规律（psychophysical law）适用于我的脑，而另一条不同的规律适用于其他70亿人的脑。这种情况发生的可能性为零。

在我看来，唯我论似乎是一种极端的自我中心主义
（egotism），徒有其表，毫无用处。是的，为了取悦我自己，我可
以想象我是唯一存在的心智，在我死去那一刻，世界将消失在
我第一次体验它之前的虚空里。但唯我论无法解释我周围的世
界。我们不要再浪费时间了，还是去开启真正的任务吧。

2.1　溯因推理的力量

最理性的选择是假设其他人（比如你）都有意识体验。这个
推论基于我们之间的身体和脑具有显著的相似性。如果你告诉
我有关你的体验以某种显而易见的方式与我的体验相联系，那
么这个观点就会得到强化。

你并不是一具僵尸，这一点无法以严格的逻辑理由加以证
明。相反，它是对最佳解释的推论，这是一种通往相关数据的
最大可能解释的推理形式。它被称为"溯因推理"（abductive
reasoning），它反推出一些假设作为所有已知事实的最合理解释。

溯因推理在科学研究领域中具有至关重要的地位。在19
世纪中叶，天文学家观察到天王星运动轨道呈现不规则性，这
一发现激发了法国天文学家乌尔班·勒·韦里尔（Urbain Le
Verrier）的探索欲，他推断存在一颗未知行星推测以及它的位
置。望远镜观测证实了海王星的存在，这确证牛顿的万有引力
理论是对的。达尔文（Darwin）和华莱士（Wallace）推断，自
然选择演化是物种跨生态系统分布的最可能的解释。"溯因"[13]

（Abduction）是一种处理概率和可能性的推理形式。可靠的溯因论证的结论是一种假设，该假设能够最佳地解释所有已知事实。我们每天都会对各种眼花缭乱的现象做出最佳解释，例如，诊断皮肤皮疹、汽车故障、管道泄漏、金融或政治危机的最可能的原因。

寻找所有相关事实最可能的解释，这与那些怀有阴谋论想法的人的心态截然不同，这类人认为每一事件背后都有人为的恶意操作（美国中央情报局、犹太人、共产党人）。这导致一个精心设计的、错综复杂的推理链条，涉及成千上万人的合谋，而这完全可能发生。在奶酪三明治里看到圣母玛利亚肖像①、火星上惊现巨大的外星人面孔，以及登月阴谋 —— 它们是一些错解了最佳解释推理的、令人感到遗憾的例子。[2]

夏洛克·福尔摩斯（Sherlock Holmes）是溯因推理的大师，BBC电视剧《神探夏洛克》（Sherlock）用生动的画面形象化地展示了他的推论。尽管福尔摩斯声称自己实践的是一门"演绎科学"（science of deduction），但实际上他的推理过程中很少涉及真正的演绎推理，因为演绎推理要求逻辑上的必然性。从"所有人都会死"和"苏格拉底是人"这两个命题中，我们可以必然地推断出"苏格拉底将死去"。在现实生活中，情况从来不会那么清晰。通常，福尔摩斯会追溯对事实最可能的解释，就像他在短篇小说《银色马》（Silver Blaze）中与警方的经典对话一样：

---

①译者注：美国一名女士声称在一块已有十年历史的三明治上有圣母玛利亚的肖像，她将其保存下来并在eBay拍卖网站上卖出了28000美元的高价。

　　格雷戈里探长："你有什么要提醒我注意的吗？"

　　福尔摩斯："深夜里狗出现了的奇怪的表现。"

　　巡查员："那条狗在晚上什么也没做。"

　　福尔摩斯："那就是一个奇怪的事情。"

　　福尔摩斯推断那条狗不叫是因为它认识嫌疑犯。溯因推理是计算机科学和人工智能领域的一个热点，它赋予软件以强大的推理能力。IBM使用自然语言的问—答计算机系统，即沃森（Watson），就是应用于医疗诊断的一个例子。[3]

2.2　探究他人的有意识心智

　　不同于我直接熟知的我自己的心智，我只能推断其他有意识心智的存在。我永远不能直接地体验到它们。尤其是，我推断你与其他人拥有像我一样的体验，除非我有足够的理由相信不是这样（例如，他们可能患有脑部损伤或处于严重醉酒状态）。有了这个假设，我就可以去寻找意识与物理世界之间的系统性联系。

　　心理物理学（*Psychophysics*，字面意思是"灵魂的物理学"）是一门旨在阐明刺激（音调、口语、颜色场、屏幕上闪现的图片、皮肤上的加热探头）与其引发的体验之间定量关系的科学。作为心理学的一个分支，心理物理学揭示了客观刺激与主观报告之间可靠的、一致的、可重复的、有规律的规则。[4]

虽然本章侧重于"看"，但知觉是一个广义术语，它不仅包括传统的五种感觉能力（视觉、听觉、嗅觉、触觉和味觉），还涵盖了疼痛、平衡感、心跳、恶心以及其他上腹部的感觉。

为了量化实验室条件下的现象学，心理学家并不依赖烦琐的描述。相反，他们会问一些简单的问题。很多心理学家都是如此。在一个典型的实验中，志愿者需要付出时间和精力，他们紧盯着屏幕，在此期间会有一张图片（例如，一张几乎看不见的脸或一只蝴蝶叠加在方格光影的纹理状背景上）闪烁在屏幕上。紧接着，他们就会面对这样一个问题："你看到的是一张脸还是一只蝴蝶？"（图2.1）。而他们只允许出现两种回答："脸"或"蝴蝶"。他们不能回答"我不确定我看到了多少"或"对不起，我不知道"。当拿不准的时候，他们就必须猜。

在实验中，被试只能按下键盘上的按钮而不能说话，以此保持一致且快速的行动。通过这种方式，研究人员可以快速地从几百个试验中收集反馈。按按钮这种方式还可以用于追踪被试的反应时间，为进一步的深度观察做铺垫。

体验被还原为一系列按按钮的过程。该实验取一组个人试验的平均值而得到对知觉的客观测量（*objective measure of perception*），因为研究人员可以知道正确答案（他们可以访问生成脸或蝴蝶图像的计算机程序，因此知道正确的答案）。也就是说，如果主观报告的内容与屏幕上所显示的相一致，那么公认的第三人称就能够知道。

虽然按按钮的时间很容易测量，但视觉的敏捷度却比较难以确定。通过对比你看到"脸"时脑发出的脑电波信号（EEG）与没有看到"脸"时的脑电波信号（如图2.1所示），结果表明，视觉体验在刺激物进入你眼睛之后的150-350毫秒的时间范围内产生。[5]

对图形可视性进行处理，使其更容易或更难以辨别。当图像只闪烁了1/60秒时，被试的知觉判断在每次试验中可能会有很大的不同。请思考图2.1中50%的人脸图像在屏幕上短暂闪烁。你的前三次回答可能都是"脸"，但却会在第四次试验时按下代表"蝴蝶"的按钮。随着物体从其杂乱的背景中变得更加清晰时（75%或100%的图像），你越来越有可能做出正确的反应，直到你在每一次试验中几乎都这样做。从不能做出区分到做得比随机猜测要好，再到每次都做对了，这是一个稳步发展的过程。[6]

对许多被试重复这项实验，可视性的函数会得到相似但并不相同的反应率。结果并不取决于使用哪种图片，这与它是蝴蝶、动物还是房屋的图片没有太大关系。这令人安心，并强化了我先前的"我们都是有意识的"的假定。16

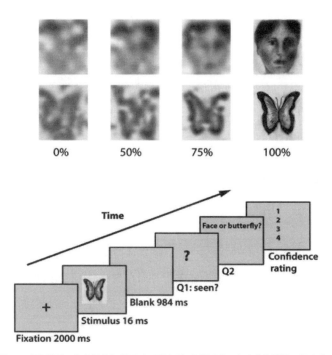

图2.1 探测体验：在你按按钮的同时，通过叠加视觉噪声，人脸或蝴蝶的图像会变得更容易或更难以识别，随后再回答你看到的是一张"脸"还是一只"蝴蝶"。对于任何级别的这类噪声来说，即使同样的图片出现在你的视网膜上，也可以将正确感知刺激的试验与未能正确感知刺激的试验进行比较。（改编自 Genetti et al., 2011。）

　　这类知觉研究表明，感官知觉不是被动的反映，也不是将外部世界简单地映射到内在心智的屏幕上。知觉是一个积极的过程，正如著名的理论家大卫·马尔（David Marr）所说："对世界描述的构建。"[7]你对这个世界非常熟悉，因为它是你看到、听到和以其他方式体验到的。你通过复杂但无意识的过程，从冲击到你的眼睛、耳朵和其他感受器的数据中推断出这个世界。也就是说，你不会看着世界而对自己说："嗯，那个表面以这种方式反射光并遮挡着另一个表面,并且有一个阴影落在最表层上,而另一个表面从很远处投影过来,同时在另一表面的右上角有一个明亮光源。"不,你在满月下看到一群人,彼此之间造成了部分的遮挡。所有这一切都是基于可获得的视网膜信息和你以前的视觉体验以及你祖先的视觉体验(编码在你的基因中)而做的推断。

知觉正是对这些特征的建构,这些特征对我们在一个弱肉强食的世界中的生存斗争是有用的。

知觉如何发生,这是你的有意识心智看不见的,但其实你看并且看见了。事实上,我仍然记得,几十年前,我曾尝试向我的父母(他们分别是医生和外交官)解释我为什么要学习视觉。他们并不理解,因为在他们看来视觉研究是微不足道的。类似地,计算机上无数完成即便是基本任务的软件操作也隐藏在用户界面的简单性之后。

视错觉有时揭示了显象与实在之间惊人的失调。考虑一下"丁香追逐者"(Lilac chaser),它有自己的维基百科页面(https://en.wikipedia.org/wiki/Lilac_chaser)。当你的眼睛一直盯着中心固定的十字时,你将会看到一个绿色的圆点在圆周轨道上一圈又一圈地运动。可是,实际的刺激是一个有11个粉红色圆点的圆盘,其中在第12个圆点的位置上是空的,而这个缺失圆点的位置,本质上是一个洞,绕着这个圆周移动。你所看到的并不存在,而屏幕上外在的东西也不是你看到的内容!

"丁香追逐者"是准确可靠的。即使你知道这是一种错觉，也无法打破它。这是你对外部世界的知觉与其实际度量属性（大小、距离等）之间差异的极端例子。在大多数情况下，显象与实在之间的冲突很小且微不足道。在那个意义上，知觉在很大程度上是可靠的。但有的时候，差异可能会很显著，这说明了知觉的局限性。即使是增强心智的药物也不会让你摆脱人脑的樊笼——世界本身（the world-in-itself），即康德（Kant）所言的著名的物自体（*Ding a sich*）①，永远无法直接触及。

我是一个狂热的攀岩爱好者，热衷在高耸的峭壁上寻找那种混杂着恐惧和兴奋的奇特感觉，这时时间融为一种在场（taut presence）的紧绷感。最近，我在高山的一条狭窄的岩壁上；当时下着雪，刮着风。我不得不从一个木制的绳索桥上越过一个裂谷；桥的一侧磨损严重。在双脚与木板完全接触后，我慢慢地、小心翼翼地拖着脚步走过去，以控制小腿肌肉的略微抖动——登山者熟悉的"小腿疲劳时的颤抖"（Elvis）或"缝纫机腿"（sewing machine leg）。深渊在两壁之间，在转移到另一边相对安全的狭窄岩壁上之前，我强迫自己低头看向远处的河床。

令人尴尬的是，我实际上是戴着沉浸式的虚拟现实（VR）护目镜，走过铺着地毯的办公室地板上的木钉！我对周围和下方空阔空间的视觉体验、身处那里的感觉、耳边的风声——所有这些都引起了我明显的兴奋和紧张感。"我是安全的"这一抽象知识并不能抵消我所体验到的危险感。这是对知觉局限性

---

① 译者注：物自体的英文翻译为"thing in itself"。

（limits of perception）的一次本能展示。

2.3 探索意识的深度

心理物理学探索第一人称体验与第三人称客观测量之间的关系，诸如反应率。对于某些人来说，这还远远不够。他们认为客观的测量方法并不能真正地抓住体验的主观本质。为了更接近实际的现象学，心理学家发明了主观测量法（*subjective measures*）来探究人们对自己体验的了解，这是自我意识的一种简单形式。

回忆一下这个实验，在实验中，一张退化的图片闪烁在屏幕上。按下"脸"或"蝴蝶"按钮后，系统要求你对按下的按钮进行反思，并表明你对你回答的信心程度。这可以采用"四点信心量表"（four- point confidence scale），其中1表示"我在猜测"，2表示"我可能看到了一张脸"，3表示"我认为我看到了一张脸"，以及4表示"我确信我看到了一张脸"（如果你回答蝴蝶也一样）。[18] 在一个试验中，你可能会回答"脸，4"（可以解读为"我非常确信我看到了脸"），然后回答"蝴蝶，2"（可解读为"我可能看到了蝴蝶"）。随着对象变得更加清晰可见，你正确区分脸与蝴蝶的能力和判断的信心都将增强。你对你体验的信心越低，你做的就越差（通过客观测量方法）。[8]

出乎意料的是，即使你认为自己在猜测，也可能比随机选择要好得多。也就是说，当面对非常短暂或微弱的刺激而不会产生鲜明的体验时，人们仍然可以处理一些相关的感觉信息。就称它为直觉（a gut feeling）吧。这被称为"无意识启动"（unconscious priming），它在每个试验之间存在很大差异，并且通常对行为产生很小的影响（例如，将概率或随机表现从50%提高到55%）。由于"无意识启动"的微弱性和不一致性，所以它的存在依然富有争议。[9]

此类主观测量已扩展为较长的问卷，要求被试从数字量表的多个维度对他们的体验进行评级。现象学的各个方面都可以通过这种方式进行盘点：视觉和其他感官知觉强度和时效、图像、记忆、思想、内部对话（内心的声音）、自我觉知、认知唤醒（cognitive arousal）、喜悦、性兴奋、爱的感受、焦虑、怀疑、感觉身处无边无际海洋和自我的消散（最后两个是在幻觉药物的作用下产生的）。通过这种方式，可以在不同的性别、种族、年龄的对象之间绘制详细的心智地图，用于探究彼此的差异和相似之处。[10]

在进一步讨论之前，我必须提到现有行为技术在试图探索体验时存在的一个主要弱点。请再次思考图2.1的实验。根据特定的图像，你看到某个年龄和性别的特定面孔，向你的右侧看，你会看到特定的面部表情，眼眉的形状就是这样，在左脸颊上有灰色（或其他形状）的东西，左脸呈现白色糊状，依此类推。这些描述都有明显的区别。然后还有很多隐性的区别——你可以确定你没有看到猫、红色的消防车、一堆字母，你也没有看到无数其他事物。

然而，心理学家没有对这些正向和负向的区分提出质疑。标准的心理物理设置将整个体验还原为单一的区分，"你看到的是脸还是蝴蝶？"这类似于一个机器视觉分类器的答案，可以得到可重复的结果，并经得起数学的分析。但是，很不幸，它们遗漏了大量的区分。 19

心理学家和哲学家有时会区分现象意识（*phenomenal consciousness*）和通达意识（*access consciousness*）。对实验者来说，前者是你实际体验到的，而后者是你可以报告的。

有人认为，你在一个充满色彩、视觉、声音和愤怒的场景中的体验都是错觉，因为你可以通达的只是一些简单的数据块，而意识的信息评估能力在5到9项之间，并不是很多。除此之外都是虚构的（make-believe）。现象意识与通达意识一样是贫瘠的 —— 它的内容非常微小。可是，如果你只需要描述1比特（bit）自己的体验，那么现象学当然看起来非常贫瘠。因此，意识内容的明显缺乏是由于实验技术的不足。贫乏的表面掩盖了体验丰富的生命力。体验可不只是按按钮！[11]

2.4 非意识的僵尸行动者掌管着你的生活

尽管阈下的（subliminal）知觉充其量是微弱的，但是处在意识的聚光灯之外的心智其他方面却几乎总是以强有力的方式影响着你。这是非意识（nonconscious）的领域[鉴于"无意识"（unconscious）一词带有强烈的弗洛伊德学说的含义，在此避免使用"无意识"一词)]。[12]

无论你正在开车、浏览媒体还是与朋友聊天，你都不断地通过一系列快速而急促的眼球运动来移动视线，这个过程被称为"扫视"（saccades）。尽管在你清醒时这种情况每隔一秒就会发生3到4次，但你几乎永远不会觉知到这些不间断的运动。

考虑一下，如果你在拍摄照片时以相同的节奏移动智能手机会发生什么状况。是的，图片会变得模糊不清。而为什么当你的图像传感器（眼睛）不断运动时，你的视觉世界还是如此清晰，而没有因运动而造成模糊？那是因为，你的非意识心智会删除掉（edits out）这些模糊的部分，这就是众所周知的眼跳抑制（saccadic suppression）。事实上，你在移动时永远无法保持注视。照一下镜子，同时快速地移动眼睛，前后扫视 —— 你将一会儿在这里看到你的眼睛，一会儿又在那里看到你的眼睛，但不会介于两者之间。朋友在旁边看你的时候，他会清楚地看到你的眼睛在移动。而你无法看到自己的眼球运动。你的脑会抑制这些看起来很模糊的小片段，并通过在静止的场景中进行拼接来替换它们，就像是一个电影制片厂。每几秒眨眼一次也是如此（自动眨眼时不会出现这种删除）。所有这些激烈的删除都被你忽视了，所以当你环顾四周时，你看到的是一个稳定的世界。

假设你每天进行超过100,000次的扫视，每一次持续20到100毫秒，则每天扫视和眨眼抑制的时间总计超过一个小时，在此期间你实际上是盲人！可是，直到科学家开始研究眼球运动时，才有人认识到这一非凡的事实。

眼球运动只是一系列复杂过程的一个实例，这些过程由专门的脑回路执行，从而构成人们鲜活的生活。神经学和心理学的调查发现了许多这类专门过程。这些自动控制装置（servomechanism）搭载在眼睛、耳朵、平衡器官和其他传感器上，可以控制我们的眼睛、脖子、躯干、胳膊、手、手指、腿和脚。它们负责日常活动，如刮胡子、洗脸、系鞋带、骑车上班、在电脑键盘上打字、用手机发短信和踢足球，等等。我和弗朗西斯·克里克把这些专门的感觉—认知—运动例程（sensory-cognitive-motor routines）命名为"僵尸行动者"（zombie agents）。[13]它们管理着作为所有技能的核心的肌肉与神经之间流畅快速的互动。它们类似于条件反射——眨眼、咳嗽、将你的手从高温的火炉旁抽开或者被突然的巨响吓到。经典的条件反射是自动的、快速的，并且由脊髓或脑干中的回路所决定。僵尸行为可以被当作是涉及前脑的条件反射，它更灵活和更具适应性。

眼动的扫视由这种"僵尸行动者"控制，同时不需要意识参与。你可以意识到僵尸行动者的行动程序，但那只能在事情发生之后。在南加州山上的一次越野跑活动中，我注意到地上有异样，不禁低头查看。我的右腿立刻做出反应，向前跨出了一大步。原来，在我即将落脚的石头路上，躺着一具令人不安的生物——一条正在晒太阳的响尾蛇。在我有意识地看到这个爬行动物之前，在我体验到肾上腺素激增之前，以及在这条蛇发出令人不安的"嘶嘶"警告之前，我已经迅速地避开了它，继续加速前进。

如果我依靠有意识的恐惧感来控制自己的腿，那我就会踩到蛇。实验证明，动作确实可以比思维更快，纠正运动（corrective motor action）开始于有意识知觉前大约四分之一秒的时候。同样，在考虑一位世界级短跑运动员在10秒内完成100米赛跑的情况时，我们必须认识到，当运动员有意识地听到发令枪响时，他可能已经从起跑线上迈出了几大步。

学习一项新的运动（比如打网球、驾驶帆船、单人双桨划船或登山）需要大量的身心训练。在攀岩过程中，新手可以学习将手、脚和身体放置在哪些地方来贴合岩壁，以此抑制后倾的趋势，并将手腕或手指锁在裂缝中。攀岩者会注意坚硬石片和凹槽，因为这些可以将垂直的花岗岩峭壁变成可攀沿的岩壁，攀岩者还要学会无视其空无一物的下方。一系列明显的感觉-认知-运动的行动衔接成一个平稳执行的运动程序。经过数百小时高强度和专注的训练，这些努力会产生一种无须思考的、完美无瑕的流程，这是一种神圣的体验。经过不断的重复训练，脑会形成特定的神经回路，这种回路也被称为肌肉记忆。这种记忆能使技能运用更加熟练，无须耗费过多精力，同时保持身体的流畅移动。对于专业攀岩者而言，他们无须过分关注每个动作的细节，因为这些细节需要肌肉和神经系统的神乎其技的配合。

事实上，在未经审视的生活中，发生的许多事情是意识无法触及或被我们完全忽视的。"心智空白"（mind blanking）是普遍存在的现象：心智似乎一片空白，而身体却依然在例行公事。[14]弗吉尼亚·伍尔夫（Virginia Woolf），一位内在自我（inner self）的敏锐观察者，这样写道：

> 当我写一本所谓的小说时，我常常被同样的问题所困扰。也就是，如何描述我在私人速记中称之为"非存在"（non- being）的东西。每天更多的是"非存在"而不是"存在"（being）。……虽然今天是美好的一天，但美好却被嵌入进一种难以名状的棉绒（cotton wool）中。总是如此。日常生活的大部分时间都不是有意识地度过的。人们散步、吃饭、观赏事物和处理非做不可的事情；破损的吸尘器……如果是糟糕的一天，非存在（虚无）就会占据更多的时间。[15]

就像你永远都无法关闭冰箱内部的灯一样（因为每次打开冰箱门时，灯都亮着），你不能体验当下没有发生的体验。通过随机向被试的智能手机发送消息来询问他们对所处的那个准确时间点的觉知，心理学家发现，心智空白（blank mind）是普遍存在的，并将其定义为完全没有体验（与上一章中提到的纯粹体验相反），当你一天忙着在办公室、在家做家务、在健身房锻炼、驾车或看电视，这种"心智空白"的情况会经常发生。正念（Mindfulness），即"处在当下"（being in the moment），它可以帮助我们消解心智空白。

在脑的某个地方，身体受到监控；爱、喜悦和恐惧由此诞生；思想浮现，经过深思熟虑，然后被抛弃；制定计划；储存记忆。可是，有意识的自我可能会被关闭，或者对这些喧闹的活动一无所知。对你的心智来说，你就像一个陌生人。

心智的大多数运作是意识无法触及的，这不足为奇。毕竟，你感觉不到肝脏在代谢昨晚黑比诺葡萄酒中的酒精，你也体验不到数以万亿计的细菌快乐地在肠道中繁殖，并且你对免疫系统对抗病毒的战斗充耳不闻。

直到19世纪后期，在哲学家和心理学家，尤其是在弗里德里希·尼采（Friedrich Nietzsche）、西格蒙德·弗洛伊德（Sigmund Freud）和皮埃尔·珍妮特（Pierre Janet）推断它存在之前，非意识的心智领域一直未被发现。它隐微折射出一种根深蒂固的直觉，即有意识的心智就是全部。这也解释了大部分心智哲学何以乏善可陈。你无法以内省的方式进入你心智的无意识层面。瑜伽士贝拉（Yogi Berra）可能会打趣说："你不可能知道你并未体验的东西。"

非意识的存在使关于意识的物理基础的问题变得一目了然。心智的无意识与有意识的行动之间有什么差别？

2.5 论行为方法的局限性

你可能认为，科学家无法使用10英尺电极进行主观特征的测量。可是主观并不意味着随意。主观测量遵循可以得到检验的已定规则。一般来说，随着刺激持续时间的减少或中心对象相对于其背景的强度的降低（图2.1），客观反应率和主观信度都会降低，反应时间也会延长——你对所体验的事情越不确定，你反应得越慢。换言之，第一人称视角可以通过第三人称的测量得到验证。

好的科学实践认为：志愿者可能不会始终忠实地执行实验人员的指令——一种情况是他们不能遵循指令（例如需要特殊技术帮助的婴幼儿）而误解指令，另一种情况是他们不想听从 23 指令（因为被试觉得指令无聊，他们会随机按下按钮，或想作弊）。因此，设计适当的控制至关重要。在答案已知的情况下追加捕捉试验（catch trials），重复实验以检查一致性，并与其他数据进行交叉验证，以保证将这类不恰当的反应降至最低。

然而，也有一些与20世纪早期在北极越冬的极地探险者一样与世隔绝的被试——他们是一些因脑外伤、脑炎、脑膜炎、中风、药物或酒精中毒或心脏骤停而出现严重意识障碍的患者。残疾人和长期卧床的患者，他们无法谈论或以其他方式表明其心智状态，与昏昏欲睡的患者不同，他们很少出现条件反射并且不能动弹，处于无意识的深度状态；植物状态的患者具有睁眼和闭眼周期，类似于睡眠（但不一定产生与睡眠相关的脑电活动）。[16]他们会本能地移动四肢，扭动脸，转头，呻吟，抽搐地移动手部。对那些病床旁不明所以的观察者来说，他们以为这些动作和声音暗示着病人已经醒了，于是拼命地想要与所爱的人交流。

请想想那位来自佛罗里达州的特里·夏沃（Terri Schiavo）女士，她在植物状态下苟延残喘了15年，直到2005年因医疗原因死亡。她的丈夫（主张终止她的生命支持系统）与她虔诚的父母（相信自己的女儿拥有一定程度的意识）之间发生了公开的争吵。此案子引起了轩然大波。这个案子经过反复的司法诉讼，最终递交到时任总统乔治·W.布什（George W. Bush）那里。案子最终裁定遵从她丈夫的意愿，终止了她的生命支持系统。[17]

正确诊断处于植物状态的患者是一项挑战性的工作。谁能断定说这些患者是否能体验到疼痛和悲伤，生活在短暂的意识与虚无之间的灰色地带？幸运的是，正如我将在第9章中详细介绍的那样，神经技术正在挽救这些患者。

因此，缺乏可重复的、有意志的行为并不总是无意识的确切标志。相反，某些行为的出现并不总是意识的确定标志。一系列本能的行为（例如眼球运动、姿势调整或梦中呓语）不需要意识参与。梦游者能够进行复杂的、千篇一律的行为——四处走动、穿衣和脱衣，等等，但对此却没有任何事后回忆的证据或其他觉知的证据。[18]

因此，用行为来推断他人的体验，这种方法确实有局限性。然而，即使是存在这些局限性也可以客观地进行研究。随着科学对意识理解的深入，已知与未知之间的分界线也将不断地后退。

　　到目前为止，我谈论的还只是人类和他们的体验。那么动物呢？它们是否也能看、听、闻、爱、恐惧以及悲伤？

3. 动物意识

25   再鲜明不过的一个对比是 —— 佛教相信所有生命都有情识（sentience），而我作为一名严正的神经科学家则提出了一个当代西方的共识 —— 即有些动物可能与人类一样赋有情识和意识体验这一珍贵的天赋。

故事的场景回到佛教僧侣学者与西方科学家在印度南部的一个佛教寺院举行的一场旨在促进物理学、生物学与脑科学三者之间的学术研讨会对话。[1]

佛教的哲学传统可以追溯到公元前5世纪。佛教哲学认为，生命的本质是拥有热量（即新陈代谢）和具有情识，即进行感觉和体验的能力。根据佛教教义，意识被赋予大大小小的所有动物 —— 成人和胎儿、猴子、狗、鱼，甚至是低级的蟑螂和蚊子。它们无一例外地都会遭受痛苦：所有的生命都弥足珍贵。

将这种包容一切的敬畏态度与西方的历史观进行比较。亚伯拉罕宗教宣扬人类例外论（human exceptionalism），认为尽管动物具有敏感性（sensibilities）、驱动力（drives）和动机，并且具有智力行为，但它们没有使之与众不同的、能超越历史而在末日复活的不朽的灵魂。我在旅行和公开讲座中仍然会遇到不少科学家和公众，他们总是明里或暗里地秉信人类例外论。文化习俗变化缓慢，而早期宗教的印迹又异常强大。

我生长在一个虔敬的罗马天主教家庭，与一条无畏的达克斯猎狗普尔兹（Purzel）住在一起。可以说，普尔兹是热情的，它有好奇心，好玩耍、好打斗，有羞愧心，也有焦虑感。可是我的教会告诉我，狗没有灵魂，只有人类才有灵魂。甚至在小时候，我凭直觉就认识到这是错误的；要么我们都有灵魂（无论那意味着什么），要么我们都没有灵魂。

笛卡尔曾有一个著名的论断：狗被马车撞倒，只会可怜 26 地嗥叫却感受不到疼痛。狗不过是一台受伤的机器，缺乏作为人之标志的思维实体（res cogitans）或认知实体（cognitive substance）。对于那些认为笛卡尔并不真正相信狗和其他动物没有感受的人，我在此指出一个事实：笛卡尔与其同一时代的其他自然哲学家一样，对兔子和狗进行了活体剖检。[2]那是一种对活物的冠状动脉外科手术，在手术过程中他们没有采取任何减轻剧痛的措施。尽管我敬佩笛卡尔是一位革命性的思想家，但我觉得这种做法让人难以忍受。

现代性放弃了对笛卡尔式灵魂的信仰，但是占主导地位的文化叙事依然认为 —— 人类是特殊的，他们超越了其他一切生物。所有人类都享有普遍的权利，可是动物并不享有这种权利。

所有的动物对其生命、身体自由和完整性都不拥有根本的权利。我在本书的"尾声"一章会再次讨论这种严峻的状况。

可是，一般用于推断他人体验的溯因推理同样可以用于非人类的动物。在本章中，我要专门讨论我们这种哺乳动物的体验问题。[3]在最后一章，我会思考在（除哺乳动物之外的）其他生物中意识得以演化的程度。

3.1 遗传、生理和行为的连续性

出于三个理由，我确信可以从作为同类的哺乳动物中溯推出体验。

第一，所有哺乳动物在演化上都是近亲。胎盘哺乳动物的共同祖先是小型的、毛茸茸的夜行生物，它们在森林里四处寻找昆虫。在大约6 500万年前，一颗小行星灭绝了大部分恐龙后，哺乳动物开始多样化，并占领了被这场全球性灾难席卷而重新洗牌的所有生态位。

从基因上讲，现代人类与黑猩猩血缘最近。在这两个物种的基因组（即如何组合这些生物的指导手册）中，每百个字中只有一个不同。[4]我们与小鼠也没有什么不同，小鼠的所有基因在人类基因组中几乎都有对应物。因此，当我写下"人与动物"时，我所敬重的不过是使这两个自然物种区别开来的起到支配作用的语言、文化和法律习俗，而不是因为我相信人类有与众不同的本性。

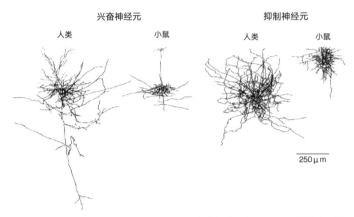

图3.1　小鼠和人类的神经元：两个人和两个小鼠的新皮层神经元，来自艾伦脑科学研　27
究所。它们的形态相似，只是人类细胞更长 [数据由艾伦研究所的斯塔西·索伦森（Staci
Sorensen）提供]

　　第二，神经系统的架构在所有哺乳动物中都高度保守
（remarkably conserved）。人脑中发现的近900种被注释过的不
同的宏观结构，它们大多数都存在于小鼠的脑中，尽管实验者
所选的小鼠的脑相比人类的脑小了1000倍。[5]

　　一旦把比例尺拿掉，即使配备了显微镜的神经解剖学家也
很难将人类神经细胞与鼠类神经细胞相区分开（图3.1）。[6]这并
不是说人类的神经元与小鼠神经元相同。它们的不同之处在于：
前者比后者更复杂，有更多的树突，并且看起来更加多样化。在
基因组、突触、细胞、连接和架构水平上也存在这样的情况，我
们看到小鼠、狗、猴子和人类的脑之间存在无数定量的但非定
性的差异。不同物种调解疼痛所需的接收器（receptors）和通路
是类似的。

人脑很大，但其他生物，诸如大象、海豚和鲸鱼则有更大的脑。令人费解的是，有些动物不仅具有更大的新皮层，而且还具有比人类多2倍的皮层神经元。[7]

28　　第三，哺乳动物的行为与人的行为类似。以卢比为例，它喜欢从我拿来搅拌高脂浓奶油的打蛋器上舔剩下的奶油，无论它在房间或花园中的哪个地方，只要听到金属线圈敲打玻璃的声音，它就会跑进来。它的行为告诉我，它与我一样喜欢甜而腻的奶油；我推断它有一种愉悦的体验。或者当它呜呜地吠叫，咬着爪子，然后一瘸一拐地走来向我求助时，我推断它很痛苦，因为在相似的情况下我也有类似的举动（无啃咬）。生理测量证实了这一推论：就像人一样，狗也会心率加快和血压升高，并且在痛苦中会向体内循环的血液释放应激激素。狗不仅体验来自生理的伤害，还可能遭受痛苦，例如当它们遭受殴打或虐待时，或者大龄宠物与其同窝伙伴或人类同伴分离时，它们都可能会感到痛苦。这并不是说狗的痛苦与人的痛苦是相同的，两者并不相同。但是所有证据都符合这样的假设，即狗与其他哺乳动物不仅会对有害刺激做出反应，而且还会体验可怕的疼痛与折磨。

在我撰写本章时，全世界都目睹了一条虎鲸在长达2周的时间里带着它夭折的孩子，横跨了1000英里（1英里=1.609千米）的西北太平洋海域。随着小虎鲸尸体的不断滑落和下沉，虎鲸母亲不得不费尽周折潜入水中并追回它，这是母性悲痛的惊人表现。[8]

可以教会猴子、狗、猫、马、驴、大鼠、小鼠和其他哺乳动物对之前概述的强制选择实验做出反应，人们改进那些实验以便适应它们的爪子和口鼻，并使用食物或社会奖赏代替金钱。一旦考虑到它们感觉器官的差异，它们的反应就会与人类的行为方式非常相似。[9]

3.2 无声的体验

语言是使人类与其他动物区分开来的最显著特征。日常言语代表和交流抽象的符号和概念。它是数学、科学、文明以及我们所有文化成就的基石。

当涉及意识时，许多古典学者认为语言发挥了使人类成为王者的作用。也就是说，语言的使用被认为直接造就了意识或者是有意识行为的标志之一。这在人与动物之间划了一条清晰的界限。在卢比孔河（Rubicon）的远岸生活着大大小小的众多动物，如蜜蜂、乌贼、狗和猿，尽管它们在视觉、听觉、嗅觉以及体验痛苦和愉悦的方面具有许多与人相似的行为和神经上的表现，但它们却没有感受。它们仅仅是生物机器，缺乏内在之光。在卢比孔河的近岸，生活着现存的唯一物种，即智人（Homo sapiens）。[10]构成卢比孔对岸的诸生物的脑的同样的生物质料却在河的这一侧赋予生物以情识（笛卡尔的"思维实体"或基督的"灵魂"）。

尤安·麦克菲尔（Euan Macphail）是当代少数否认意识演化

29

连续性的心理学家之一。他主张语言和自我感（a sense of self）是意识所必需的。他认为，动物和幼儿都不会体验任何事情，因为他们不会说话，也没有自我感，这是一个一定会让他受到各地父母和儿科麻醉师（pediatric anesthesiologists）青睐的引人注目的结论。[11]

这个证据表明了什么呢？如果某人失去说话的能力会怎样？这如何影响他们的思维、自我感以及他们对世界的有意识体验？失语症（Aphasia）是指因局部的脑损伤而引起的语言障碍，而损伤通常并非总是位于脑的左半球皮层。失语症有不同的形式 —— 根据损伤的位置，它会影响患者对言语或书面文本的理解，这些损伤的严重性会影响人们正确命名物体、言语产生、语法等功能。[12]

神经解剖学家吉尔·博尔特·泰勒（Jill Bolte Taylor）凭借自己的TED演讲以及随后关于中风经历的畅销书而一举成名。[13]她37岁时左半球大出血。在接下来的几个小时里，她实际上成了哑巴。她也失去了内部言语，即伴随着我们的无处不在的无声独白，甚至她的右手也瘫痪了。泰勒认识到她的言语表达没有任何意义，并且她也无法理解别人的"胡言乱语"。她生动地回忆起在受到中风的直接影响时，她如何以图像的方式感知世界，她想知道如何与人们交流。这可不是无意识僵尸的行为。

泰勒令人信服的个人故事存在两个异议，那就是她的叙述无法得到直接的证实，因为她在家中风的时候是独自一人，并且她是在实际经历发生的几个月和几年后才重建了这些事件。
请考虑接下来一个奇特的案例：一个47岁的男人，他脑中的动 30
静脉畸形（arteriovenous malformation）引发了轻微的感觉癫痫
发作。作为医学诊断的一部分，医生对他的左脑半球区域进行
了局部麻醉。这导致他出现密集的失语症，持续了大约10分钟，
在此期间他无法给动物命名、回答是/否的简单问题和描述图片。
当要求他事后立即写下他的回忆内容时，很明显，他认知到当
时发生的事情：

> 总的来说，我的心智似乎在工作，只是要么找不
> 到词语，要么它们变成了其他词语。在整个过程中，
> 我还认识到如果局部麻醉药不可逆，那将是一种可
> 怕的障碍。毫无疑问，我能够回忆起说过或做过什么，
> 问题在于我往往做不到。[14]

他正确地回忆说，他看到一张网球拍的照片，认出了它是
什么，做出了用手握住球拍的姿势，并解释说他刚买了球拍。可
实际上，他所说的只是"perkbull"。很明显，患者在短暂的失语
症中仍然在体验着世界。意识并没有随着他或吉尔·泰勒的语
言能力的退化而消失。

来自大量裂脑患者的证据表明，意识可以保留在非语言的
大脑皮层半球——通常是右半球。这些患者的胼胝体（图10.1）
在外科手术中被切除了，以防止异常的电活动从一个半球扩散
到另一个半球。近半个世纪的研究表明，这些患者有两种有意

识的心智。每个皮层半球都有自己的心智，每个心智都有自己的特点。左半球皮层支持正常的语言加工和言语；右半球几乎是无声的，但可以阅读所有单词，并且至少在某些情况下，可以理解语法并产生简单的语音和歌声。[15]

有人反驳说，语言对于意识的恰当发展是必要的，但是意识的发展一旦发生，体验就不再需要语言。这个假设很难彻底地解决，因为它将需要在严格的社会剥夺下抚养一个孩子。

有记录的案例表明，野孩子（feral children）要么在几乎完全的社会隔离中长大，要么与一群非人类的灵长类、狼或狗一起生活。虽然这种极端的虐待和忽视导致了严重的语言缺陷，但是这并没有剥夺这些野孩子对世界的体验，尽管对他们来说通常是以悲剧和不可思议的方式。[16]

最后，要重申一下，显而易见，语言对我们体验世界的方式有很大贡献，特别是对作为我们过去和现在的叙事中心的自我感的贡献。但是，我们对世界的基本体验并不依赖于此。

除了真正的语言外，人与其他哺乳动物之间当然也存在其他认知差异。人类可以组成庞大而灵活的联盟，以追求共同的宗教、政治、军事、经济和科学事业。我们可以有意做出残忍的行为。莎士比亚的《理查三世》（*Richard III*）厉声说出：

　　凶残如野兽，尚有一点怜悯之心。但是我根本不知怜悯，故而非兽。

我们还可以进行自省，事后猜测我们的行动和动机。随着我们的成长，我们有了一种死亡感，认识到我们的生命是有限的，对死亡的这种认识深入人类存在的核心（the worm at the core）①。死亡对动物带来这种恐惧的掌控。[17]

只有人类才有体验，这种信念是荒谬的。认为人类对整个宇宙才是唯一重要的物种，这种信念是一种"返祖欲望"的残余。更加合理且与所有已知事实兼容的假定是，我们与所有哺乳动物共享生命的体验。在最后一章，我将探讨意识沿生命之树能下沉多远。

在进入意识的神经科学和生物学之前，我还留有一个挑战。许多心智运作被认为与体验密切相关。这尤其适用于思想、智能和注意。现在让我讨论一下为什么这些认知程序可以且应该与意识区分开。体验不同于思想、聪明或注意。

---

①译者注：谢尔登·所罗门（Sheldon Solomon）等人在2015年出版 The Worm at the Core: On the Role of Death in Life 一书，认为一切事物都躲不掉死亡；死亡是人类内心最深的恐惧。中译本为《怕死：人类行为的驱动力》，2016年由机械工业出版社出版。

4．意识与其他心智功能

33 　　任何科学概念（诸如能量、记忆或遗传学）的历史都是一个日益分化和复杂化的过程，直到它的本质可以用定量和机械的方式来解释。在过去的十几年里，这个澄清过程就发生在"体验"上，"体验"这个概念经常与心智常规执行的其他功能（诸如讲话、注意、记忆或计划）混为一谈。

　　我将讨论新旧两方面的观察，这些观察表明：尽管体验通常与思想、智能以及注意联系在一起，但它与这些过程不同。也就是说，尽管意识经常与这三种认知运作纠缠在一起，但却可以与它们分离开。这些发现为协调进攻这个核心问题 —— 即识别意识的神经原因（neural causes），并解释为什么是脑而不是其他器官引起了意识 —— 扫清了障碍。

4.1　意识与信息加工的金字塔

　　从历史上看，意识一直与心智中最精妙的方面联系在一起。它的信息加工层级经常被比作金字塔。底部是大量平行的外周过程，它们记录进入视网膜的光子流、耳蜗气压的变化、与嗅觉上皮组织中的化学接收器结合的分子等等，并将它们转化为低水平的视觉、听觉、嗅觉和其他感觉事件。这些事件在脑的中间阶段被进一步加工，直到它们在心智上层变成抽象的符号（symbols）——你看到你的朋友，听到她问问题。信息加工层级结构的顶端是强大的认知能力，包括说话、符号思维、推理、计划和反省等，只有人类和类人猿（较小程度地）拥有较高的"心理能力"（psychical faculty）。这些能力的带宽是有限的，就这 34 个意义而言，每次只有很少的数据能在这种顶层上得到加工。[1] 从这个观点来看，只有少数精英物种达到了有意识的级别，而这只是为了完成最复杂的任务。[2]

然而，在过去的一个世纪里，关于意识的科学观点发生了一个奇怪的反转：意识被逐出这个加工金字塔的顶端，并向下迁移。鼻子发痒、头部阵痛、大蒜的味道或者蓝天的景色——这些没有什么值得精练、反思和抽象的方面。杂多异质的体验都有这个基本特征，它们要高于处在信息加工金字塔底部的来自外感觉（视觉、听觉、嗅觉）和内感觉传感器（疼痛、温度、肠道和人体其他部分）的原始数据流的水平，但要低于处在信息加工金字塔顶端的高度复杂的、符号的和稀疏的阶段。如果情况如此，那么极有可能，不仅是人类也许大多数甚至绝大多数动物（无论大小），都能体验这个世界。

事实上，人们发现，我们最精妙的认知能力，如思维或创造力，甚至是体验无法直接通达的。考虑一个日常情形：我正准备去旅行，突然一个想法不由自主地出现在我的脑海里——"我需要预订3点开往洛佩兹岛的渡轮"。我意识到一些形象幽灵般地一起出现在我脑海中：时针指向3点时刻的钟面、渡轮、海洋和岛屿以及一条命令我尽快进行线上预订的无言的内在声音。这一内在言语具有句法（syntactic）和音韵（phonological）的结构。

生活中充斥着这些数量惊人的语言意象（imagery），它是一种内心的声音，可以对事件进行推测、计划、告诫和评论。只有剧烈的体力活动、严重的危险、冥想或深度睡眠才能让这个喋喋不休的伙伴安静下来(这也是为什么攀岩、在拥堵的公路上骑行、侦察敌方的地形，以及其他对体力和认知要求高的活动能够产生一种深沉的平静 —— 心智深处的缄默，因为这些活动一旦失败，就会带来直接和严重的后果)。认知语言学家雷·杰肯道夫（Ray Jackendoff）[3]给出的证据表明：思想可以在无法通达体验的语义层面上进行表征和操作，同时西格蒙德·弗洛伊德也赞同这个观点。[4]想想话到嘴边的现象（tip-of-the-tongue phenomenon）—— 一个名字或概念已到嘴边，但是你找不到合适的词来表达它，即使这个概念的画面已出现在脑海中。意义就隐含在那里，但却没有声音，没有音韵的结构。

从这一见解中浮现出的是一幅引人注目的画面 —— 你只意识到外部世界在视觉、听觉和其他感觉上的反映（reflections）。同样，你只意识到你心智活动（mentation）的内部世界在相似的看或听的空间上的反映。这一观点有一种令人愉快的对称性 —— 外部世界和内部世界的体验首先都有感觉—空间的特

征（视觉的、听觉的、身体的等等），而不是抽象的或符号的(图
4.1)。

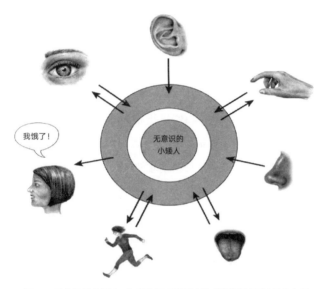

图4.1　无意识的小矮人：你既意识不到原始的感觉数据（无论是来自外
部的还是来自你身体内部的），也意识不到心智的最高加工阶段，这就是
弗朗西斯·克里克和我命名的"无意识的小矮人"（unconscious homun-
culus），它是创造力、思想和智力的内在源泉。你的绝大多数体验都有感
觉—空间的特征（白环）。箭头表示连接脑与世界的感觉和运动路径

　　这一假设解释了一种不可抗拒的错觉，一种持续的感受：36
即在你的脑里有一个小人，一个小矮人，向外看着世界，思考和
计划并发起作为主宰的"我"的行动。虽然这一想法经常被嘲笑，
但小矮人的观点仍非常有吸引力，因为它与"你是谁"的日常
体验产生了共鸣。⁵这个"无意识的小矮人"(图4.1)负责创造力、
智力和计划，而它们大都是无意识的。

考虑一下科学和艺术的创造力，即从现有的风格、想法和概念中创造出新奇事物的能力。雅克·哈达玛（Jacques Hadamard）向著名科学家和数学家同行询问他们的创造性想法的来源。他们在报告中说，他们长时间专注于特定的问题，这是一个孵化期，之后是好好睡上一觉或好好地消遣几天，之后关键的见解会"突然出现在他们的脑海中"。最近许多研究证实，洞见具有这种认知不可及性（cognitive inaccessibility）。[6]

创造力和洞察力是智力的两个关键方面。如果这些都不是有意识的内省所能及的，那么智力与意识之间的关系就不是那么直截了当了。它们确实是心智的两个不同方面吗？难道智力最终不是有关采取聪明的行动并生存下来吗，反之体验不是关于感受吗？依照这种观点，智能关乎能力（doing），而体验关乎存在。在第11章和第13章中，我会在讨论动物、机器智能和意识时，再次回到这个重要主题（图13.4）。

4.2　意识和注意力

我希望你已经注意到我目前为止所写的东西了。如果你已经注意到了，你就会想象这个生活在你内心深处的"小矮人"。如果你没有，这些话会进入你的眼睛，但会不留痕迹地沉入眼底——你没有注意到它们，因为你的心智处于别处。

老师提醒她的学生要注意，或者心理学家要求他的被试注意图像的某些部分。为了让心智能够领会某些事件、对象或概念而唤起的这种"注意"是什么？注意是通往意识圣殿（sanctum）的关键前厅（antechamber）吗？你能在没有注意的情况下体验一个客体或事件吗？

　　注意的形式有很多种，例如基于显著性（saliency-based）的注意①、自动注意，空间和时间的注意以及基于特征和对象的注意。所有这些注意的共同之处在于，它们提供了加工资源的紧缺通道。因为无论多大，任何一个神经系统的容量都是有限的，它都不能及时加工所有传入的数据流。相反，心智将其计算资源集中在任何一个特定的任务中，比如你眼前展开的场景的一部分，然后切换到另一个任务，比如同时进行的对话。选择性注意是演化对信息过载的应对。人类详细地研究哺乳动物视觉系统中"选择性注意"的行动和属性已经长达一个多世纪了。

　　许多引人注目的效应表明：如果你不注意某个事件，那么即使是你直接看着它，你也会错过它。想想"在我们中间的大猩猩"（gorilla in our midst）的错觉（illusion），在这种错觉中，缺乏经验的被试在正在进行的篮球比赛中盯着一个球，当一个穿着大猩猩套装的男子缓缓大步穿过球场时，许多人完全没有看见他。这种显著的视觉失效被称为"非注意视盲"（inattentional blindness），它在打电话或发短信时更有可能发生，这就是为什么边开车边用手机会造成很大的危害，这种行为在许多地方都是违法的。[7]

---

① 译者注：自下而上的有意识的注意，属于被动注意。这种由外界刺激驱动的注意，不需要主动干预，也和任务无关。

因此，视觉体验在很大程度上依赖于选择性注意。当你注意到一个物体时，你通常会意识到它的各种属性；当你转移注意时，这个物体就会从你的意识中消失。这促使许多人假设，这两个过程即使不是完全相同的，也是密不可分地交织在一起的。然而，早在19世纪，一些人认为，注意与意识是不同的现象，具有不同的功能和神经机制。

实验心理学家使用不可见的知觉刺激来研究不含意识的注意。例如，即使男性和女性裸体的图像通过心理学家称为"掩蔽"（masking）的电影技术被完全隐藏，也吸引了空间选择性视觉加工（也称为注意）。然而，这些裸体图片仍会依据被试的性别和性取向对图片进行加工。这样的实验已经在许多不同的环境中重复过，表明你可以在没有意识到它们的情况下注意到客体或事件。[8]在工作、吃饭或开车时出现的心智空白是另一个不含意识的注意的例子，尽管对这方面的研究较少。

虽然有一个广泛的共识，即注意某个事物并不能保证它被有意识地体验到，但一个相反分离的存在——即无注意的意识——则更具争议。然而，当我注意一个特定的位置或物体，并专心致志地审查它时，世界的其余部分并没从注意的隧道中完全消失：我总是觉知到我周围世界的某些方面。我觉知到我正在看短信，或者驾车沿着高速公路驶近一座立交桥。

"主旨"（Gist）是指对一个场景简洁、高层次的总结——高速公路上的堵塞的交通、挤满人的体育场、持枪的人等等① —— 计算"主旨"不需要注意加工：当一个大幅照片短暂且出乎意料地闪烁在屏幕上时，即使你专注于一些微不足道的细节，但你能够仍然理解这张照片的主旨。只需瞥二十分之一秒就够了。而在这个短暂的时间里，选择性注意并没有起到太大的作用。[9]

　　某些复杂的感觉运动 (sensorimotor) 任务可以同时执行，比如一边在高速公路上长时间驾车行驶，一边听迷人的播客 (podcast) 或广播节目。考虑到注意的有限性，以及从监控道路到跟踪故事叙事来回地切换所需的时间和认知努力，注意只能分配到这些任务中的某一项。可是，即使在追踪故事情节，我面前的视觉场景也不会消失。[10]因此，我赞成这样的假设，即选择性注意对于体验某件事来说，既不是必要的（necessary），也不是充分的（sufficient）。要证明这一点，可能需要对神经回路进行微妙的操作，以介导这些神经回路自上而下地调节实验中的动物乃至人类的注意形式。请继续关注相关的文献。

　　总之，将意识与（上一章讨论过的）语言、思想、智能和注意分离开，并不一定意味着意识与这些过程没有紧密的关联。当我打出这句话时，我有意识的目光从我脚下的狗转移到我厨柜上的一本书，再到窗外雾蒙蒙的华盛顿湖。当我一个接一个地注意到每件事情时，我就会意识到它们，在为一天中剩下的时间做计划的时候，可以考虑到它们，以此类推。可是，这些运

---

① 译者注：Gist是一种场景分类的特征，提取的是大区域范围特征，以"宏观"的特征进行描述，忽略图片的局部特点。

作 —— 语言、注意、记忆、计划 —— 可以与原始体验区分开来。因此，它们将有不同但可能重叠的物理机制来支持它们。当然，在许多情况下，计算机已经可以讲话、注意、记忆和计划。不过体验依然让人费解。

　　我们对进行体验的心智已经说了不少了。现在让我转向支持心智的主要器官：脑。

5．意识与脑

如今，我们知道，随着我们死亡一起湮灭的幽灵（ghost）[39]
与庇护在头骨中的3磅（1磅＝453.59克）重的豆腐状器官（脑）
有着密切的联系。但情况并非总是如此。

我在这里追溯了以神经为中心的（neuro-centric）时代的
开端、意识的状态（states of consciousness）与有意识状态
（conscious states）之间的关键区别以及寻找意识的神经印迹的
潜在逻辑。[1]

5.1　从心脏到脑

在大多数历史记载中，心脏被认为是理性、情绪、勇气和心
智的所在地。事实上，古埃及制作木乃伊的第一步是通过鼻孔
挖出脑并将其丢弃，同时仔细地提取和保存心脏、肝脏和其他
内脏，以便法老在来世能获得他所需要的一切，除了他的脑！

几千年后，希腊人也并没有做得更好。[2]柏拉图一如既往地
坚决反对就这类问题进行实证研究，他更偏好苏格拉底式的对

话。不幸的是，由于心智太多的方面在意识的聚光灯之外运作，试图皓首穷经来推断它的属性被证明是相当贫乏的。

亚里士多德，最伟大的生物学家、分类学家、胚胎学家之一，同时也是第一位演化论者，写道：

> 当然，脑完全不负责任何感觉。正确的观点，是
> 感觉的源头是心脏区域。

亚里士多德始终如一地认为，湿冷的脑的主要功能是冷却来自心脏的热血。[3]

40　　在这种对脑的普遍忽视下，却存在一个极为引人注目的例外，即那部写于公元前400年左右的医学短篇《论神圣的疾病》（*On the Scared Disease*）。这篇短论描述了儿童、成人和老年人的癫痫发作（epileptic seizures）及其完全自然意义上的原因，而不是诉求神圣或魔法的术语来解释。作者可能是希波克拉底（Hippocrates），他的结论是，癫痫提供了脑控制心智和行为的证据：

> 人类应该知道，因为有了脑，我们才有了乐趣、
> 欢笑和运动，才有了悲痛、哀伤、绝望和无尽的忧思。
> 因为有了脑，我们才以一种独特的方式拥有了智慧、
> 获得了知识；我们才看得见、听得到。

《论神圣的疾病》是古代社会洞察力的一次孤立的闪现，这个世界未能认识到脑是灵魂的所在地。基督教的根本典籍《旧约》和《新约》（Old and the New Testament）也没有做得更好；它们没有一次提到脑，而是多次谈到心脏。

如今，以心脏为中心（cardiac-centric）的意象和语言在我们的习俗和表达中根深蒂固 —— 我们全身心地（with all our heart）爱着某人；我们为情人节准备的礼物是心形（heart-shaped）巧克力，而不是下丘脑形状（hypothalamic-shaped）的糖果。有成百上千的"圣心"（Sacred Heart）教堂和"圣心"学院，但没有一所是专为"圣脑"（Sacred Brain）而建的。直到17世纪的最后几十年，通过残酷的动物活体实验，人们才发现心脏只不过是一块肌肉、一个生物活塞，其功能是让血液在全身循环。

一些早期的解剖学家知道脑与感觉和运动密切相关。最有影响力的人物是公元2世纪的医生着盖伦（Galen），他的临床知识得益于在格斗学校的工作。盖伦认为，使人类充满生气的生命精气（vital spirit）从肝脏流向心脏和头部。那里 —— 在脑室（即脑的相互连接、充满液体的空腔）里，生命精气被净化为思想、感觉和运动。

加伦的思想在接下来的1000年中占据了主导地位，并在教会神父和哲学家的信念中找到了它们的尊位，认为脑室是皮质感觉中枢（sensorium commune），在那里，所有的感觉相结合引起了思想和行动；脑的灰质 —— 太过于稠糊、粗糙和冰冷，以至于无法容纳崇高的灵魂 —— 而只是将生命精气从脑室注入神经。在这样一个除与水力学相关外没有任何机械观念、并且对化学新陈代谢和电学一无所知的世界里，这样一番解释至少听起来似乎是可信的。

41　　　　随着几个世纪的积累，主要的理智活动都花费在对经典作品和圣经注释的无休止争辩和没有实际价值的重新解释上(这一时期被称为黑暗时代是有原因的)。中世纪的学者关注的是内在的、精神的问题，而对自然的系统操作和实验哲学，仍然处在遥不可及的未来。

　　　自文艺复兴开始，出现一股思潮，并在启蒙运动和宗教改革的宗教冲突中加速，人们的态度转向了一种更外化的、经验主义的世界观。科学（Science）与宗教分道扬镳，开始代表不同的知识体系和研究方法论。自然神学和自然哲学成为现代科学的先驱。1664年，英国医生托马斯·威利斯(Thomas Willis)出版了《大脑解剖》(Cerebri Anatome)一书，该书细致地描绘了脑的卷曲（这种卷积与传统文本所描绘的肠道不同），从而昭示着以脑为中心的时代的开始。[4]

　　　然而，这对理性只是一种缓慢的觉醒。直到19世纪初，病人都处于奇异医疗冲击的边缘 —— 持续放血成为治疗和预防大多数疾病的方法，摄入各种动物器官的调和物、奇怪的植物、自己的尿液等等。病人越高贵，治疗越糟糕 —— 英国国王查尔斯二世（Charles II）在死于肾病之前，曾被清洗（purged）、拔罐

（cupped），并（用水蛭和刀子）抽走了大量的血液。

19世纪早期兴起了基于脑的解释。[5]两位开拓者是德国医生弗朗茨·约瑟夫·加尔（Franz Joseph Gall）和他的助手约翰·斯普尔兹海姆（Johann Spurzheim）。基于对人类和动物尸体的系统解剖，加尔阐述了一种彻底"物质"主义（materialistic）和基于实证的解释，这种解释将脑灰质作为心智的唯一器官。这个器官不是均质的，而是一个由不同部分组成的聚集物，每个部分都有自己独特的功能；现今这些功能——建构性、占有性、隐秘性、合群性、仁爱、崇拜、坚定、自尊和生殖之爱——本身已经很难辨识了。

利用颅骨的形状和隆起，加尔和斯普尔兹海姆推断出头盖骨（cranium）下的器官的尺寸和入口，并诊断了受检者的心智特征。他们的颅相学（phrenological）方法玄奥而现代，对日益壮大的中产阶级充满吸引力而大受欢迎。颅相学被用来区分罪犯、疯子、杰出人物和声名狼藉的人。因为在外颅骨的形状与底层神经组织的尺寸和功能之间没有可辨识的关系，最终，颅相学作为一种受人尊敬的方法而失去了人们的青睐。 42

像身体的任何其他器官一样，脑的基本成分是细胞。这一认识有赖于19世纪下半叶特殊染料的发明，这种染料可以针对个别细胞的广泛过程进行染色。西班牙解剖学家圣地亚哥·拉蒙·卡哈尔（Santiago Ramón y Cajal）是神经科学的真正守护神，他揭示了神经元的所有惊人荣耀。正如肾脏细胞与血液或心脏细胞完全不同于一样，神经元与它们的非神经元伴侣细胞（partner cells）也有不同类型，这些类型也许多达1000种。[6]如今，他用墨水和铅笔绘制的脑神经回路的画作装饰在博物馆的展品、茶桌上的书籍和我的左肱二头肌（作为纹身）上。

想想那些国家地理纪录片，一架小型飞机在丛林上空飞行数小时，来勘察亚马逊的广袤。热带雨林中的树木和单个人脑中的神经细胞一样多。这些树木形态极其多样，它们独特的根、枝和叶被藤蔓和爬行的蜘蛛覆盖着，这完全可以与神经细胞相媲美。

拉蒙·卡哈尔提出了神经科学的核心教理 —— 神经元学说（neuron doctrine）：脑是一个由不同细胞组成的巨大而紧密交织在一起的网状物，这些细胞在称为突触的特殊位点彼此接触。信息沿着一个方向流动，从数千个突触流向神经元的树突树（dendritic trees），其根部到达细胞体。从那里，信息通过神经元的单一输出线（即轴突）向下一加工阶段中的数千个其他神经元分发。这样这个循环就闭合了 —— 神经元之间无休止地彼此交谈（某些专门的神经元将它们的输出发送到肌肉）。这种无声的对话就是主观心智的外在表现。

这种神经元游戏（banter）的物理基础是电活动。每个突触[7]都会短暂地增加或降低细胞膜（membrane）的电导率。由此产生的电荷 —— 通过树突和细胞体中复杂的细胞膜结合机制 —— 被转化为一个或多个全有或全无的脉冲，即神奇的动作电位或尖峰（action potentials or spikes）。它们的振幅约为十分之一伏，持续时间不到千分之一秒。尖峰沿着轴突传播到下一组神经元的突触和树突，接着循环重新开始。

20世纪下半叶随着机械呼吸机（mechanical ventilators）和心 43
脏起搏器（cardiac pacemakers）的发明，最终决定性地转向以脑为中心的生死观。在那之前，每个人都知道死亡是什么样子——肺停止呼吸，心脏停止跳动。今天的情况更为复杂，因为死亡已经从胸部转移到了头部——当脑不可逆地失去了它的功能时，即使身体的其他部分可能还活着，但迎接我们的仍旧是死亡。我将在第9章再次谈论这个与疾病有关的主题。

5.2 有意识状态与意识的状态

在进一步讨论之前，让我讨论有意识状态（conscious states）与意识的状态（states of consciousness）之间的一个关键区别，这对应于意识的及物（transitive）用法（如"意识到疼痛"）与不及物（intransitive）用法（如"失去意识"）之间的区别。

看着夕阳的余晖映射在远处的山峦上，渴念某人；为对手遭到报应而感到幸灾乐祸，或者在例行的就诊时体验到不断增加的恐惧——这其中的每一个都是带有自己独特色彩的主观体验。我们在醒着的时候会充斥着这种无休止的有意识状态或体验流，它们的内容不断变化。维持相同的内容超过几秒钟都极富挑战。这种静止状态要么需要强大的刺激（响亮的警报或持

续的偏头痛)，要么需要高度集中 (在睡袋里清醒地躺着，同时追踪某个人形大小的东西在黑暗的森林中悄悄移动的声音，全神贯注于心算或聚精会神于一个反复出现的想法)。但即使，内容的细微之处也在不断变化和起伏，从来没有事情是一成不变的。这很可能反映了潜在神经集合的不稳定平衡。

意识的内容是多变的，它会在几分之一秒内不断变化。就像受表面之下强大水流搅动的池塘表面的涟漪和波纹 —— 这些水流代表着几乎不为人所知的无意识情绪、记忆、欲望和恐惧的涨落和流动，就像管弦乐队 (orchestra) 的不同乐器交织在一起。

所有这一切都发生在我们醒着的时候，我们处在生理和心理的警觉状态，准备好对声音、视觉或触觉做出反应。这是一种意识的状态。

44　　当我们睡觉时，意识会消失。我们一生中有四分之一到三分之一的时间在睡觉，年轻的时候睡得更多，随着年龄的增长，睡眠的时间减少。睡眠是通过行为的不动性 (这不是绝对的，因为我们一直在呼吸，移动眼睛，偶尔还会抽动肢体) 和对外部刺激的反应能力降低来定义的。我们与所有动物一样，每天都需要睡眠。

当我们从睡梦中醒来时，尤其是在深夜，我们看起来就好像刚从边缘 (limbo) 走进了光明。我们不在那里，然后突然，我们听到有人叫我们的名字，我们变得有觉知了。从不存在到存在（From nothing into being）。这是另一种状态，以没有意识为特征。相反，当我们早上自发醒来时，我们可以回忆起生动的感觉运动（sensorimotor）体验，常常伴随着平凡或戏剧性的叙述。我们被神奇地带到另一个领域，我们在那里奔跑、飞行，与不久前的旧爱、孩子、忠诚的动物伙伴见面，而我们的身体却一动不动、反应迟钝，基本上与环境脱节。做梦是另一种意识的状态，是一种习以为常的让人回味的生命特征。[8]

这三种不同的意识状态反映在不同的脑电活动中，脑电波的微弱回声可以通过覆盖在头皮上的电极捕捉到。就像海洋表面在不停地波动一样，脑的表面也是如此，它反映了由皮层神经元产生的微弱电流。

德国精神病学家汉斯·贝格尔（Hans Berger）在他毕生的探索中开创了脑电图（electroencephalography，EEG）的先河，他想以此证明心灵感应（telepathy）的真实性。他在1924年首次记录了一名患者的脑电波，但令人疑惑的是，直到1929年他才发表自己的研究结果。脑电图成为整个医学、临床神经生理学领域的基础工具，虽然贝格尔多次获得诺贝尔奖提名，但是在纳粹德国时期他从未得到过任何有价值的认可。他于1941年上吊自杀。

脑电图测量微弱电压的波动，这是穿越新皮层的电活动所产生的（10~100微伏；图5.1），新皮层是脑的外表面，负责知觉、行动、记忆和思维。不同类型的半规则波（semiregularly）以它们的主导频段（frequency band）命名，这些信号包括每秒8~13个周期或赫兹范围内的α波、40~200 Hz范围内的γ波以及0.5~4 Hz频段内的δ波。它们的不规则性反映了成员数目不定神经元联盟的活动。然而，这些波的整体架构和形态，以及它们跨昼夜循环和生命周期的进展，都是以有序和有规律的方式演变的。

清醒—低电压，不同步，快速

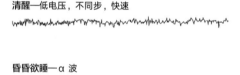

昏昏欲睡—α波

快动眼睡眠—低电压，不同步，快速锯齿波

第二期睡眠—睡眠纺锤波和k-复合波

深睡—高电压，δ波

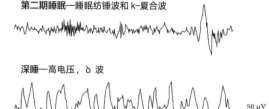

50 μV
1 sec

图5.1 脑波：不同的脑状态 —— 警惕、兴奋、昏昏欲睡、深睡、做梦 —— 反映在由头皮上电极测量到的不同脑电图活动的模式中。它们可以用来诊断处于健康和疾病中的不同的意识的状态（改编自Dement & Vaughan, 1999.）

临床脑电图设备可以在头皮上分布至少4个或最多256个 46
电极。1953年，在使用脑电图作为研究工具时，研究人员震惊
地发现，睡眠时脑每晚都会在两种不同的状态之间切换若干
次——快速眼动（rapid eye movement，REM）睡眠与深度/非
快速眼动（Non-REM）睡眠。[9]快速眼动睡眠的特征是低电压、
起伏不定、脑波的迅速变化、眼睛的快速运动和肌肉完全麻痹。
快速眼动睡眠也被称为异相睡眠（paradoxical sleep），因为脑的
某些部分与清醒时一样活跃。相比之下，深度/非快速眼动睡眠
的特点是振幅较大的电波，它们缓慢地上升和下降。的确，睡眠
越深、休息越好，反映脑的运转和恢复性活动的波速就越慢、波
幅就越大。如今，消费类装置通过夜间佩戴一条细长的带子就
可以记录下我们的脑电图，并使用与深度睡眠波同步起伏的声
音来增强睡眠质量。[10]

几十年来，快速眼动睡眠被认为是做梦的同义词（尽管我
们记不起大部分的梦），深度/非快速眼动睡眠则完全没有任何
体验。这个有影响力的观念一直很难祛除，但大量的研究证明
它过于简单化了。当被试被随机唤醒，并被问及他们在醒来前
是否体验到什么，同时使用高质量的脑电图设备监测他们的脑
时，高达70%的深度睡眠唤醒会产生简单的知觉梦境体验。诚
然，有报道称，在快速眼动睡眠唤醒时的梦比从深睡中醒来的
梦更长更复杂，并且有着亦真亦幻般的故事情节和强烈的情感
色彩。然而，在从快速眼动睡眠中醒来的相当一部分人中，被试
完全回忆不起任何梦中体验。[11]

除了这三种意识的生理状态（清醒、快速眼动睡眠和深度睡眠）随着昼夜的循环来回交替之外，纵观历史，社会一直在使用和滥用酒精、药物来改变心境、知觉、耐力和运动，以进入不同的意识的状态。令人格外着迷的是基于5-羟色胺受体的致幻剂和迷幻药——裸盖菇素（psilocybin）、墨斯卡灵（mescaline）、二甲基色胺（DMT）、色胺（tryptamines）、死藤水（ayahuasca）和麦角二乙酰胺（LSD）。出于灵性和娱乐的目的，这些药物改变了体验性质和特征，诱发了迷幻的色彩，减缓了对时间流逝的感知，失去了自我感。按使用者的话来说，在如临仙境（tripping）时会达到一种"更高的"意识状态。[12]在一本抨击"大同时代"（Age of Aquarius）的著作《知觉之门》（The Doors of Perception）中，奥尔德斯·赫胥黎（Aldous Huxley）描述了这样一段情节：

> 片刻之后，一丛盛开的赤焰花逆进了我的视野。花朵娇艳欲滴，以至于它们像似要向我吐露些什么，花朵尽力向上伸展到蓝色的天空中。……我低头看着树叶，发现最柔和的绿光和阴影斑斑驳驳，脉动着难以破解的神秘。

由于临床原因，在各种药物使用期间，意识可以在几分钟或几小时内安全、快速、可逆地反复关闭和开启。麻醉（anesthesia）消除了手术的痛苦和挥之不去的记忆，这是一种非自然的意识丧失，我们理所应当地认为这是仁慈的。这是现代文明的伟大成就之一。

意识的病理状态（pathological states）包括在严重创伤、中风、过量服药和/或酗酒等之后陷入的昏迷、植物状态。在这种情况下，意识已经消失，但受害者脑的某些部分仍在运作，以支持一些基本的生命调节功能（housekeeping）。

任何意识理论都必须解释所有这些广泛的数据，即包括有意识的状态也包括意识的状态。

5.3 意识的神经相关物

20世纪80年代末，我是南加州加州理工学院的一名年轻助理教授，每月与弗朗西斯·克里克（Francis Crick）会面。我很高兴能找到一个同道中人，我愿意与他无休止地争论脑是如何产生意识的。克里克是物理化学家，他和詹姆斯·沃森（James Watson）一起发现了遗传分子，即DNA的双螺旋结构。1976年，在60岁的年纪，克里克的兴趣从分子生物学转向了神经生物学，他离开了旧世界，在加利福尼亚州的拉荷亚，在新世界建立了他的新家。

尽管我们年龄相差40岁，克里克与我还是建立了亲密的师生关系。我们密切合作了16年，共同撰写了20多篇科学论文和文章。我们的合作一直持续到他去世的那一天。[13]

当我们开始这项心爱的工作时，舆论认为，对于一个年轻的科学家来说，严肃对待意识问题被视为是智力衰退的标志，

48 是不明智的选择。但是这些态度发生了改变。我们与几位哲学家和神经学家一起，促成了一门关于意识科学的诞生。它不再是一个禁忌，不再是一个未得到命名的研究领域。

当体验夕阳或疼痛难忍的水泡时，脑中会发生什么？有些神经细胞会以神奇的频率振动吗？有没有特殊的意识神经元会开启？它们是否位于特定的区域（笛卡尔松果腺的阴影）？这一大块高度兴奋的脑物质，将灰色黏质与作为日常经验构造的美妙环绕声和鲜艳色彩联系在一起，其生物物理学原理是什么？为了回答这些问题，克里克和我聚焦于一种可操作的测量上，即探寻意识的神经/神经元相关物（neural / neuronal correlates of consciousness，在文献中简写为NCC）。大卫·查默斯（David Chalmers）将它更严格地定义为"一起足以产生一个特定的有意识知觉印象的最小神经元机制"（图5.2）。[14]

弗朗西斯·克里克和我的意思是，关于古老的主义之争（二元论对物理主义以及它们的许多变体，参见第14章），NCC的表达方式在存在论上是中立的（ontologically neutral）（这就是为什么我们说"相关"），因为那时我们觉得科学在解决心—身问题上还未能采取一个严格的立场。不管你对心智有什么看法，毫无疑问，它与脑密切相关。[15]NCC是关于这种密切联系在何处以及如何发生的。

在定义NCC时，修饰词"最小的"（minimal）很重要。因为脑作为一个整体可以被认为是一个NCC：毕竟，脑日复一日

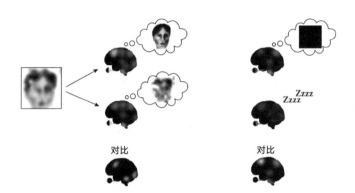

图5.2 意识的神经相关物：在左边的示意图中，闪现出的模棱两可的图像既可以被视为一张脸，也可以被视为一个模糊的黑白物体。当你躺在磁扫描仪（magnetic scanner）中时，通过对比这两种知觉印象所产生的脑活动，可以识别出"特定内容"的NCC，它们对应于看到脸时具有的体验。另一个不同的实验(右侧)则对你闭眼时的脑活动和深睡时的脑活动进行了比较（当你躺在扫描仪里）。这能精确定位与意识状态（完整的NCC）相关的区域

地产生体验。但克里克和我所要寻求的是构成体验的特定突触、神经元和回路。

脑活动完全依赖于血液流动。压迫左右颈动脉，几秒钟内意识就会停止。如果没有能量储备为心智提供动力，心智就会瓦解。

复杂的血管（vascularization）系统将维持生命的血液输送到脑内的附近区域。数以万亿计的盘状（disk-shaped）红细胞从动脉（arteries）流入遍及所有神经组织的毛细血管床（capillary bed），在那里，这些血细胞内的血红蛋白（hemoglobin）分子释放出支持细胞活动的珍贵氧气。[16]在这个过程中，细胞从猩

红色变成暗红色，然后通过静脉离开神经的组织，在肺部吸收新鲜氧气。对于脑科学家来说，意外的是，当氧气释放时，血红蛋白对磁场的反应也会产生同样的变化，从轻微的排斥变为吸引。这种效应被功能磁共振成像（functional magnetic resonance imaging，FMRI）录用，记录下氧化作用、血流量和容积中的变化，它们被统称为血流动力学反应（hemodynamic response）。它被当成神经活动的代理（proxy）。也就是说，血流量和血容量都会稳定地增加，以应对能量消耗过程，诸如活跃的突触和电尖峰。

　　在一个典型的脑成像试验中，你躺在一个被重型机械包裹着的狭长的圆筒内(是的，它可能会造成幽闭恐惧)，同时观看部分面孔模糊的照片，这些照片在显示屏上闪烁了三十分之一秒。正如第2章所解释的，每当你看到一张脸，你就按下"是"按钮；当你看到明暗两色的对比图案时，你就按下"否"。当图像只短暂可见时，你的脑通常没有足够的时间去形成连贯的视图；有时你会看到一张脸，有时你会看到一些模糊的、无法解释的东西，这可能是由神经元的随机痉挛（twitching）引起的。你的反应被分成两类，"面孔"和"非面孔"，并对相关的脑活动进
50 行比较(图5.2)。这种对比可以使你在看到脸部时比未看到时更活跃，从而将视觉皮层中的区域隔离开来。这些区域是视觉皮层中的一组区域，包括每侧各有一个的梭状回面孔区（fusiform face area，FFA），它们位于皮层的薄弱部位。[17]更一般地说，这个过程分辨出"具有特定内容的NCC"的候选区域，在这个事例中其内容是"看到面孔的体验"。

　　需要进行额外的试验来确定这个活动与体验相关，而不是与按下"是"按钮相关。另一个困惑是任务本身，这要求你留心指令并按相应的按钮。可以通过"无任务"模式来剔除FFA涉及存储和遵循指令（而不是看到面孔）。必须研究的其他影响是选择性视觉注意（selective visual attention）以及眼球运动等的影响。这些并发情况使试验者及其研究生忙得不可开交，并充斥在学术文献的讨论中。

　　18世纪末，意大利医生路易斯·加尔瓦尼（Luigi Galvani）发现，通过神经纤维传递的电流使得青蛙肌肉产生抽搐。动物电的研究催生了电生理学（electrophysiology）。加尔瓦尼的继任者发现，对裸露的脑进行电刺激会使被试抽动肢体、看到灯光或听到声音。到20世纪中叶，电刺激已成为常规的临床实践。

　　通过这些方法激活NCC应该会触发相关的知觉印象，而抑制NCC应该会阻止这种体验。两种预测均已针对面部和梭状回面孔区域进行了验证。神经学家约瑟夫·帕尔维齐（Josef Parvizi）在斯坦福大学进行了一项针对癫痫患者的研究，记录植入电极的电信号，以确认左右梭状回区域确实对面部都具有选择性反应。接着帕尔维齐用相同的电极将电流直接注入梭状回面孔区域（图6.6）。右梭状回区域的刺激导致一名患者惊呼："你刚刚变成了另一个人。你的脸变形了（metamorphosed）。你的鼻子下垂并向左移动。"[18]其他人也报告了类似的变形，这让我想起了弗朗西斯·培根（Francis Bacon）创作的画像。当附近的区域受到刺激时，或者在帕尔维齐假装注入电流的假试验中，都没有发生这种情况。对这些患者来说，梭状回面孔区域似乎是看到面孔体验的NCC，[19]这里的活动与看到脸的体验密切而系统地相关，对该区域的刺激会改变对面孔的知觉。

51　　此外，对该区域的破坏可能导致脸盲症（prosopagnosia）或面部失认。受影响的人无法识别熟悉的面孔，包括他们自己的面孔。[20]配偶、朋友、名人、总统的面孔看起来都是相似的，就像河床上的鹅卵石（pebbles）一样难以分辨。在更严重的情形下，患者甚至无法再识别出一张脸。他们察觉到构成脸的独特元素：眼睛、鼻子、耳朵和嘴巴，但无法将它们综合成脸部的统一知觉。有趣的是，这些患者可能仍会无意识地对熟悉的面孔做出反应，因为自主神经系统会因皮电反应（galvanic skin response）的增强而有所反应。无意识有其自己检测熟悉面孔的方式。

NCC的任何改变都必将改变体验的特征（包括没有体验）。然而，如果背景条件发生改变，但NCC不变，则体验将保持不变。

相关范式试图识别完整NCC：所有可能体验的特定内容的NCC的联合。这个神经基质决定我们是否有意识，而无论其具体内容是什么。这样一个实验可以将你在清醒状态下闭眼并安静躺着时的脑活动与深睡时的脑活动进行比较（如图5.2所示），要在充满噪声和狭窄幽闭空间的磁扫描仪内完成这件事情并不容易。此外，有太多的并发情况会出现，细节决定成败。

从有文明的历史到17世纪，人们一直认为心脏是灵魂的所在地。今天我们知道，脑是心智的基质，这就是进步。但我们不能止步于此。在科学不断努力确定因果性相关层次的机制时，我们需要进一步探索，并问这个3磅重的脑物质的哪一部分与意识最相关。我接下来要探讨的就是这一点。

6．追踪意识的印迹

53 让我们卷起袖子，开始这项工作 —— 识别脑中与意识联系最紧密的部分。事实证明，中枢神经系统中的许多区域对于体验来说没有帮助。处于不利地位的神经领域（disadvantaged neuro-neighborhoods）中的数百万神经元的生物电活动，对于产生有意识感受没有任何贡献，而其他一些区域则拥有更多特权。区别在哪里？

考虑一下脊髓（spinal cord），它是脊柱（backbone）内的一个神经组织长管，大约18英寸（1英寸=2.54厘米）长，容纳了2亿个神经细胞。[1]如果因外伤导致颈部区域的脊髓完全切断，受害者的腿、胳膊和躯干将会瘫痪；他们还将失去对肠道、膀胱和其他自主功能的控制，缺乏身体感觉。他们将被囚禁在轮椅或床上，处境严峻。可是，四肢瘫痪者（quadriplegics；tetraplegics）仍能继续体验各种各样的生活 —— 他们看、听、闻、感受情感、想象和记住很多事情，就像在不可逆转地改变他们生活的意外发生之前一样，这反驳了意识是神经活动的自动副产物（by-product）的神话。产生意识所需的看来不止是脊髓。

6.1　脑干使意识成为可能

　　脊髓在脑底部的适当位置融合成2英寸长的脑干（图6.1）。脑干结合了"发电厂"（power plant）和"中央车站"（grand central station）的功能。它的神经回路可以控制睡眠和清醒，以及心脏和肺的脉动。大多数支配面部和颈部的颅神经（cranial cables），传入的感觉（触摸、振动、温度、疼痛）信号和输出的运动信号都需要通过脑干那片狭窄的疆界。

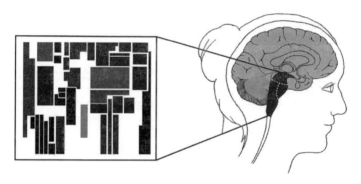

图6.1　作为意识的背景条件的脑干：脑干的网状结构横跨延髓、脑桥和中脑（右），拥有　54
超过40个细胞核团（左）。总的来说，它们控制睡眠和清醒、心脏和肺的搏动、温度、眼
球运动和其他重要功能。它的神经元使体验成为可能，但不为任何一种体验提供内容。每
个矩形的尺寸反映了脑干内每个细胞核的相对尺寸（改编自Parvizi & Damasio, 2001.）

　　如果脑干受损或遭到挤压，那么死亡就会到来。即使是非常集中的破坏，也能导致深度而持久的意识丧失，尤其是当伤害同时发生在左右两侧时。这种情况在第一次世界大战期间的欧洲战场上出现的"昏睡病"（昏睡性脑炎, the encephalitis lethargica）病毒大流行期间变得非常明显。[2]它在大多数受害者中引起了如雕像般死寂的深度睡眠，而在另一些人中则引起了极度兴奋。据估计，这种昏睡病在世界范围内造成了100万人的死亡。罪魁祸首未查明，仍逍遥法外。神经学家康斯坦丁·冯·伊科诺莫（Constantin von Economo）男爵仔细解剖了受害者的脑，发现他们脑干中有两个分散感染的部位，一个位于促进睡眠的下丘脑（hypothalamus），另一个位于促成清醒的上脑干。根据受影响区域的不同，受害者要么超级嗜睡（hyper-somnolent），要么超级警觉（hyper- vigilant）。冯·伊科诺莫的发现证明了睡眠不是一种被动状态，即不是由失去感觉刺激的夜晚和疲惫的身体引起的，而是由一堆杂乱的回路控制的特定脑状态。

脑干至少包含40组不同的神经元，它们处在被称为网状构造（cellular assemblies）或上行网状激活系统（ascending reticular activating system）的细胞核团中。每个群体都使用自己的神经递质，如谷氨酸盐、乙酰胆碱、血清素、去甲肾上腺素、γ-氨基丁酸（GABA）、组胺（histamine）、腺苷和食欲素，它们直接或间接地调节着皮层和其他前脑结构的兴奋性。总的来说，它们通达并控制与内部环境相关的信号：呼吸、热调节、快速眼动睡眠和非快速眼动睡眠、睡眠 — 清醒转换、眼部肌肉和肌肉骨骼结构。[3]

脑干神经元通过向大脑皮层注入一种神经调节物质的混合物，而使意识成为可能，并搭建起心智生活展开的舞台。但不要把它们与表演戏剧的演员混为一谈。脑干不为任何一种体验提供内容。有一些患者，脑干功能完备，但皮层功能普遍存在紊乱，典型的情况是这些患者处于一种行为反应迟钝的状态，没有对于自我或所处环境有任何意识的迹象。

要引起意识必须使许多过程就位才行。你的肺部就像波纹管（bellows）一样，必须从空气中抽取氧气，并将氧气递送到数万亿个红细胞，然后由心脏泵送至全身和脑。当向脑输送含氧血的颈动脉（carotid arteries）阻塞时，你将会失去意识，并于几秒内昏厥。当然，单单血液自身的流动对于心智来说是不够的——心脏跳动的昏迷患者可以为此提供无声的证明。就像笔记本电脑的工作需要电力供应一样，脑同样以微调好的脑干回路为前提，这一点还未受到很好的领会。在临床实践中，当一个已经处于无意识状态的车祸受害者被带进急诊室时，很难在任何一种特定体验发生的必要条件（具有特定内容的NCC）和使意识状态成为可能的条件（背景条件）之间做出区分。但是从概念上讲，区别很明显——脑干使体验成为可能，却无法决定体验。

6.2　失去小脑并不影响意识

在我们找不到想要的东西的地方，也能给我们提供一些有效信息。对于小脑来说，这句话十分正确，小脑位于头的后部，是藏在大脑皮层下方的"小一点的脑"。小脑展示了自动反馈（feedback）过程，这对学习协调日常生活所需的身体感觉和肌肉（站立、行走、奔跑、使用器具、说话、玩玩具、运球等）是必要的。要获得并保持这些技能，就需要在这些部位所感觉到的 56

东西之间进行永不止息的对话,这些部位包括眼睛、皮肤、内耳的平衡器官、我们的肌肉和关节中的拉伸和位置感应器等,这种对话还发生在脑打算做的动作以及人体肌肉骨骼系统实际执行的动作之间。

脑最独特的神经元是小脑浦肯野(Purkinje)细胞(图6.2),其扇形树突状细胞树(dendritic tree)是(令人震惊的)200 000个突触的接收者。浦肯野细胞具有复杂的内在电反应,其轴突将小脑的输出传递到脑的其他部位。它们像书架上的书一样堆积在构成小脑的褶皱(folds)内。浦肯野细胞从令人震惊的690亿个颗粒细胞中接收刺激 —— 这个数字是脑其余部分所有神经元总和的4倍![4]

如果小脑的一部分因中风或外科医生的手术刀而丧失,那么意识会怎样?我最近与一位善于言谈的年轻医生有过详尽交流。一年多以前,外科医生从他的小脑组织中切下了一个鸡蛋大小的块,其中含有恶性胶质瘤(glioblastoma),这是一种富于攻击性的脑瘤。值得注意的是,尽管他失去了以前轻松弹钢琴和在智能手机上快速打字的能力,但他保留了对世界的有意识体验,他仍然能够回忆过往并能想象未来。而这是非常典型的。一些患者不仅变得笨手笨脚,而且他们的思维能力也存在缺陷,[5]但他们对世界的主观体验仍是完整的。

有一个更极端的案例,一名24岁的中国妇女,她有轻微的智力障碍,说话言语不清,并伴有中度运动障碍。在一次脑部扫

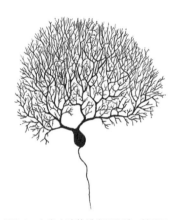

图6.2　人类小脑的浦肯野细胞：其醒目的珊瑚状树突树从数十万个突触那里接收输入。大约有1000万个浦肯野细胞为小脑提供唯一的输出。可是，这些回路都不会产生有意识体验（改编自Piersol, 1913.）

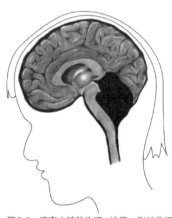

图6.3　没有小脑的生活：这是一张结构扫描图，一名妇女出生时脑部有一个裂开的洞，里面充满了脑脊液，她的小脑本应在那里。尽管有各种运动障碍，但她仍旧有意识（改编自Yu et al., 2014.）　57

描中，医生发现了一个洞，里面充满了脑脊液，她的小脑本应在那里（图6.3）。她是一个罕见的先天就没有小脑的人。可是，她与一个年幼的女儿过着正常的生活，并充分地体验着周围的世界——她不是僵尸。[6]

　　浦肯野细胞是所有神经元中最精细的，小脑将身体和外部空间映射到其数百亿个神经元上。可是，这些似乎都不足以产生意识。这为什么不行？

　　我们可以在其高度定型的水晶状回路中找到重要的暗示。[58]首先，小脑几乎完全是一个前馈（feedforward）回路。也就是说，一组神经元"传递到"下一组神经元，而下一组神经元依次影响第三组神经元。很少有复发的（recurrent）突触会放大微小的反应或导致持续时间超过初始触发的紧张性放电。尽管小脑中没有兴奋性循环，但有大量的负反馈（negative feedback）来抑制任何持续的神经元反应。因此，小脑没有大脑皮层可以见到的那种反射的（reverberatory）、自我维持的（self-sustaining activity）活动。其次，小脑在功能上被划分为数百个或更多的独立模块。每个模块都是并行运作的，具有不同的、不重叠的输入和输出。

对意识来说，重要的不是单个的神经元，而是它们连接在一起的方式。一个并行的和前馈的体系架构不足以产生意识，这是一个我们还会再讨论的重要线索。

6.3　意识寓居于大脑皮层中

每个脑半球都有由灰质构成的著名的大脑皮层，也就是脑的外表面，这是一片层叠的神经组织，大约有一个14英寸长的带馅披萨的尺寸、宽度和重量（图6.4）。超过100亿个锥体（pyramidal）神经元，以及许多公认的亚型，为灰质提供垂直组织的脚手架（scaffolding），它们就像森林中的树，垂直于皮层表面，与只形成局部连接的神经元 [即所谓的中间神经元（interneurons）] 混合在一起。锥体神经元是皮层的主力，将自身的输出发送到其他皮层的位置（无论远近），包括对侧的大脑皮层。它们还将信号传递到丘脑（thalamus）、屏状核（claustrum）、基底神经节（basal ganglia）和其他地方。意图

（intentions）借助于皮层底部的专门锥体神经元转化为行动，这些神经元与脑干和脊髓中的运动结构相连。[7]

　　总的来说，这些成群的轴突捆绑成纤维，也就是解剖学家所称的神经束（tracts），例如连接两个半球的联合束（commissural tract），或是将运动信号从皮层传递到脊髓的皮层脊髓束（corticospinal tract）。神经束构成了脑的白质（white matter），其光亮的外观源于包围轴突的髓磷脂的脂肪。白质的髓磷脂确保沿轴突快速移动的动作电位（action potentials）能高速传导。

　　想一想皮层灰质（cortical gray matter）是一个14英寸的披萨，它有数十亿根连接线，就像超细的意大利面，悬挂在皮层团（cortical dough）的底部。两个高度折叠的薄片和它们的连接线

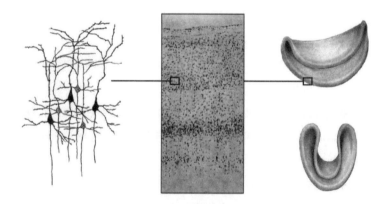

图6.4　新皮层薄片：新皮层是由锥体神经元和中间神经元组成的巨大网状物。细胞体的明暗对比图在图的中间，从上到下，分解构成这个结构的六层。它像一个高度折叠的披萨或煎饼，形成了大脑皮层的灰质（右）。它的神经元的电活动是体验的物理基质　59

一起塞满了你的头骨。

皮层被细分为新皮层（这是定义哺乳动物的一个标准）和演化更久的旧皮层（包括海马体）。新皮层组织内（高度组织化的）区域与主观体验最为密切。

6.4　缺失大块后脑皮层将导致心智盲

脑干的局部损伤可能会让你陷入麻木、昏迷，甚至更糟糕的状态；可是，如果你缺失了新皮层后部一小块区域的功能，你可能仍然能四处走动，回忆近期发生的事情，并且举止得体，但你会缺乏一种或多种体验。

这一缺失不是由眼睛、耳朵和其他感官缺陷引起的，也不是由于不能说话或像痴呆症（dementia）这样的一般性心智退化（mental deterioration）造成的。典型的患者可能认不出挂在她面前锁上的钥匙。她可以看到它们光滑的质地、清晰的线条和银色的金属，但她的脑无法将这些视知觉组合在一起去识别钥匙。可是，如果她抓住了它们，或者摇晃了它们，那么当她听到它们叮当作响时，她会立刻喊出"钥匙"。这种缺陷被称为失认症（agnosia）（希腊语中意为"缺乏知识"），可能是由新皮层后部区域的局部中风所引起的。它可能会消除一整类的知觉印象或感受。上一章描述的脸盲，是一种特定于面孔的失认症。让我强调另外三种更进一步的缺陷，包括颜色知觉缺失（全色盲，achromatopsia）、运动知觉缺失（运动失调，akinetopsia）和对这些缺陷的认识缺失（病感失认症，anosognosia）。[8]

患者A. R. 患了脑动脉梗塞，这导致他短暂的失明，当他恢复视觉后，却永久地失去了色觉（color vision）——尽管不是所有地方都是如此；这种情况只发生在他视野的左上象限（quadrant），因为他的右视皮层有一块豌豆大小的病变。他仅有的另一个困难是识别形状，他无法阅读文本，而这个仍然局限于左上象限。

大脑皮层缺陷并不少见，A.R.并不知道其世界的一部分是无色的。这怎么可能呢？如果计算机显示器的一部分只显示黑色像素，而屏幕的其余部分则保持正常，你将会立即注意到。那为什么A.R.不能呢？因为他的情况与你不一样。你脑中的颜色中心运作正常，你会看到一个黑色区域，并隐含地知道它不是红色、绿色或蓝色。考虑到A.R.确定颜色的装置已经损坏，他不知道颜色是什么（除了在抽象的意义上）。否认由神经损伤造成的客观的感觉或运动缺陷是失认症的一种形式，这被称为病感失认症。这实际上是一种自我觉知方面的缺陷，不知道自己不再知道的是什么。

另一位患有双侧脑后动脉中风的患者，他无法阅读句子或单个单词，他没有留意到他上视野的色盲。但是，他保留了物体颜色的语义知识。面对他辨色能力缺失的确凿证据，他不情愿地承认，他看到每个东西都是灰乎乎的，而自己却没有觉知到这一点。值得注意的是，他并没有因为吃无色食物而感到不安，他还解释说："不，一点也不！你只知道你的食物原本是什么颜色。例如，菠菜就是绿色的。"

在接下来的几个月里，他在颜色测试中做得较好，但开始认识到他看到的颜色确实看起来又灰又脏。也就是说，随着患者的颜色知觉部分恢复，他知道自己没有感知到颜色是什么的能力也随之恢复。这表明，同一个区域既产生了关于颜色有意识的知觉印象，也产生了颜色是什么的知识。这一区分很重要：在皮层未受损时，观看一部黑白电影，皮层会表明这部电影缺乏颜色的信号，这与由于皮层色盲而看不到电影中的颜色有很大的不同。[9]

运动性盲症（motion blindness）更罕见且更具破坏性。L.M.是少数已知患有这种综合征的患者之一。她由于血管病变（vascular disorder），失去了两侧顶枕（occipital-parietal）皮层的一部分，她再也看不见运动了。她必须通过比较汽车在一段时间内的相对位置来推断它已经移动了。她保留了正常的色彩、空间和形状知觉。她生活在一个与夜店没什么两样的世界里，被闪光灯照亮的舞者似乎都僵住了，没有动作；或者她就像在看一部超级慢动作的电影，以至于生动的运动感消失了。

对这类患者的研究让我知道，大脑皮层后部颞顶枕区（temporo- parietal- occipital）的一个背部的宽阔区域，是当前用来解释感觉体验NCC的最佳候选者。实际的基质很可能是这个"热区"（hot zone）内的锥体神经元子集，它们支持特定的现象学区分,例如视觉、听觉或感受。这就解释了为什么缺失了从新大脑皮层背部割掉的那一大块东西会将颜色从世界中滤掉,使面孔变得毫无意义,并消除了运动感。然而,一些研究人员对这一结论提出异议,并将体验的中心定位于更趋向额区(frontal regions)的位置。这个问题需要通过实验来解决。[10]

6.5 前额叶皮层对体验来说是必需的吗?

为了从脑瘤中挽救患者的生命,或减轻神经风暴(癫痫发作的影响),神经外科医生切断、冻结或切除脑组织。[11]切除初级视觉、听觉或运动皮层将会达到预期的效果:患者部分或完全失明、失聪或瘫痪。切除左颞叶(left temporal)或左额下回(left inferior frontal gyrus)的组织会使患者失去阅读(失读症)、理解和/或发音(失语症)的能力。临床医生将这些区域称为"雄辩"(eloquent)皮层(图6.5)。与之形成鲜明对比的是,运动神经前带(premotor strip)的前面有一大片皮层组织,也就是所谓的前额叶皮层(prefrontal cortex),从那里能得到的患者的报告少得惊人。这一组织具有的功能并不明显,因为当受到刺激时,它的大部分都是静默的。[12]

由于"雄辩"皮层与非"雄辩"皮层之间的界限因人而异,在手术干预之前需要仔细绘制它的地图。在外科医生在颅骨上钻孔或以其他方式穿刺后,麻醉会被暂停(因为越过颅内的覆盖膜,脑没有疼痛受体),这样患者是醒着的,并能够清晰地表达出(可能的)电刺激效果。神经外科医生从而在弯曲褶皱的皮

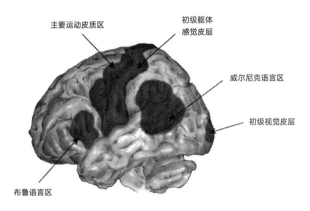

主要运动皮质区　　　　　　　　初级躯体
　　　　　　　　　　　　　　　　感觉皮层

　　　　　　　　　　　　　　　　　威尔尼克语言区

　　　　　　　　　　　　　　　　　初级视觉皮层

布鲁语言区

61　　　图6.5 "雄辨"皮层：切除两侧的初级感觉或运动皮层以及左额下回的布鲁卡语言区（Broca's area）或左颞上回的威尔尼克语言区（Wernicke's area）会造成永久性的感觉、运动或语言障碍。这些区域统称为"雄辨"皮层。反之则不然——即前额叶皮层的大片区域可以通过手术切除，而不会对有意识体验产生明显的副作用

层地形中划定出"雄辨"区域的界限。

　　去除静默的前额叶皮层不会造成明显的感觉或运动障碍。患者可能不会抱怨，他们的家人可能也不会留意到任何严重的缺陷或问题。但这些损伤往往是微妙的，会影响到较高的心智能力——会削弱内省、调节情绪、自主启动行为的能力，患者也会变得冷漠，对世界缺乏好奇心。值得注意的是，这些患者看起来是如此地平淡无奇。与前额叶的损伤对脑的间接影响相比，大脑皮层后部的损伤对患者心智生活具有直接的影响，这在临床医生中是众所周知的，但认知神经科学家往往不承认这一点，这是奥利弗·萨克斯（Oliver Sacks）提到的科学史上盲点——的一个引人注目的例证——即遗忘和忽视引起麻烦的真理。[13]

有一个著名的患者：乔·A.，他是一位股票经纪人。由于他
那巨大的脑膜瘤（meningioma），外科医生几乎切掉了他的整个
额叶。这次彻底的额叶切除术切掉了高达230克的前额叶组织。[63]
随后，乔·A.表现得像孩子一般：注意力分散、精力充沛、自我
吹嘘、缺乏社会抑制等。可是，他从未抱怨自己耳聋、失明或失
忆。事实上，陪护他的神经科医师评论道：

> 可是，乔·A.的案例的一个突出特征是，他能够
> 在非正式环境中表现得像普通人一样，比如他在一行
> 五人参观神经研究所时，其中两人是杰出的神经学家，
> 而他们中没有一个人留意到他有任何异常，直到一个
> 多小时后，他们格外地注意到乔·A.。尤其是，乔·A.
> 的智力损伤在不定期的检查中从来都表现得不明显。[14]

在另一名患者身上，为了消除令他虚弱的癫痫发作，外科
医生切除了他的双侧额叶前部的三分之一，这名患者表现出了
"术后性格和智力水平的显著改善"。[15]两名患者都活了很多年，
没有记录在案的证据表明，切除了如此多的额叶组织，对他们
的有意识感觉体验产生过重大影响。

脑扫描仪已经革新了诊断方法，使得这种大规模的手术介
入变得越来越少见了。[16]但是事故和病毒感染依然存在。在最近
的一起悲剧中，一名年轻男子跌倒在一根铁棒上，这根铁棒完
全穿透了他的两侧额叶。然而，他仍旧继续过着稳定的家庭生
活——结婚并抚育了两个孩子。虽然他表现出额叶患者具有的许

多典型特征（例如，去抑制①），但他并没有失去有意识体验。[17]

　　虽然前额叶皮层不是看、听或感受所必需的，但这并不意味着它对意识没有任何贡献。尤其是，判断一个人对看到或听到某物的信心 —— 元认知，或"关于知道的知道"（回想一下第2章中的四点信心量表）—— 这些与前额叶皮层的前部区域有关。[18]可是你的大多数日常体验本质上更像感觉运动 —— 骑行于拥挤的城市交通、听音乐、看电影、性幻想、做梦。这些都是由后部热区产生的。

　　基于损伤和刺激的数据，前额叶皮层对许多形式的意识而言并不是关键的，这一推断说明了过度依赖神经影像学的相关证据来识别NCC的危险：由于脑错综复杂的连通性，在前额叶皮层、基底神经节（basal ganglia）甚至小脑中的活动都可能会随着体验的不同而系统地变化，但它们并不对体验负责。[19]

64　　后脑皮层对于体验的重要性与克里克和我在第4章概述的关于"无意识的小矮人"的推测是一致的。前额叶皮层及其在基底神经节中紧密相连的区域支撑着智力、洞察力和创造力；这些区域是计划、监视和执行任务以及调节情绪所必需的。相关的脑活动大体上是无意识的。前额叶区域就像一个小矮人，从后皮层接受大量的输入，做出决定，并通知相关的运动阶段。

---

①译者注：disinhibition，去抑制，亦称为抑制解除。（1）在引起大脑皮质内抑制的作用时间内，若出现一种新异刺激，则抑制暂时消失的现象；（2）由于某种外加因素的影响使个体的行为抑制下降或丧失，如酒精可以使人的行为抑制力下降，做出不当行为。

许多证据支持这样的假设，即初级感觉皮层（被定义为通过丘脑直接接受感觉输入的区域）不是特定内容的NCC。这一点在脑后部的初级视觉皮层中得到了最广泛的研究，初级视觉皮层是眼睛经由视丘中继的输出所最终结束的地方。虽然初级视觉皮层的活动反映了从视网膜中流出的信息，但它与你实际看到的东西十分不同。你的视觉世界的视图是由大脑皮层中层级较高的区域提供的。对初级听觉皮层和初级体感皮层（somatosensory cortex）的研究也得出了类似的结论。[20]

因此，如果初级感觉皮层和前额叶皮层对意识都没有贡献，而后部热区却对意识有贡献，那么区别的关键在哪里呢？为什么某些大脑皮层区在体验方面享有特权？我怀疑区别在于它们相互连接的方式不同。

后部皮层是以拓扑的方式组织起来的，具有网格状的连通性，反映了感觉空间的几何结构。相反，前部皮层看起来更像是随机连接的网络，可以实现任意的关联。后部和前部皮层神经元之间的这一连通性的对立，是二者在涉及意识时所产生的所有差异的原因（正如我将在第8章和第13章中讨论的那样）。仔细的解剖学分析将需要在微回路层面上证实这一点。[21]

6.6　脑电刺激引起大脑皮层后部的有意识体验

用电刺激枕叶、顶叶和颞叶可以触发一连串的感觉和感受——早先讨论过的面部扭曲，看到闪光（也称为光幻视

（phosphenes）、几何形状、颜色和运动，听到声音，熟悉感（似曾相识）或不真实感，想要移动肢体的冲动却没有实际移动等等（图6.6）。唤起的视知觉印象可以合法地与潜在的神经反应模式联系起来，就此而言，初级视觉皮层上的脑—机接口被认为是视觉盲人的义肢（prosthetic）装置。电刺激有效地证明了后脑皮层与感觉体验之间的密切关系。[22]

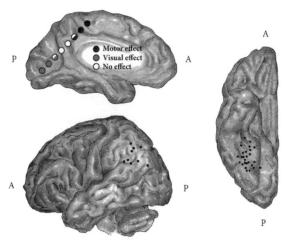

图6.6 后部热区的位置：对皮层后部进行电刺激的确可以触发有意识的感觉，这里的3个研究样本证明了这一点。这些图画描绘了从3个不同的方向看到的左半球，P（for posterior）表示脑的后部，A（for anterior）表示它的前部。内侧视图（左上角）突出了引发视觉知觉的刺激，它们发生在枕区，且一旦经过扣带回就会产生运动反应。侧视图（左下角）标记了后顶叶皮层的位置，这些位置触发了想要行动或移动特定肢体的意识。刺激皮层底部梭状回内的部位（右）会使人看到扭曲的面孔（左图改编自Foster&Parvizi等人，2017；左下图改编自Desmurget et al., 2009；右图改编自Rangarajan et al., 2014.）

蒙特利尔神经研究所（Montreal Neurological Institute）的神经外科医生怀尔德·彭菲尔德（Wilder Penfield）收集了一类数量巨大的信息，内容是关于一些患者的局部脑功能映射，这是来自患者接受了针对严重癫痫发作的治疗——开放式颅骨神经外科手术。在一项著名的研究中，彭菲尔德从1000多名接受电刺激的患者中收集了关于体验反应（experiential responses）、生动体验或幻觉的数据——以前看或听到的，通常是熟悉的声音、音乐或景象。这种反应仅见于后脑皮层，最常见于颞叶，有时也可见于顶枕区（图6.7）。[23]

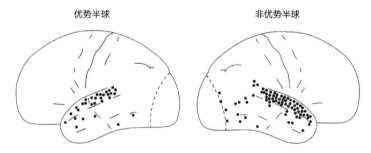

优势半球　　　　　　　非优势半球

图6.7　来自颞叶的体验反应：皮层表面的黑点是神经外科医生怀尔德·彭菲尔德用电刺激后引起体验的位置。这一位置明显偏向于非优势的右半球。这些复杂的视觉和听觉幻觉大部分是从颞上回触发的，有些幻觉也可以从其他颞区或顶枕区触发。在500多名患者的试验中，对于其余皮层缠绕物的刺激并没有引起体验反应（改编自Penfield & Perot, 1963.）　66

对大脑皮层前部进行刺激则是另一回事。要么是简单的知觉体验，要么是更复杂的体验，它们中能可靠地引发体验的临床试验要少得多。在初级运动区和前运动区域之外（刺激它们会在适当的肌肉群中引发行为），以及会干扰语言的左额下回的布鲁卡区之外，刺激皮层前部的灰质几乎不会引发感觉。[24]

　　《一千零一夜》（*Thousand and One Nights*）中的故事讲述了一盏神奇的铜灯，当摩擦它时，它会释放出一股强大的精气（spirit），一位灯神（djinn）。类似的情况也发生在后部热区。敲击它，这位意识天才就出现了。相反，前额叶皮层更像是一盏假的铜灯。要诱发体验，你必须找到几个真正值得摩擦的点。

　　虽然大脑皮层占据了"意识头条"的大部分，但其他结构在意识表达中也扮演重要角色。弗朗西斯·克里克，确切地说一直到他临终的那一天，他都对被称为屏状核（claustrum）的大脑皮层下的一层薄薄的神秘的神经元痴迷。屏状核神经元投射到皮层的每个区域，也接受来自每个皮层区的输入。克里克和我推测，屏状核是大脑皮层交响乐的指挥。它以一种对任何有意识体验都必不可少的方式，协调整个大脑皮层的反应。这一点可以从以下事实得到证明：小鼠的屏状核对单个神经细胞（我称之为"荆棘之冠"的神经元）的轴突连接进行费力但绝妙的重建，而这些细胞的大规模投射遍及了许多皮层覆盖物（cortical mantle）。[25]

　　神经学家不会满足于指出一大片灰质散发出意识：他们想掘进得更深。任何一块神经组织都是令人眼花缭乱的织锦，是由各种紧密连接的神经元组成的，它比任何伊斯法罕的波斯地毯都编织得要更精细。一片藜麦大小的皮层包含50 000~100 000个神经元，它们属于数百种不同类型的神经元，其中还包含有几英里长的轴突连接和10亿个突触。[26]在这些错综复杂的网络中，负责任何一种意识体验的特定媒介在哪里？哪些类型的神经细胞是主角，哪些类型的神经细胞是小角色？

要在人类身上进行深入研究通常是不可能的，所以需要在受过训练的小鼠和猴子身上做实验，来检测它们对一种或另一种知觉印象的反应，同时追踪和操作单个神经元的活动。使用的工具包括比一根毛发纤维还细的机械硅探针，或者专门的显微镜，它们可以捕捉到神经元的光学信号，并将它们的电脉冲转化为闪烁的绿光。

我们不知道构成任何一种体验的神经元的最小数量。考虑到脑的许多区域都不作为NCC（脊髓、小脑、初级感觉皮层区和大部分前额叶皮层），我猜测涉及NCC的神经元只占脑860亿个神经元的百分之几或更少。

我们甚至可能得在亚细胞（subcellular）水平上来寻找NCC、寻找细胞内的运作机制，而不像人们普遍认为的那样在大跨度的神经联合体上寻找。事实上，一些人假设，作为一种可能的NCC是发生在皮层神经元树突树中的全有或全无的电事件，这达成了一致，证实了自下而上的信号是一种在一定时间窗口内与自上而下的反馈的握手相遇。[27]

6.7　量子力学与意识

关于量子力学（QM）是解开意识之谜的钥匙这个争论已引起广泛的讨论。这些思辨性的讨论源于著名的测量问题。且听我娓娓道来。

68　　量子力学是一个关于分子、原子、电子和低能光量子的典型理论。从晶体管和激光再到磁共振扫描仪和计算机，人类现代生活中的大多数技术基础设施都利用了它的特性。量子力学是人类智力的最高成就之一，它解释了在经典力学背景下无法理解的一系列现象：光或小物体的行为像波还是像粒子，这取决于实验装置（波粒二象性）；无法同时精准地确定一个物体的位置和动量（海森堡测不准原理）；两个或更多个物体的量子态即使相距很远也高度关联，这违反了我们关于定域性（locality）的直觉（量子纠缠）。

在量子力学所做的预测中，与常识相悖的最著名的一个例子是薛定谔的猫（Schrödinger's cat）。在这个思想实验中，一只不幸的猫被锁在一个盒子里，盒子里还放有一个恶毒的装置，它会在放射性原子衰变（这是一个量子事件）时触发致命的气体。有两种可能的结果：要么原子衰变，猫被毒死；要么原子没有衰变，猫还活着。根据量子力学的理论，这个盒子中同时存在于死猫和活猫的叠加状态中，相关的波函数描述了这些状态的概率。只有当进行测量时，也即只有当某人向盒子里面看的时候，系统才会突然从两个状态的叠加变成单一的一个状态。这个波函数被认为是"坍缩了"，观察者要么看到一只死猫，要么看到一只活猫。

量子系统的叠加状态要转换成单一可观察结果，需要有意识的观察者来实现，这点一直困扰着物理学家。[28]如果量子力学确实是实在的基本理论，它应该不需要调用有意识的脑和测量装置。相反，这些宏观物体应该很自然地从理论中出现。研究者提出了许多解决方案，但没有一个被普遍接受。这一困境却根源于一个如此成功的实在的理论，这促使才华横溢的宇宙学家罗杰·彭罗斯（Roger Penrose）提出了一个至今仍受公众欢迎的"意识的量子引力理论"。[29]

很少有证据支持脑利用了宏观量子力学效应的观点。当然，脑必须遵循量子力学，正如当光子遇见了光感受器内的视网膜分子一样。可是，人体内湿热运行的环境不利于跨神经元的量子相干性和叠加性。今天的量子计算机原型需要最大程度的真空和接近绝对零度的温度来避免退相干，当所谓的量子比特解除纠缠并变成为经典信息理论的常规比特。这就是建造量子计算机非常困难的原因。

此外，为什么意识的现象学方面或其神经生物学基质需要量子属性也从来没有得到适当的解释。

我认为没有必要引用奇异的物理学来理解意识。生物化学和经典电动力学的知识很可能足以理解跨越大量新皮层神经元联合体的电活动是如何构成任何一种体验的。但作为科学家，我对此持开放态度。任何不违反物理学的机制都有可能被自然选择所采用。[30]

　　前面的章节已经涵盖了心一身问题的两个方面：体验的本质和与之相关的主要身体器官。接下来的两章将描述整合信息理论，以及它是如何以严格的方式将这两个看似不同的领域——心智领域与物理领域联系在一起的。我将从一个理论讲起，因为这对于每个人来说并不是显而易见，以及一个理论究竟需要解释什么。

7. 我们为什么需要意识理论？

前一章可以很容易扩充为一本完整的教科书，因为关于意 71
识的神经印迹的知识已经非常完善了。神经系统的一些部分，
诸如脊髓、小脑，以及大部分（如果不是全部的话）前额叶皮层，
完全被排除在外了，而其他部分，诸如后部热区，则被包含在内。
生物学关注的是令人叹为观止的分子水平的机构和组件。科学
也可以在这个层面探讨意识。只要时间充分，科学将在相关的
粒度（granularity）水平上确定构成任何体验的事件。

一旦科学确定了意识的神经相关物，那么接着会怎样？这将
是一个值得大肆庆祝的重大时刻 —— 颁发诺贝尔奖，发布社论，
写入教科书。随着NCC的发现，会出现大量的新药物和医疗手
段，从而改善我们的脑所遭受的无数神经和精神疾病。

不过，在概念层面上，我们仍不明白为何是"这个"（this）
机制而不是"那个"（that）机制构成一种特定的体验。心智是
如何从物质中挤榨出来的？套用《新约》和哲学家科林·麦金恩
（Colin McGinn）的话说，脑之水是如何酿制出体验之酒的呢？

300年前，德国理性主义者、工程师、博士、微积分和二进制数发明者、第一台通用数字计算器创造者戈特弗里德·威廉·莱布尼茨（Gottfred Wilhelm Leibniz），提出了一个反对意识的物质主义观念的最著名论证，即众所周知的"磨坊思想实验"（mill thought experiment）：

> 即使我们有你们想要的那种能透视的眼睛，以便看到身体结构的最小部分，我也不认为我们会因此向前走得更远。我们不可能在那里找到知觉的起源，就像我们不可能在手表中找到一样，手表中机器的组件都是可见的，或者在一个磨坊里，人们甚至可以在轮子之间走动。因为磨坊与更精致机器之间的差别仅仅是一个更大和一个更小的问题。我们能够理解的是，机器可以制造出世界上最精妙的事物，但却永远无法感知它们。[1]

72

这是对物质主义及其现代变体——物理主义的挑战。用电子显微镜放大后部热区，我们只能看到细胞膜、突触、线粒体（mitochondria）和其他细胞器（图7.1）。如果我们用原子力显微镜（atomic force microscope）进行更深入的研究，那么单个分子和原子会变得清晰起来。但是还是没有任何体验。体验藏在哪里？要解释这一谜题需要一个基本的意识理论，现在让我们来论述一下这一理论。

图7.1 莱布尼茨的磨坊论证的21世纪的升级版：300多年前，莱布尼茨指出，无论我们如何（以他那个时代最先进的技术——风车为代表）放大身体，聚焦观察它的细节，除了杠杆、齿轮、轴承和其他机械装置，我们在这个观察中永远不会找到体验。使用今天的仪器，我们确实可以在大脑皮层的电子显微镜成像中观察到脑最小的细胞器——突触（箭头所示）。体验藏于哪里？这个条形图表示的是一千分之一毫米

7.1 整合信息理论

我将体验作为我的出发点和命门，我必须从那里推断出其 73
他一切，包括外部世界的存在。也就是说，要理解意识是如何与
整个世界——与狗和树、人和星、原子和虚空——相关的，我
必须从我自己的体验开始。这是希波的奥古斯丁"我错，故我
在"的核心的见解，1000多年后，这也是笛卡尔"我思，故我
在"的核心思想。

对这个命门——即这个我直接熟知的唯一世界——进行
检视，使得我可以通过5个直接和不容置疑的属性抓住每个体
验的真正特征。这些属性构成了我继续向前的公理基石，并由
此引出了能够例示（instantiate）一个体验的任何基质所要满

足的条件。这一步产生了意识的物理基质。对于像你和我这样的生物来说，这种基质就等同于相关时空粒度（spatiotemporal granularity）水平上的意识的神经相关物（NCC）。

只有从原始体验入手，才能成功地反驳莱布尼茨的磨坊论证及其现代变体。通过对一系列涉及僵尸——僵尸是一种假想生物，它看起来像与我们一模一样，只是没有感觉——的缜密推理，澳大利亚裔美国哲学家大卫·查默斯（David Chalmers）杜撰了"难问题"（the hard problem）这个术语。与好莱坞的同名物不同，哲学僵尸的行为就像普通人一样，它们既没有超能力，也没有对人肉的偏好。为了让我们完全信服，哲学家甚至设想僵尸甚至会说出它们的感受，但它们完全是冒牌货。不幸的是，却没有任何方法来将僵尸与你我区分开来。

查默斯问，僵尸的存在是否违反了任何自然规律？也就是说，我们能够构想一个没有体验，但仍然遵循与我们世界一样物理规律的世界吗？坦率的说，这种构想是可能的。这是无论是量子力学、化学、分子生物学还是相对论的基本方程都没有提到体验。在篇幅长达一本书的论证中，查默斯得出的结论是：没有自然规律能够排除这种僵尸的存在。换言之，有意识体验是一个超越当代科学的额外事实。要解释体验还需要一些其他东西。他承认存在一些桥接原则（bridging principles）——将物质世界与现象世界联结起来的经验实证的观察（诸如观测到脑与意识存在紧密的关系）。但是"为什么"某些物质片段与体验有这种紧密的关系，这依然是一个难解之谜，甚至一个无法解开的谜。[2]

整合信息理论（IIT）不会迎头撞向这堵水泥墙，它不会试图从脑中挤榨出意识之汁。[3]确切的说，它从体验开始，并追问物质必须以何种方式组织起来才能支撑起心智。不论是哪种物质都足以支持心智吗？复杂的物质系统是否比不那么复杂的系统更有可能承载体验？"复杂"（complex）究竟意味着什么呢？存在有机化学优于掺杂的半导体（doped semiconductors）的偏见吗？或者存在演化的生物胜过工程设计的人造物的偏见吗？

IIT是一个基础理论，它将存在论（对存在本质的研究）和现象学（对事物如何显现的研究）与物理学和生物学的领域联系起来。该理论既精确地规定了任何一个有意识体验的质和量，也规定了它是如何与其底层的机制联系起来的。

这座理论大厦是由朱利奥·托诺尼（Giulio Tononi）以其非凡理智建构起来的，他是一位才华横溢却很神秘的人，他也是一位精通多种语言且博学的文艺复兴学者，同时还是一位一流的科学家兼内科医生。朱利奥是赫尔曼·黑塞（Hermann Hesse）的小说《玻璃珠游戏》（*The Glass Bead Game*）中鲁迪老师（Magister Ludi）的化身，鲁迪是一群苦行僧——知识分子（Monk-intellectuals）的首领，致力于教授和把玩与之同名的玻璃珠游戏，这个游戏能产生几近无穷的图案，是所有艺术与科学的综合。

从某种意义上讲，IIT是一个深刻的理论，因为它解释了许多事实，预言了新的现象，并可以做出惊人的推测，这些都是本书余下要讨论的内容。随着越来越多的哲学家、数学家、物理学家、生物学家、心理学家、神经学家和计算机科学家对IIT产生兴趣，我们也越来越多地了解它的数学基础，以及了解它对理解存在和因果性、它对测量意识的生理特征、它对有情识的机器的可能性的含义。

7.2　从现象学到机制

我在第1章就提到从生命的感受中提炼出的5个基本的现象学属性。这些属性是所有体验都共有的，即使是那些最远离日常的体验：任何体验都是为自身存在的，都是结构化的，都是特定的，都是整体的，并且是确定的。

为了证明这些属性是不可置疑的，让我们考虑否定它们。外在（extrinsic）体验会是什么样呢？当它是别人的体验时，它也许是外在体验，但那就不是你的了。一种体验怎么可能是没有结构的呢？即使是无内容的纯粹体验也是有结构的，因为整体是整体本身的子集，尽管不是真子集。如果一个体验缺乏信息或是泛泛的，这意味着什么呢？它之所以是这样，恰恰是因为它是这样的东西——黄色的、冰冷的或发臭的。一个体验会发生不止一次吗？这是没有意义的，因为你的心智不能独立地拥有两个彼此紧挨着但不连续的体验。最后，一个体验怎么可能是不确定的呢？如果你注视这个世界，你会看到它的全部；你不会只看到它的一半，叠加在这个整体上，而且也许第三次的体验是你的狗溜进了你的视野。

IIT从这5个现象学属性开始，采用它们作为公理。在几何或数理逻辑中，公理是一些基本陈述，它们是进一步推导有效的几何或逻辑属性和表达式的起点。就像数学公理一样，这五个现象学公理——每个体验是为自身存在的、有结构的、包含信息的、整体的以及确定的——彼此不矛盾（一致性）；没有一个公理可以从其他公理中的一个或多个中派生出来（独立性）；而且它们是完全的（complete）。从这些前提出发，IIT推论出要支持这5个属性所需的物理机制的类型。

每个公理都有一个相关的公设，即纳入考虑的系统必须遵守的桥接原则。5个公设——内在存在、构成、信息、整合和排他——平行于5个现象学公理。就我在第2章所解释的意义上，这些公设可被看作是来自公理的溯因，即对最佳解释的推导。[4]

考虑一个由相互连接的神经细胞或电路组成的物理系统。其中每一个都是一套处于特定状态的复杂机制。我所说的机制，是指对其他机制施加因果作用的任何东西。任何——或许只是有时，或许只是在与其他存在物结合在一起时——促成其他事物发生事物都是一种机制。老式机器，诸如具有轮子、杠杆、棘轮和齿轮的用来磨面粉的风车（图7.1），就是机制的范例；事实上，这个词来源于希腊语"mekhane"，即"机器、仪器或装置"。触发动作电位从而影响所有与之相连的下游细胞的神经元，是另一种机制，就像由晶体管、电容、电阻和导线组成的电路一样。

意识需要某种机制。在我与佛教僧侣的一次会面中，话题 76

76 最终转向了佛教对轮回（reincarnation）的信仰，特别是关于心智及其记忆在连续轮回之间驻留在哪里的问题。我举起四个手指并倒数着回答道——没有脑，就永远不可能有心智（No brain, never mind）（一个手指代表一个词语）。通过这个公案（koan），我想说的是，我无法想象意识存在于物质弃之不顾的边缘地带（limbo）——它需要一个基质。也许这是一个深奥难懂东西，就像《黑云》（*The Black Cloud*）中弗雷德·霍伊尔（Fred Hoyle）的有情识的气云那种电磁场。但一定存在某种东西。如果缺了某种东西，也不可能有任何体验。

给定处于某种状态的某种基质，IIT计算相关整合信息（integrated information）以确定该系统是否有感受，因为只有具有非零的最大整合信息的系统才有意识。拿脑来说，在特定的时间点，一些神经元处于开启状态（尖峰），而另一些神经元处于关闭状态（非尖峰）；或者一个具有某些晶体管处于开启状态的微处理器，这意味着它们的门存储着一个电荷，可以改变潜在通道中的电流，而另一些则是关闭的，也就是说，它们的通道是不导电的。随着电路的发展，经历不同的状态，它的整合信息会发生变化，有时会发生显著变化。在意识中的这种变化每时每刻都发生在我们所有人身上。

7.3 为什么整合信息会具有体验？

在我讨论这一理论的数学本质之前，让我先谈谈我经常遇到的一个针对IIT的一般性的反对意见。它遵循的思路是：即使关于 IIT 的一切都是正确的，为什么只有拥有最大整合信息才具有某种感受呢？为什么一个例示了意识的5个基本属性 —— 内在存在、构成、信息、整合和排他 —— 的系统会形成一种有意识的体验呢？ IIT 可能会正确地描述支持意识的系统的诸多方面。但是，至少在原则上，怀疑论者能够想象一个拥有所有这些属性的系统，但却仍然没有感受。

我用以下方式来回答这个可构想性论证（conceivability argument）。通过构造，这5个属性完全界定了任何体验。没有什么被遗漏。人们所说的主观感受，正是通过这5个公理来描述的。任何附加的"感受"公理都是多余的。满足这5条公理就相当于拥有某种感受，对此有没有数学上无懈可击的证明？据我 [77] 所知，没有。但我是一名科学家，我所关心的是我所处身的宇宙，而不是逻辑必然性。正如我在书中讨论的，在这个宇宙中，任何遵循这5条公理的系统都是有意识的。

IIT 发现自己所处的形势与现代物理学的并无不同。到目前为止，量子力学是对微观尺度上存在的事物的最好描述。这能证明量子力学在宇宙中是成立的吗？不。人们当然可以构想一些宇宙 —— 它们具有不同于支配我们宇宙的那些微观物理学定律（例如，经典物理学的那些定律）。或者考虑一下"微调问题"（the problem of fine-tuning）：在宇宙学和粒子物理学中出现的一些数字要么非常非常小，要么非常非常大。具有这些参数的方程式很好地解释了数据，但没有解释为什么这些数值是这样的。谁把它们调整到其所在的精确数值上呢？物理学家已经将注意力集中在几种主要答案上。

　　最不受欢迎的一种解释是，不存在更深层的解释，至少没有人类心智可以理解的解释。具有其设置的那些方程解释了被观察到的世界，而世界就是如此。这是一个残酷的事实，没有什么好解释的！第二类解释假定，这个宇宙连同其特殊的法则，要么是由传统宗教中至高无上的存在创造的，要么是由某些具有类似神的力量的外星文明创造的。第三个解释是前面提到的多宇宙（multiverse）学说。这是一组数量巨大的宇宙（universes），它们构成了整个宇宙（the cosmos），其中的每个宇宙遵循不同的定律。[5]我们碰巧生活在一个遵循量子力学，有利于生命存在的宇宙中，并且在这个宇宙中，整合信息产生了体验。

　　玄想这些关于"为什么"的终极问题，在理智层面上是令人愉悦的。[6]但它们也渗透着不止一丝的荒谬气息，因为当它们试图窥探隐藏在帷幕背后的创世起源时，发现的却不过是一层接一层的无止境的帷幕。如果我知道在这个宇宙中IIT描述了体验与其物理基质之间的关系，那么即使面临死亡，我也会欣然以对。

　　现在让我来谈谈这个理论。我将提供一个宏观概述①，希望它足以让你了解到它的原理和运行方式。但我们决不能认为这个概述就是对理论的一个严谨、彻底或详尽的说明。[7]

────────────
① 译者注：原文为"I will be providing a 50,000-foot overview of it"，表示从很高的高度上来看待某件事情，故将其意译为"我将提供一个宏观概述"。

8. 整体

你已经抵达本书的关键之处。请继续与我一同向池底深潜。[79]

根据整合信息理论的观点，意识是由任何作用于自身的物理系统的因果属性决定的。也就是说，意识是任何具有作用于自身的因果力的机制的根本属性。内在因果力表示，一个电路或神经网络的当前状态因果地约束其过去与未来状态的程度。系统的要素（elements）越彼此约束，其因果力就越强。这种因果分析适用于任何具有合适因果模型的系统，这些因果模型描述的是"此处的部件会以特定方式影响彼处部件的状态"，诸如接线图。[1]IIT提出了我在第1章已经介绍过的体验的5条现象学公理——任何体验为自身存在、是结构化的、是特定的、是整体的，以及是确定的——并为每一条公理制定了一个相关的因果公设，它们是任何意识系统都必须遵守的要求。IIT揭示或者说展现出所有遵循这5条公设的系统的内在因果力。这些因果力可以表示为一群由线（联系）连在一起的点（区分）。用IIT的话说，这些因果力等同于有意识体验，并且所有（可能的）体验的每个方面都一一映射在这个因果结构的对应方面上。这样，在每一侧上任何东西都有解释。

　　所有这些因果力，包括它们的内在存在的程度，都能以系统化的方式（也就是算法的方式）做出评估。

　　让我们依次来看看这5个公设，了解IIT对它们有什么说法。

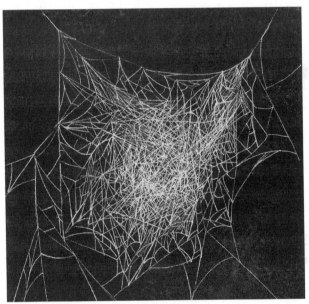

图8.1　因果关系网：通过图中这张迷宫般复杂的蜘蛛网，IIT展现了所有满足5条现象学公理的物理系统相关的内在因果结构。IIT的核心同一性（central identify）主张：该状态下物理系统的感受就等同于构成该结构的一组因果关系

8.1　内在存在

　　IIT的出发点是奥古斯丁－笛卡尔（Augustinian–Cartesian）式的论断：意识内在地为自身存在，无须一个观察者。[2]与之相关的内在存在（intrinsic existence）公设主张，要内在地存在，

那么任何一组物理要素都必须规定一组对其本身"产生影响的差异"（differences that make a difference）。

从外在主义向内在主义视角的转变听起来很简单，但却对此整个进路有深刻影响。最重要的是，它移除了外部观察者 —— 诸如一个通过扫描仪观察你的脑活动并注意到你的梭状回面孔区正在激活的神经生理学家 —— 的视角。对意识而言不存在这样的观察者。一切都必须根据对系统本身产生影响的差异来规定。 81

当你看一张脸时，视觉刺激必定会触发某种变化，这种变化会对构成体验的神经基质造成影响。否则，这个刺激就像胃液缓缓流入消化道一样，根本不会被注意到。

为了理解IIT是如何定义"产生影响的差异"，我想介绍一篇古典哲学的奠基性著作 —— 柏拉图（Plato）的《智者篇》（Sophist）。这是一个年轻数学家和一个来自南意大利的古希腊城邦爱利亚（Elea，巴门尼德的故乡）的陌生人的长篇对话。谈话中途，这个陌生人观察到：

> 我的想法是：一切具有某种影响或被影响的力量的事物，只要在某个时刻拥有这种力量，那么不论施加的影响与受到的影响有多微不足道，它都是真正存在的；而且我坚持认为，对存在的定义不过就是力量。[3]

　　从这个世界的视角外在地看，要使某个事物存在，那么它一定能够影响事物并且事物也一定能够影响它。这也就是"有因果力"的含义。当某个事物对世界上任何事物都不能产生影响，也无法受到它们的影响，那么它在因果上是无力的。不论它是否存在都没有任何影响。

　　这条原则尽管广为人知，但却很少被承认。想一想以太（aether），一个假想的充满空间的实体（substance）或弥漫于整个宇宙的场。发光的或荷载光的以太（也称ether）概念在19世纪被引入经典物理学，用来解释光波如何在真空（即没有任何基质）中传播。这需要一个不可见的、不与日常物理客体相互作用的物质。当越来越多实验得出"不论以太是什么，它都不会产生任何影响"的结论后，这个概念就被奥卡姆剃刀（Occam's razor）剔除并销声匿迹。由于以太没有因果力，它在现代物理学中不可能扮演任何角色，它也因此并不存在。

　　在爱利亚的陌生人看来，对他者来说要存在，也就是对它们要有因果力。IIT断言，一个系统要为自身存在，它必须对自身要有因果力。也就是说，它当前的状态一定会被过去状态影响并且能影响它的未来状态。正如爱利亚的陌生人所猜测的，82 一个事物拥有的内在因果力越大，就越为自身存在。莱布尼茨形容单子是荷载其过去状态并孕育其未来状态的存在。这就是一种内在因果力。

　　因果力并不是一个虚无缥缈的概念，而是能对任何物理系统做出精确评估的，诸如执行布尔逻辑（Boolean logic）的二进制门，或是一个神经线路中"全或无"（all-or-none）的神经元。这个系统外的一切，譬如，与该系统相连接的其他线路，都被视为背景（诸如第6章介绍过的脑干）并且保持固定不变。因为如果这些背景条件发生变化，系统的因果力可能也会改变。现在问题就变成"系统的当下状态在多大程度上被其过去状态约束，并且在多大程度上制约了其未来状态"？

让我们通过计算与图8.2的线路相关的整合信息来解决一个异常简单的例子。如图8.2所示的3个逻辑门连接在一起（箭头表示因果影响的方向）。"或"门（OR gate，用P表示）开启（逻辑值为1），同时"复制"门（COPY gate，用Q表示）和"异或"门（Exclusive-OR gate，XOR，用R表示）都关闭（逻辑值为0）。这个接线图以及系统（PQR）的当前状态（100），完全规定了它的过去和未来的状态。

鉴于这些逻辑门带有的逻辑功能，线路会从当下的（100）转变为（001）状态。按固定的时钟周期更新状态，所有基本的计算机线路就是这样运行的。[4]

8.2　构成

根据构成公设（composition postulate），任何体验都是结构化的。规定体验的系统由许多机制构成，而这个结构必须反映在这些机制中。

　　为了计算图8.2中三元线路的整合信息值 Φ（希腊大写字母phi，读作 fy），我们必须考虑所有可能的机制——需要了解每一个机制是否在候选系统中（within）规定了一个产生影响的差异。这个线路包括3个基本门（P）（Q）（R），三种可能的双门组合（PQ）（PR）和（QR）以及这个三元件线路（PQR）。换言之，借助特殊的度量，我们可以捕捉到从系统的内在视角看这些机制造成的差异，从而评估这个七种机制的整合信息。

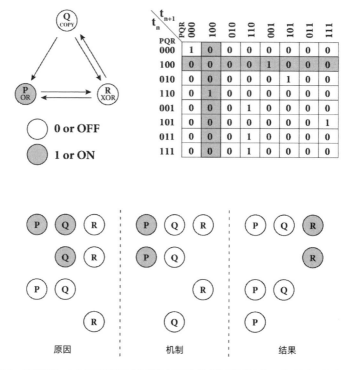

t_n ＼ t_{n+1} PQR	000	100	010	110	001	101	011	111
PQR 000	1	0	0	0	0	0	0	0
100	0	0	0	0	1	0	0	0
010	0	0	0	0	0	1	0	0
110	0	1	0	0	0	0	0	0
001	0	0	0	1	0	0	0	0
101	0	0	0	0	0	0	0	1
011	0	0	0	1	0	0	0	0
111	0	0	0	1	0	0	0	0

○ 0 or OFF

● 1 or ON

原因　　　　机制　　　　结果

图8.2　因果机制：由3个逻辑门组成的线路（PQR）此时所处的状态（100）。这个图相当于该线路（为了易于阐述而完全确定）的转移概率矩阵（transition probability matrix）。四种机制把约束线路当前状态的四个最大不可还原的原因与结果联系起来。它们对应着四个不可还原的区分。整个线路的不可还原性可以根据其整合信息值 Φ 来量化

在一个满足所有公设的系统中，每个机制（假定这些机制在系统内有因果力）都有非零的整合信息，在一个体验内构成了特定的现象学区分（distinction）。区分是任何一个体验的基石，当这些区分重叠或共享一些单元时，它们就被无数的关系连接在一起。我对《蒙娜丽莎的微笑》（*Mona Lisa's mysterious smile*）的体验是一个更高级区分，它处在组成凝视这幅达芬奇名作时更大的视觉体验的无数联系中；看蒙娜丽莎的脸、嘴唇等等，则是其他区分。

当考虑到整个线路的因果力时，构成公设需要算出所有单个要素（一阶机制），两个互相连接的要素的组合（二阶机制）以及由三个要素组成的整个系统的值。 84

8.3 信息

信息公设提出，一个机制只有在系统本身内规定了"产生影响的差异"时，它才有助于体验。一个处于当前状态的机制规定的信息的范围是它在该系统内挑选出的原因和结果。一个处于当前状态的系统产生的信息在于它在多大程度上规定了能够成为其过去可能原因和未来可能结果的系统状态。

请考虑图8.2中的"或"门（P），它从Q、R门接收输入。因为这些门既可以关闭（OFF）也可以开启（ON），所以有四种可能的输入状态。"或"门的特质是，如果它的任何一个输入是打开的，那么它就会开启。所以，如果P是开启的，三种可能因果状态中的其中一种就可以被确定。相反，如果P关闭，则可以确定唯一的原因，即所有输入都关闭。想象另一个虚构场景，如果P门损坏并且固有噪声（intrinsic noise）使它的输出以相同概率开启或关闭，那么这种情况下就无法推断出任何可靠的结果。因此，P门的因果信息在关闭时最大，开启时其次，随机变化时则为零。

类似的思考也适用于未来的结果信息（effect-information）。如果现时状态有大概率造成某个或几个状态，线路的选择性及它的结果信息会很高。如果现时状态对未来的影响很小，比如，由于高音量环境噪音的干扰，或对系统中其他要素的依赖，那么结果信息就更小。

原因—结果信息（cause-information）被定义为更小的（最小的）原因—信息和结果—信息。如果其中一者为零，那么因果信息也同样为零。也就是说，这个机制的过去状态必须能决定它的当下状态，而现时状态能决定未来状态。当下状态对过去和未来状态规定的程度越高，机制的因果力也就越高。

你会发现这种"信息"的用法与克劳德·香农（Claude Shannon）所说的工程学和科学的惯用意义截然不同。香农意义上的信息，总是以被观察者的外部视角来估算，它量化了信号在一些噪声通信信道（比如收音机天线或光缆）上传输的准确性。将关闭与开启这两种可能性做出区分的数据携带1比特（bit）的信息。尽管那个信息是什么——关键的血液检测结果或一张假日照片一角中的一个像素中的最不重要的比特 —— 完全取决于它的环境。香农意义上的信息是从旁观者的角度来看的，而不是从信号本身的角度来看的。香浓的信息是来自观察者的、外在的。

整合信息理论意义上的信息反映了一个更古老的亚里士多德的（Aristotelian）用法，源于拉丁文 *in-formare*，意为"为……赋予形式或形状"。整合信息引起因果结构，即一个形式。整合信息是因果的、内在的以及定性的：它是从系统的内部视角出发加以评估的，所基于的是系统的机制及其当下状态是如何塑造它自己的过去和未来的。这个系统如何约束其过去和未来状态决定了体验是否感受起来像天青蓝或淋湿的狗的气味一样。

8.4 整合

任何有意识的体验都是统一的、整体的（holistic）。相关的整合（integration）公设要求被系统规定的因果结构必须是统一的或不可还原的。整合信息 Φ 是对整体产生的形式与其部分产生的形式之间的差异程度的量化。不可还原（irreducible）的含义是指，系统不可能在分解为独立的、不相互作用的各组件的同时不失去某种本质的东西。不可还原性是通过考虑线路的所有可能划分 —— 即线路分解为非重叠机制（大小可以非常不等）的所有不同方式 —— 来进行评估的。[5] 如果因果结构沿其最小信息分割（造成最小差异的切分）进行切分或简约，那么 Φ 的实际数值是对因果结构改变程度的量化。Φ 是一个大于或等于零的纯数。[6]

例如，如果P与R以及P与Q之间的联系被切断，那么这两个独立机制的因果结构也会与整个线路相关机制的因果结构截然不同，因为这两个机制之间的相互依赖性不再被捕获。

如果分割某一存在物对其因果结构毫无影响，那么这说明它完全可还原为那些部分而不会失去任何东西。在完全实在的意义上说，这种存在物不是一个完整的系统，而只不过是一堆拆分的部分。它的 Φ 为零。想想那些为了反对在自己社区建高速公路而试图组织成一个群体的市民。如果这些群体成员从未相遇，从未互动，也从未协调他们的行动，那么从当地政治的外部因果效应的视角看，由他们组成的群体是不存在的。关于内在因果力的例子，请考虑一下你和我的意识。你有痛苦的体验，我也有，甚至你我同时有这种体验。但没有理由认为存在一个与我们俩都有关联的体验。我们的联合体验（joint experience）完全可以还原为你的体验和我的体验。

8.5　排他

这种因果分析表明，系统（PQR）是不可还原的。也就是说，系统不能分解为两个或更多的元件而在此过程中却不失去任何东西。

我们要对所有可能的作为候选线路的逻辑门组合重复这

种计算——不仅仅是三元线路（PQR），还有包括（PQ）（PR）和（QR）这类双门组合以及3个基本门本身。这七种"线路"都有各自的因果结构和各自的Φ值。现象学公理认为，任何确定的体验都与排他公设（exclusion postulate）相关，排他公设规定只有最大不可还原的线路为自身存在，线路的所有超集（supersets）和子集（subsets）都不满足这一点。所有具有更小Φ值的重叠线路都被排除了。

从内在观点看只有最大值存在这一事实对很多人而言似乎是难以理解的。[7]然而物理学上有许多极值原理（extremal principles）。我们以最小作用量原理（principle of least action）为例——这是一个在相对论、热动力学、力学和流体力学中的关键论题，它规定，在一个特定物理系统可以发展的所有方式中，只有一种方式会实际发生，也就是极值。例如，下垂的自行车链或悬挂在两端的金属环链的形状都是其势能最小化的形状。[8]

Φ最大值是所考虑的基质的全局最大值。也就是说，这个线路中不会有任何整合信息更大的超集或子集存在。当然，可能会存在许多非重叠的系统，诸如其他人的脑，它们会有更高的Φ值。

排他公设为一个体验的内容如其所是——不多也不少——提供了充分的理由。关于因果作用，其结果是，获胜的因果结构会排除重叠要素过度规定的任何替代的因果结构，否则会出现因果过度决定（overdetermination）。对这些原因和结果的排除是另一种形式的奥卡姆剃刀:"如无必要,切勿增加原因。"

给定背景条件,只有三元线路在排他公设的审查中能留下来,因为它有 Φ 的最大值,名为 Φ^{max}(phi-max)。如果背景条件发生变化,Φ^{max} 同样可能会改变。从内在视角看,PQR是不可还原的,它的界限由产生最大 Φ 值的要素的集合来界定。

IIT把这些要素的集合称为主复合体(main complex)或意识的物理基质(physical substrate of consciousness)。我想给它取一个更诗意的名字 —— 整体(Whole)。整体是任何系统的最不可还原的部分,即对自身产生最大影响的部分。[9]

按照IIT的观点,只有整体才有体验。其他线路,诸如更小的线路(PQ),并不为自身存在,因为它们并不是一个 Φ 的最大值;它们有更少的内在因果力。

8.6 整合信息理论的核心同一性

一个处于某个状态的整体的诸要素,单独和以组合的方式,构成了规定区分的一阶和高阶的机制。所有这些机制通过关系结合在一起,形成一个结构,这个结构被定义为最大不可还原的因果结构。鉴于所有可能的不可还原的一阶和高阶机制以及它们重叠的集合,对于任何实在的线路来说,这个结构的复杂性会到让人抓狂的程度 —— 图8.1的蜘蛛网就可见一斑。

意识究竟是什么？ IIT在其核心同一性（central identity）中对这个问题有一个相当准确的回答：

任何体验等同于系统在那个状态下的最大不可还原的因—果结构。

体验等同于这个结构 —— 不是等同于它的物理基质，而是它的整体，正如我对某种蓝色感受的体验不等于我脑中那一团黏黏的物质，因为这团黏黏的物质只是体验的物理基质。

完全展开的最大不可还原的因果结构是一个具有特定因果属性的存在物。它对应于一个由关系所约束的各点连接成的 88 "星座"，或者一个形式（form）。[10]它不是一个抽象的数学对象，也不是数字的集合。它是物理的。实际上，它是最实在的事物。我过去在书中将这种形式称为"晶体"（crystal）：

> 晶体就是从内部观察这个系统。它是头脑中的声音、头颅中的光亮。它是你关于世界所知的一切。它是你唯一的实在。它是体验的实质（quiddity）。由于百亿维度空间中晶体的形状各不相同，食莲者的梦、禅修僧人的正念和癌症患者的极大痛苦都有各自不同的感受 —— 这确实是一个让人欢欣的景象（beatific vision）。[11]

对脑而言，整体是在相关粒度水平上意识的神经相关物，它的状态可以被观察和操控（详见后两章）。整体有明确的成员，某些神经元包括在内，但其他神经元可能与前面这些神经元密切相关却不属于整体。在图8.2的网络中，整体就是三元线路。不论是进入这个线路的外部端口还是读取其状态的外部端口，都不是意识的物理基质的一部分。四个区分的形成的星座（constellation）是由最大不可还原的因果结构内的因果联系连接在一起，这个星座规定了线路的体验（参见图8.2）。系统不可还原性的 Φ^{max} 越大，就越为自身而存在，意识的程度也就更高。Φ^{max} 并没有明显的上限。[12]

IIT的核心同一性是一个形而上学的陈述，它提出了一个强有力的存在论主张。它并不认为 Φ^{max} 仅仅是体验的相关物（correlates）。它也没有更强力地主张最大不可还原的因果结构是任何一个体验的充分必要条件。相反，IIT主张所有体验都等同于构成整体的相互依赖的机制的不可还原的因果相互作用。这是一个同一性关系 —— 任何体验的每个方面都被完全映射在相关的最大不可还原的因果结构上，每一侧都无任何遗漏。

"成为（PQR）会具有感受"[it feels like something to be (PQR)]这一主张是对IIT的一个大幅度外推，这个主张就如同认为人类、蠕虫和巨型红杉都在演化上有关联的主张对维多利亚时代的大多数人来说违法直觉一样。这个主张必须被兑现。至关重要的一点是，通过使用IIT的工具和概念，阐明任何一个体验是如何被相关因果结构的不同方面解释的。在这种情况下，考虑一个似乎"简单的"体验：在计算机显示器上看见"唤醒尼奥"这句

话。事实上，这个体验根本不简单，因为它的现象学内容大到超 89
出理解，因为它是由许多区分和关系构成的。这些区分和关系
使得体验成为其所是而与其他体验不同。

这些区分既包括规定个体像素（它们形成有向边缘的方式
构成了在某个特定位置的个别字母）的低阶区分，也包括构成
字母"W"和个体单词的高阶不变的区分（在大量可能的位置上
以特定角度排列的直线）。但还远远不止于此，因为对于看到某
个事物这一体验本身来说，任何空间事物都非常有意义——包
括在空间中延展、越过邻近区域、近和远、从左到右、从上到下
等的多重区分（点）。这些区分以复杂的关系模式绑定在同一
个体验内——位于某个位置的字母、以特定的字体、是否大写、
与各单词和一个本身就是高阶区分的名称的特定关系。根据IIT，
如果这些区分共享了一组重叠的机制（它们共同约束了这些机
制的过去和未来状态），那么这种知觉属性的动态"绑定"[13]就会
出现。

采纳这种内在视角意味着拒绝外在的"上帝之眼"的视角，
这种视角把事物看作是空间上延展的。这意味着具体说明构成
空间——不论真空与否——表现方式的因果力。

8.7 整合信息理论的实际运用

为了使这个一点更具体，让我们考虑一下组成后部新皮层
热区（posterior neocortical hot zone）的神经元集合。让我们假

定一个特殊的状态，在这个状态中，其中的某些神经元随某个时间窗口（比如10毫秒）激活，而其他绝大多数神经元保持静默。脑的其他部分被看作是一个固定的背景；也就是说，在皮层前部、小脑、脑干等区域的神经元的激活会一直保持在它们所具有的某个值。

挑战在于发现热区内的那些神经元，它们是最大不可还原的因果结构的基质，即整体，并计算出它的 Φ^{max}。

90   我们从该网络的因果模型开始，这是一个接线图，它规定后部热区内的个体神经元是如何连接的，以及它们的权重和激活阈值是多少。当然，鉴于当前知识水平尚不完善，这里的许多方面还有待猜测（例如，一个类网格联接性与皮层前部更随机访问的联接性）。有了人这样一个接线图，我们可以从一阶机制和个体神经元出发计算因果信息。

任何神经元都可能有原因—力（cause-power），也就是说，能约束它的输入状态。对于突触前神经元（presynaptic neurons）所有可能的子集，这个可以通过规定原因—状态（cause-state）与结果—状态（effect-state）（更简单地说，规定一个原因和一个结果）来评估。整合的原因—信息是被分割与未被分割的原因（作为产生最小距离的划分）之间的加权差异；它测量原因对所讨论机制产生的影响是什么，估算出神经元的原因—力的还原性。

一个神经元的核心 — 原因（core-cause）是有最大因果力的输入集合。一个类似的程序决定了神经元在它的突触输出中的核心 — 结果（core-effect）。一个核心 — 原因和核心 — 结果都非零的神经元就规定了一个区分（例如图8.2）。

我们在所有可能的机制上进行这种计算，即包括所有个体神经元，所有两个神经元的组合（二阶机制）以及3个神经元的组合（三阶机制）等，一直到整个网络为止。显而易见，这将是个庞大的数字（但我们不需要考虑这些机制中大量并不直接交互的子集）。这会解释网络所有可能的区分（图8.2中的线路有四个带有四种区分的核心 — 原因和核心 — 结果）。

一个网络的不可还原性就是对网络的全部整合的度量。对它的评估类似于我们计算单个神经元整合的方式：分割网络并测量它能从各个部分中恢复的程度。Φ是网络的所有可能子集中系统不可还原性的标量测度。

皮层热区内许多网络的Φ值大于零。虽然根据排他公理，只有Φ最大的线路才是整体，为自身存在。

实际上，一个有内在不可还原因 — 结果力的系统必定是紧密连接在一起的。但一个完全连接的网络（即其中每个单元都与其他每个单元连接的网络）并不是达到高整合信息的最好方式。

91   对熟悉开源编程语言Python的人来说，一个用于计算小型网络的整体和 Φ^{max} 的公共软件包可以免费下载。[14]

如果你看完了这一章，那么恭喜你，因为其中涵盖的材料会拓展任何一个人的思维。在接下来的两章中，我将讨论整合信息理论在临床上的应用，诸如意识测量仪（consciousness meter）和某些相当反直觉的预测。这有助于我们能更深入地理解这个理论。

9.意识测量工具

我毫不怀疑，当你告诉我"我清晰地记得在电视上看见燃 93
烧倒塌的双子塔（Twin Towers）时我在哪里"的时候，你是有意
识的。语言是推断他人意识的黄金标准。然而这个标准不适用
于丧失行动能力、不能说话的人。一个局外人如何能知道他们
是否有意识？这是临床每天都会遇到的难题。

请考虑一下那些在植入支架、切除恶性肿瘤或置换磨损
的髋关节等手术中被麻醉的患者。麻醉消除了他们的痛苦，阻
断了创伤性记忆的产生，令患者保持不动，并且稳定住他们的
自主神经系统。按照医生的预期，患者不会在手术过程中醒
来。可凡事总有例外。在手术中会有很小的概率发生术中回忆
（intraoperative recall）或者说"有觉知的麻醉状态"（awareness
under anesthesia），1000人中大约有1个或几个人会出现这种
情况。为了便于插管和防止剧烈的肌肉运动，患者已经因麻醉
而无法动弹，所以他们无法表达自己此时的痛苦。每天有大约
50 000名以上的美国人要接受全身麻醉，因此即便发生率极低
也有几百人会经历有觉知的麻醉状态。

另一群意识状态不确定的患者是那些脑未成熟、畸形、退化或受损的人。不论年龄大小，他们都不会说话，也不会对能言语要求做出回应转动眼睛和肢体运动的反应。要确立这些患者是否对生命有体验是临床技术面临的一项严峻挑战。

很难确信放在保温箱中救治的早产儿、严重畸形[诸如无大脑皮层、颅骨和头皮（无脑畸形，anencephaly）[1]]的婴儿、患塞卡病毒（Zika virus）的母亲生下的孩子（小头畸形，microcephaly）是不是有意识。事实上直到20世纪末，医院还经常在没有麻醉的情况下对早产儿进行手术，以便使这些脆弱的身体所受的急性和长期风险降到最低，也因为当时人们通常认为这些婴儿的脑还未成熟到足以体验痛苦的程度。[2]

而处于生命另一端的是患有严重痴呆症的老年人。阿尔茨海默症（Alzheimer）以及神经退行性疾病最后阶段的标志就是患者极度的冷漠和衰竭。他们不再说话、做手势，甚至吞咽也有困难。有意识的心智是否已经永远离开了他们满是神经原纤维缠结（neurofibrillary tangles）和淀粉样蛋白斑块（amyloid plaques）的萎缩的脑？[3]

有助于解决上述难题的方法应该是类似《星际迷航》（Star Trek）里的三录仪（tricorder），它是一个显示体验是否在场的工具，可以说是一种意识测量仪。大卫·查默斯在一次生动的演讲中介绍了这个概念，在演讲期间，他用一个吹风机指向观众来假装揭穿听众中的僵尸。[4]不论有多不完美，这样一种工具一定会带来进步。我想探讨一种通过探测脑来检测是否有意识心智的"回声"的方法。但在此之前，我要介绍一下最能从这种仪器中获益最大的患者。

9.1 困在受损脑中的心智

在过去半个世纪中，发生了一场意义重大的革命，这场革命把数千名遭受急性和严重脑损伤的患者从死亡线上拽了回来。在先进的医学护理、手术和药物治疗、急救直升机、911紧急电话等出现之前，这些患者会很快因伤势过重而死亡。[5]

但是辩证地看，这些医学上的进步也有令人沮丧的一面：对那些卧床不起和残疾的、无法清楚表达自己心智状态、对自我与所在环境的有意识知觉迹象十分模糊和起伏不定的患者来说，诊断他们的意识程度也有不确定的时候。这种状态可能会持续数年，这给关心他们的亲友带来了沉重的负担，即便患者死亡和随后的哀悼过程带来的情感解脱也无法使他们卸下重负。

患有意识障碍（disorders of consciousness）的患者是一个多元的群体。[6]我们可以依照两个标准来更好地思考这些患者。一个是患者对外部有目的刺激的反应程度，诸如转动眼球、点头等等。另一个是患者认知能力残存的程度。他们还能回忆、决定、思考或想象吗？每个患者都处在这些不幸平面上的一个特定位置，水平轴代表他们认知能力的范围，而垂直轴代表他们运动能力的范围（参见图9.1）。

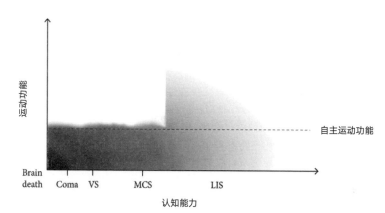

95 图9.1 不幸受损的脑和意识：依照残存认知能力[水平变化，从左端没有意识加工到右端闭锁患者（LIS）完好的意识加工]和残存运动功能（沿垂直轴变化，从最底端无运动功能到反射，再到顶端目标导向的动作）的程度，可以对出现意识障碍的脑损伤患者进行分类。关键的分界线是患者是否能用他们的眼睛、四肢和语言进行自发回应（虚线）。阴影越深的区域，意识就越可能缺失[基于神经科学家尼古拉斯·希夫（Niko Schiff）的研究（例如，Schiff，2013.）]

　　通过密切观察来判断患者的行动能力 —— 他们对响亮的声音是否表现出惊奇反应？如果被刺到，他们是否会缩回手或腿？他们的眼睛会追随亮光吗？他们会产生任何非反射行为吗？他们能用手、眼或头来回应命令吗？他们能讲出有意义的言语吗？

　　当患者不能说话时，要推断他们在多大程度上保留了残存的认知技能就更难了。典型的临床评估包括敏锐的床边观察 —— 一些闭锁患者的意识是完整的，但只能通过眨眼睛来发出信号 —— 或者将患者放在脑扫描仪中，并让他们在脑海中想象打网球或参观家里的各个房间。这两个任务会有选择地使更多血液流入两个大脑皮层区域的其中之一。能以这种方式有意地调节脑活动的患者就被视为有意识的。[7]

健康的、能正常四处活动和说话的那些人集中在图9.1的右 96
上角，他们具有很高的认知和运动能力。与之截然相反的人则
处在图的左下角，这里是一个标记为黑洞的脑死亡状态（brain
death）。彻底且不可逆的中枢神经系统功能丧失和脑完全衰竭
都被视为脑死亡。此时患者不会有任何行为，不论是自动的、反
射的还是无意识的行为都不再存在。[8]他们也不再有任何体验。
一旦落入这个黑洞，将无从逃脱。

在美国，正如在大多数发达国家一样，全脑死亡在法律意
义上就等同于死亡。也就是说，当你的脑死亡了，你也就死亡
了。这种诊断对于在病床旁守候的家属和朋友来说是难以接受
的，因为现在就技术上来说已经是一具尸体的患者，但由于呼
吸机的支持，他们还能呼吸，心脏也还在跳动着。现在，这具身
体正好适合器官捐献。

然而，有可信报道称，存在死后"生命"。即便这具身体从
法律上说是一具尸体（但依靠的是生命维持系统），患者的肌肤
依旧保持健康的弹性，指甲和头发也在生长。身体也是温热的，
甚至可能出现月经。这些案例展示了，医学、科学、哲学是如何
不断努力，以便连贯地界定从有生命到我们最终都要经历的无
生命的转变。[9]

从功能丧失的角度看，昏迷可以说是脑死亡的近亲。昏迷
的患者虽然活着但却无法动弹，即便受到最强的刺激双眼也保
持紧闭，只有少量的脑干反射尚存。除非用药物维持，昏迷往往

是很短暂的,患者要么最后死亡,要么部分或完全恢复。

其次是我在第2章介绍的植物状态(VS)患者。植物状态患者与昏迷的人不同,他们有无规律的眼睛开闭周期。他们可以吞咽、打哈欠,也许还能转动眼睛和头,但这些动作并没有目的性。植物状态患者没有任何有意志的行为 —— 他们只剩下一些控制基础过程的活动,诸如呼吸、睡眠 — 清醒更替、心率、眼球运动以及瞳孔反应。在患者床边的交流 —— "如果你能听见,就抓住我的手或者转转眼睛"—— 也并不成功。如果护理得比较周全,没有得褥疮和感染的话,植物状态患者可以活好几年。

植物状态患者无法以任何方式、形状或形式与外界交流,这与植物状态患者完全没有体验的观点是相符的。可想一想"没有证据并不证明不存在"这条准则,这是诊断上的灰色地带,植物状态患者受损的脑是否体验到痛苦、沮丧、焦虑、孤独、对现状无声的顺从、成熟的思维流,或者什么也体验不到。研究表明,可能20%的植物状态患者是有意识的,而因此被误诊。

对那些多年来一直照料自己所爱的人的家人和朋友而言,知道患者是否有意识会对他们带来极大的影响。想象一个安全索被解开的宇航员,他一边在太空中漂浮,一边听着任务中心越来越迫切地试图联系他("能听见我说话吗,汤姆少校?")。可无线电已损坏,无法将他的声音传给任务中心。他与这个世界失去了联系。这就是一些脑损伤患者的绝望处境,受损的脑令他们无法交流,这是一种非自愿和极端形式的单独监禁。

在最小意识状态（minimally conscious state，MCS）患者身上，情况就没有那么模棱两可。这些患者不能说话，但可以发出信号，虽然经常只以零散的、象征性的且不规则的方式发出，他们能在合适的情绪情境下微笑或哭泣，偶尔能发出声音和做手势，视线能追随那些显著的物体等。有证据表明，这些患者可能会体验某些东西，但他们的体验有多短暂和微弱还没有定论。

闭锁综合征（Locked-in syndrome，LIS）患者由于双侧脑干受损而无法进行绝大部分或者所有的自发动作，但他们依然保留意识（在图9.1中位于右下角）。他们与这个世界唯一的联系就是垂直的眼部运动和短暂的面部运动。法国作家让-多米尼克·鲍比（Jean-Dominique Bauby）以眨左眼皮的方式告诉记录者字母，以此方式他们一起完成了短篇回忆录《潜水钟与蝴蝶》（*The Diving Bell and the Butterfly*），英国宇宙学家斯蒂芬·霍金（Stephen Hawking）则是困在因渐冻症而瘫痪的身体中的天才学者。[10]

对完全闭锁的患者，比如晚期肌萎缩侧索硬化症 [amyotrophic lateral sclerosis，也称卢·贾里格症（Lou Gehrig's disease）] 患者来说，一切与外部世界的联系都被切断了。了解这些彻底瘫痪的不幸患者是否还有心智生活是一项极大的挑战。[11]

9.2　合众为一

　　有意识的体验、思想和记忆在几分之一秒内产生和消失。测量它们轻盈的神经印迹需要使用能捕捉这种动态的仪器。对神经科学家来说，这个仪器就是脑电图（参见图5.1）

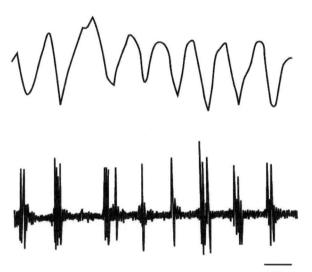

20 msec

98　　图9.2　伽马振荡（Gamma oscillations）是意识的标志吗？一只注视着移动光带的猫，它的脑信号被插入视觉皮层的精细微电极捕捉，这个局部区域的电位（电极周围细胞的电活动总和，图上方的线）和来自大量周边的神经元的峰电位活动（图下方的线）具有显著的20～30毫秒的周期变化。弗朗西斯·克里克和我认为这是意识的神经相关物（修改自Gray & Singer, 1989.）

　　自20世纪40年代后期开始，一个激活的脑电图（activated EEG）是有意识主体的最可靠的标志。其特征是去同步的低压快速起伏的脑电波，也就是说，不是跨颅骨锁步的（in lock-step）。随着脑电图转向低频，意识在场的可能性也降低，而脑则可能处于睡眠、注射了镇静剂或受损状态。[12]但这个规律也有相当多的例外，不能作为任何个体意识存在或消失的一般性指标。因此，基础科学家和临床医生都在寻找更可靠的测量手段。

受1989年（重新）发现的猫和猴子在注视移动的光带和其他刺激（参见图9.2）时视觉皮层同步放电现象的启发，克里克和我想找到意识的神经印迹。神经元以周期性而非随意的方式激发动作电位，很明显电位峰值的出现间隔为20～30毫秒。这些被记录的电位的波动就是著名的伽马振荡[每秒30～70次（Hz，赫兹），大约在40赫兹上下波动，也就是25毫秒一个周期]。更重要的是，周围对相同物体发出信号的神经元也大概是同时激发的。这促使我们推断这些40赫兹的振荡是一个意识的 99 神经相关物。[13]

这个简单的观点吸引了许多科学家的注意，激发了如今对于神经相关物的追寻。然而超过25年对人和动物脑中40赫兹振荡数百次实验的实证研究，结论却是它们并不是真正的意识的神经相关物！从中产生的是关于伽马振荡与意识间关系的更细致的观点。脑电图显示，在这个范围（伽马波段）内周期激发的神经元活动（位于图9.1上方曲线）与选择性注意有密切的联系，两个区域间同步的伽马振荡加强了两个底层神经元联合体内的有效连通性。正如我们能注意到自己没看见的东西（第4章），刺激可以在不引起任何有意识体验的情况下触发40赫兹振荡。[14]

可是伽马振荡会继续与意识相关地出现。一个因易于使用而被许多麻醉师青睐的商用系统是脑电双频指数（bispectral index，BIS）监护仪。它计算脑电图占多数的高频元件对比低频元件的值（由于涉及专利，在此省略确切细节）。实际应用中，BIS监测并不有助于减少患者在麻醉期间醒来以及随之而来的术中回忆的发生率。[15]此外，BIS面对大范围的患者（从新生儿到老年人），以及现有的各种麻醉药中的工作方式并不一致，也不适用于前文提到的神经疾病患者，因为他们的脑电图模式并不正常。其他的测量指标（如b脑电信号），在标记意识上也没有更好的表现。[16]

这些指数总的来说都是基于单一电信号的时间进程分析制定的。但现在的脑电图系统能同步记录60个及以上头皮不同位置（行话里叫"通道"）的电压。也就是说，脑电图具有时空结构。除了脑电图是平的（比如在深度麻醉期间），或在昏迷或癫痫持续状态时出现正步穿过整个大脑皮层的波，脑电图的表现是复杂的，展示出其双重、整合和分化的特质。整合表明不同位置的信号并不是完全彼此独立的；分化意味着这些信号在时间上是高度结构化的，有各自的个性。

110   IIT表明，意识的神经相关物应该反映每个体验的统一方面以及各自高度多样化的本质。将这些原则用在脑电图时空结构上会得到一个工具，它能可靠地检测每个的意识是否在场。

由于一些显而易见的理由，这种技术被称为"zap-and-zip"，

其精神与美国的官方格言——合众为一（ e pluribus unum ）是
一样的。它由 IIT 的创造者朱利奥·托诺尼和目前在意大利米
兰大学从事研究的神经物理学家马塞洛·马西米尼（Marcello
Massimini ）设计。[17] 放置在头皮上的封闭线圈会发送一股强烈的
磁能脉冲到颅骨下的神经组织，通过电磁感应在附近的皮层神
经元及轴突内诱发短暂的电流。[18] 这反过来在电流于几分之一
秒消失之前，又会短暂地让它们的突触连接的伙伴细胞产生级
联反应。由此产生的电活动可通过被试头上高密度的脑电图帽
监测。用大量的这种脉冲冲击脑，使脑电图平均，随时间展开而
产生一部电影。图 9.3 就展示了一个随磁力激发的脑电图记录。

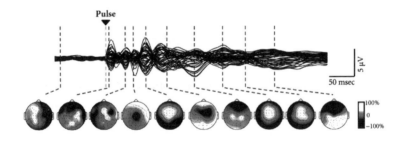

图 9.3　激发脑：用磁脉冲刺激脑会产生一种短暂的神经激波，扰乱正在进行的皮层活动，测
量的是一个清醒的志愿者的 60 个脑电图通道（图下方）。所有通道的平均电信号显示在图
上方。它们的时空复杂性的特征表现为一个单一的数字，即扰动复杂性指数或 PCI（perturba-
tional complexity index），以此来推断意识（图 9.3 修改自 Casali et al., 2013.）

　　响应磁脉冲的时空活动是一种高度复杂的模式，随着激发
波在组织中弹跳，从触发点扩散，它的消长变化。把大脑皮层想
象成一个大号铜铃，磁力线圈就是铃舌。一旦被敲击，正常的铜
铃会在相当长时间内以特有内音高发出响声。清醒时的大脑皮

层也是如此，以不同频率发出信号。

　　与此相反，深度睡眠者的脑就像一个迟缓的、破裂的铜铃 [类似费城的独立钟（Liberty Bell）] 一样运转。然而，睡眠期间的脑电图的初始振幅要比清醒时大，它的持续时间短得多，且不会在皮层与其他相连区域之间回荡。虽然神经元依然保持活跃，正如强有力的局部的响应证明的那样，但整合已经崩解。在清醒状态下，脑的典型的电活动在空间上很少有差异，在时间上也缺乏多样性。同样的情况也发生在那些自愿接受全身麻醉的被试身上。磁脉冲总是产生一个简单的局部反应，这表明皮层之间交互作用的中断和整合的减弱，这一点与IIT一致。

　　研究人员利用一种捕捉反应可压缩程度的数学测量方法，估计了这种反应在不同皮层和不同时间的差异程度。这个算法借鉴于计算机科学，并且是流行的"压缩"（zip）算法的基础，压缩算法用来减少储存图片和影片的需求量，这也是为什么整个测量过程在业内被称为"激发和压缩"的原因。最终，每个人的脑电图反应都被映射到一个扰动复杂性指数（PCI）的单一数值上。如果脑对磁脉冲的反应很少——也就是说，因为脑电图几乎是一条直线（比如在深度昏迷时），它的压缩性就会高而PCI接近于零。相反，复杂性最大时，PCI为1。PCI越大，脑对磁脉冲的反应就越多样，也就更难压缩。

　　这个进路的逻辑现在很简单。第一步，将激发和压缩应用于基准人群，得出一个固定阈值，PCI*，这样在意识可被可靠确定的每个事例中，PCI都大于PCI*，而在主体是无意识的每个事例中，PCI值低于这个阈值。这使得PCI*成为支持意识的最小复杂性值。第二步，使用这个阈值来判断在灰色地带的患者是否有意识。

基准组包括102位健全志愿者和48位脑损伤患者。有意识 [102]
组由三类被试构成：清醒状态、快速眼动睡眠状态以及注射氯胺酮（ketamine）后处于麻醉状态的被试。对后两种情况，意识是之后中做出评估的 —— 在睡眠者中，通过在快速眼动睡眠期间随机唤醒他们，并且评估只包含那些报告了在即将醒来前有做梦体验的被试的脑电图；相似的办法也用于被氯胺酮麻醉的被试上，氯胺酮是一种分离剂，它切断了心智与外部世界的联系，但并没有熄灭意识[事实上，如果低剂量注射，氯胺酮会作为致幻剂（也叫"维生素K"）被滥用]。无意识状态包括深度睡眠（在唤醒之前没有任何体验）以及使用三种不同药物[咪达唑仑（midazolam）、氙气（xenon）、丙泊酚（propofol）]的手术级麻醉。

在150位被试中，每个人的意识都用0.31的PCI*值推断出来。每个被试，不论是健康的志愿者还是脑损伤患者，都被正确地分类为有意识或无意识。考虑到性别、年龄以及医学和行为状态的差异，这是一项意义非凡的成就。这个指标也同样适用于9位近期"苏醒"的脑损伤患者（他们从植物状态变成了最小意识状态），以及5位闭锁状态的患者。他们每个人都在不幸平面上的某个地方挣扎，此处的不幸平面修改自图9.1，垂直轴是行为复杂性，水平轴是PCI指数（参见图9.4）。

团队接着将激发和压缩以及PCI*应用在最小意识状态和植物状态患者身上（参见图9.4）。对前者而言，存在一些非反射行为的标志，我们的测量方法能够在38位患者中正确地标记出36位患者有意识，但在2位患者身上失败了，把他们误诊为是无意识的。在43位无法与外界交流的植物状态患者中，34位的脑电图反应的复杂性比每个基准意识组的人都要小，这在预料之中。然而，更令人不安的是，另外9位患者对磁脉冲的反应有反射模式，其中的扰动复杂性就像在有意识控制的状态下一样高。如果该理论是正确的，那么这意味着这些患者是有意识的，只是无法与世界交流。

9.3 探寻真正的意识测量仪

这些都是令人激动的时刻 —— 这是第一个基于原理的方法来检测由于大脑皮层信息整合能力的崩溃和恢复而导致的意识的丧失和恢复。这种探测大脑皮层内兴奋性的技术，不依赖于感觉输入和运动输出，因此能用于诊断那些不能以任何方式表达自身状态的患者。一项在美国和欧洲各地诊所进行的大规模合作试验试图使这个"激发和压缩"方法标准化和合法化，并改进它，以便技术人员能够在临床或在手忙脚乱的急救中心快速可靠地实施。

将一个人归为植物状态 —— 这样的患者无法启动足以表明

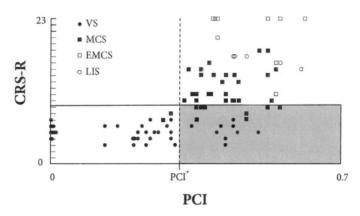

图9.4　应用激发和压缩（zap-and-zip）识别有意识的患者：以95位脑损伤患者的行为作为　103
他们扰动复杂性指数的函数。图中的虚线对应阈值——PCI*，低于该值则意识消失。垂直轴
表示修订版昏迷恢复量表（CRS-R），记录患者能用眼、四肢或语言进行反应的程度。低值代
表反射而高值表示更具有认知反应。VS与MCS分别表示植物状态和最小意识状态。EMCS
（emerging minimum conscious state）表示脱离最小意识状态，LCS表示闭锁状态 [图9.4重绘
自Casarotto et al., 2016.]

其受损脑中还残存任何心智的动作——总是暂时的。的确，我
在前文提到43位植物状态患者中有9位经"激发和压缩"被诊
断为有意识，尽管按照医学黄金标准（昏迷恢复修订量表，参见
图9.4）的评估，他们没有表现出任何有意识的行为迹象。这个
对临床医生提出了挑战，他们需要脑—机接口（brain-machine
interfaces）和机器学习设想出更精微的生理和行为测量来检测
微弱的心智迹象。

　　"激发和压缩"正被扩展应用到紧张症（catatonia）和其他
分离性精神障碍患者、裂脑人的左右脑半球、晚期痴呆症的老
年患者、大脑皮层更小且发展程度更欠缺的儿童患者以及诸如　104

老鼠这样的实验室动物。我对这项研究充满信心,因此与瑞典记者兼科学作家佩尔·斯奈普鲁德(Per Snaprud)公开打赌,到2028年底:

> 临床医生和神经科学家将开发出经过充分验证的脑活动测量技术,以高度的确定性判断个体人类被试,诸如被麻醉和罹患神经疾病的患者,在检测时是否有意识。[19]

"激发和压缩"并不测量整合信息。尽管PCI指数的概念来自于IIT,但它是粗略地估算分化和整合程度的指数。[20]与IIT的观点不同,一个真正的意识测量仪应当测量 Φ^{max}。这种"Φ测量仪"必须能因果地测量最大化整合信息的相关时空粒度水平对应的意识神经相关物。它可以被实证地估算。[21]

一台真正的Φ测量仪应该反映体验在清醒和睡眠时的起伏变化。在随年龄增长而不可避免地衰退之前,意识在儿童和青少年中一直在上升,直到它在具有高度发达的自我感的成年人身上达到顶峰,或许,在长期冥想者中能达到一个绝对最大值。这种装置应当普遍适用于各个物种,不论它们是否有大脑皮层,不论它们有何种复杂程度的神经系统。目前,我们离这项工具还非常遥远。在此期间,让我们庆祝一下历经千年之久的心—身问题所迎来的这个里程碑。

10. 超级心智与纯粹意识

IIT吸引人的一个特点是它在孕育新思想方面的多产性，诸[105]如我之前提到的原始但有效的意识计量表、最大化整合信息时空粒度（体验就出现在这个水平上）（见最后一章的注释21）、纯粹体验的神经相关物，以及合并两个脑而产生出一个单一的有意识心智（这是IIT最令人惊讶的预测之一）。在此之前，让我先讨论一个相反的问题：将一个脑分裂为两个心智。

10.1 分裂脑，从而产生两个有意识的整体

考虑两个皮层半球，它们由组成胼胝体的2亿个轴突和其他一些次要通路连接起来（图10.1）。这些连接使左右两个半球能流畅地交织为一个心智。

在第3章，我谈到了裂脑（split-brain）人，他们的胼胝体被切断以便缓解癫痫发作。[1]值得注意的是，一旦裂脑人从这个大规模的手术干预中恢复后，他们在日常生活中的表现并不引人注目。他们像过去一样看、听、闻；他们四处走动、说话、与他人得体地交往；此外他们的智商（IQ）也保持不变。沿中线将脑

分成两半似乎并没有对患者的自我感和体验世界的方式产生重大影响。

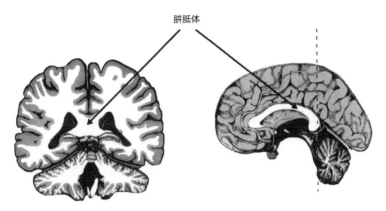

胼胝体

106 图10.1 皮层两个半球之间的高带宽（high-bandwidth）连接：多达2亿的轴突将左右皮层半球联系起来（修改自Kretschmann & Weinrich, 1992.）

可裂脑人看似平淡无奇的行为背后隐藏着一个重要的事实：他们能说话的心智（speaking mind）几乎总在皮层左半球。只有左半球的体验和记忆可以通过语言公开表达。要触及不占支配地位的右半球的心智就比较困难，例如，通过麻醉使霸道的左半球静默。[2]这时，近乎沉默的右半球就通过复杂的、非陈式的行为展现自己，它可以阅读单个的单词，并且至少在某些情况中能理解语法和说一些简单的话，遵从指令，以及唱歌。就外界所知，在裂脑人的颅内存在两股截然不同的意识流。[3]

罗杰·斯佩里（Roger Sperry）因对裂脑人的研究而获得1981年的诺贝尔生理学或医学奖，他明确地表示：

尽管一些权威并不愿意相信分离脑的非优势半球也有意识，但这是我们基于大量各种非语言测试得出的解释。脑右半球的确有自己的意识系统：感知、思考、记忆、推理、产生意愿和流露情感，所有这些都达到人类特有的水平。此外左半球和右半球可能同时具有不同的、甚至相互冲突的、并行的心智体验。[4]

IIT如何解释这一点？根据它的核心同一性，任何体验都相当于脑最大不可还原的因果结构（图8.1）。这个因果结构在多大程度上为自身存在？它的不可还原性由整合信息最大值 Φ^{max} 决定。而决定这个体验的物理结构，即整体，就是操作上所界定的特定内容的意识神经相关物（第5章提及的NCC）。它的背景条件就是所有支撑它的生理事件——跳动的心脏、为神经组织输送氧气的肺、诸如去甲肾上腺素（noradrenaline）和乙酰胆碱（acetylcholine）纤维一类的各种上行系统等。

在左右皮层半球联系正常的脑中，这个整体将跨越两个半球，并具有与之相关的整合信息 Φ^{max}_{both}（图10.2）。整体的界限是分明的，某些神经元属于它，而余下的神经元则不属于它，这个界限反映了每个体验都有其确定的本质。数量多到难以计算的交叠的神经线路只有较少的整合信息。尤其是，单纯的左侧皮层和右侧皮层都有各自的 Φ^{max} 值，即 Φ^{max}_{left} 和 Φ^{max}_{right}。但从内在角度看，根据排他公设，只有针对这个基质的最大整合信息才为自身而存在，也就是说，才是一个整体。

为了通过IIT来分析裂脑人的心智究竟发生了什么，让我们想象一个未来版本的裂脑手术，在这个手术中，神经外科医生手术刀的那些原本既迟钝又不可逆的动作都将被一个精细手术刀（subtle knife）代替，这是一种先进的技术，它使得医生能以精湛、渐进和可逆的方式让这些细长的轴突失活。

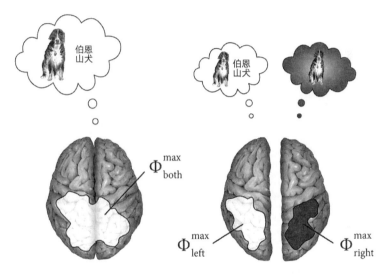

图10.2 将脑分裂为两个心智：一个单一心智及其物理基质，它的整体跨越由大量胼胝体连接的两个皮层半球（图左）。外科手术将两个半球分离，从而产生两个独立的心智和整体（图右），一个可以言语，而另一个缺乏语言能力。这两个心智不能彼此直接知晓对方，它们都认为自己才是这个颅骨唯一的主人

随着胼胝体轴突一个接一个被关闭，左右半球间的交流带宽逐渐降低。假设患者在手术期间是有意识的，一开始他的感受不会立刻受到太大的影响；也就是说，他也许不会发现自己对世界和自身的体验有任何变化，同时他的 Φ_{both}^{max} 只发生微小的变化。

到某个时刻，这时精细手术刀仅仅多关闭了一个轴突，就会导致 Φ_{both}^{max} 骤低于两个独立半球的 Φ^{max} 值中更大的一方，即低于 Φ_{left}^{max}。与半球内连接相关的半球间高峰流量降低，因而跨越两个半球的单一整体突然被分裂为两个整体，一个在左半球，一个在右半球（图10.2）。

单一心智消失了，取而代之的是两个心智，一个是具有 Φ_{left}^{max} 的左半球心智，和另一个具有 Φ_{right}^{max} 的右半球心智。被左半球整体支持的心智，能通达脑左侧额叶下回的布罗卡区，还可以说出它看见东西的名称（如图10.2所示的犬种）。它对由右半球整体支持的另一个心智的存在毫不在意。从内在角度来看，这个心智就像月球的暗面。[5]

通过仔细观察自己身体的动作，左半球心智可能会推断说，"除我之外还有其他人在我的脑中"，摇滚乐队平克·弗洛伊德（Pink Floyd）在歌曲《脑损伤》（*Brain Damage*）中悲伤地唱出这句歌词。左半球心智的意愿与被右半球心智控制的左侧身体行动之间会产生冲突。裂脑人会在一只手解开衬衫的同时，另一只手将扣子扣上，或者会抱怨说自己的手被某个外部存在物控制了，两只手各做各的。这些动作是由一个无法说出"它的心智"的有意识的心智引发的。两个半球的竞争最终随着左半球确立了对整个身体的主导权而停止。[6]

10.2 脑架接与超级心智

现在我们来考虑相反的情况 —— 不再是分裂一个脑，而是将两个脑合并为一个脑。想一项未来的神经技术，脑架接（brain-bridging），它能以毫秒的精度安全地读取和写入数十亿个体神经元。脑架接探测到一个人皮层内神经元的峰电位活动，并把他的神经元与另一个人脑皮层对应区域的神经元用突触连接起来，反之亦然，脑架接可当作一个人工胼胝体。

109　　　这种情况也许会在头颅相连的连体婴儿[头颅连胎（craniopagus）]中自然地出现，"油管"（YouTube）网站上一个令人吃惊的视频说明了头颅连胎的例子：两个女孩快乐地四处嬉闹，与普通孩子无异，只是她们的头颅彼此相连。[7]她们是真正的形影不离。至少有一段时间，这对连体双胞胎可传达对方的感知，但却同时保持各自独立的心智和人格。

　　　让我们来将你我的皮层架接起来，就从视觉皮层的几条连线开始。当我看这个世界，我看见自己一贯见到的景象，但现在叠加了你看见的事物的幽灵般的景象，就好像戴上了增强现实（AR）眼镜。我能生动地体验到你看见的东西以及体验到你看见的东西的哪些方面，这取决于跨脑接线的细节。但只要你和我脑中的整合信息——Φ_{you}^{max} 和 Φ_{me}^{max}，大于我们相连的神经系统的整合信息 Φ_{both}^{max}，我们就还有各自独立的心智。你还是你，我还是我，这是 IIT 的排他假定的结论。Φ 演算考虑一切可能的划分来算出神经线路的不可还原程度，此外只要脑间通路还远比大量现有的脑内部通路少，就不会发生什么惊人的变化。

　　　随着脑架接带宽的增大——两个脑的越来越多的神经元被

相互连接起来（也许在上千万数量级）—— 以至于到某一时刻，Φ_{both}^{max} 会超过 Φ_{you}^{max} 和 Φ_{me}^{max}，即便只是大了一点。那时你对世界的有意识体验就会消失，我也如此。从你和我的内在视角看来，我们不再存在。但我们的"死亡"伴随着一个新的联合心智（或者说混合心智）的诞生。这个全新的心智有一个跨越两个脑和四个半球的整体（图10.3），它透过两双眼睛看、四只耳朵听、两张嘴说话，控制四条手臂和腿，并且共享两个生命的个人记忆。

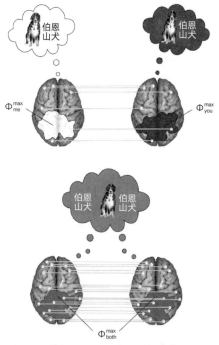

图10.3 将两个脑结合为一个心智：两个脑通过这个尚待发明的脑架接技术连接起来，它将 110 使两个脑内的神经元直接地相互影响。在上图中，这个人造胼胝体的有效连通性被认为很低，此时两个脑内各自的整合信息是 Φ_{you}^{max} 和 Φ_{me}^{max}，大于它们之间的整合信息。每个心智既能从对方脑中获取一些信息，同时能保持自己独立的身份（两个脑分别用英语和法语进行思考）。当两个脑连接的神经元数量超过了某个阈值（图的下方），情况会发生根本性变化。突然间，一个单一意识出现了，也就是说，出现了一个跨越两个脑的单一整体

　　为了便于说明，我在图10.3中假设你是一个法国本土人。当我们分离时，我们各自看见狗并使用自己的母语思考它属于哪个犬种。混合心智则可以通畅地通达这两者。

　　有时我渴望与自己妻子的心智合为一体，这样就能体验到她所体验的世界。性的结合只能依稀、瞬间地实现这个愿望——尽管我们的身体纠缠在一起，但心智却保持各自独立的身份。通过脑架接实现的心智交融将会允许超越（transcendence）发生，即一个完全的结合，我们各自独立的身份在高潮中解体，而一个新灵魂由此诞生。

111　　理查德·瓦格纳（Richard Wagner）创作的歌剧《特里斯坦和伊索尔德》（*Tristan und Isolde*）早在一个多世纪前就预想了我的思想实验。在整个歌剧的最富激情的音乐背景下，特里斯坦渴望着成为伊索尔德，他呼喊道："特里斯坦即你，我即伊索尔德，特里斯坦不再存在。"伊索尔德回应道："伊索尔德即你，我即特里斯坦，伊索尔德不再存在。"接着是两人欣喜若狂的二重唱："没有名姓，没有分离，全新的知觉，激起新的热情；永无止境的自我认识；温暖炽热的心脏，爱之极乐！"要是我们相信写下这些台词的瓦格纳，心智交融就是无尽的幸福。

　　可实际上，两个自主发展了数十年的心智突然间交融可能会造成大量冲突和病理，可能会引发灾难性的后果，并且肯定会带来一个新专业——心智交融精神病学（blended mind psychiatry）。

心智交融是完全可逆的——随着脑架接的带宽降低，相连脑的整合信息小于其中一个脑的整合信息时，交融心智就消失了。你我会发现自己回到了熟悉的个体心智。从概念上说，切断我们脑之间的联系就类似于裂脑手术。

我想并没有理由将脑架接的范围限制在两个脑中。当具备足够先进的技术，应该可以连接3个、4个甚至几百个脑，唯一的限制就是物理法则。随着每个脑与这个整体融合，它就为这个日渐成长的超级心智（über-mind）增加自己特有的能力、智能、记忆和技能。

我预感，为实现放弃个体而服务于一个更高整体的追求，围绕超级心智架接会涌现出各种狂热崇拜和宗教行为。群体心智会获得超越个体的全新精神力量吗？这是亚瑟·查理斯·克拉克（Arthur C. Clarke）在《童年的终结》（Childhood's End）中描写的超智（overmind）的再现吗？一个浓缩了我们这个物种的心智本质的单一意识是人类的终极命运吗？

对这种群体心智（group mind）更骇人的描写是博格人（Borg），博格人是《星际迷航》（Star Trek）宇宙中虚构的外星种族。它们无止境地将有感觉力的生物吸收进自己的蜂巢心智（hive mind）中（口头禅："抵抗是无效的"）。在这个过程中，它们将自己的身份让渡给集体。

考虑到我们目前读取大量个体神经元信息的能力还很原始，

更不必说写入（模仿）大量个体神经元信息的能力，人脑架接技术的未来还很模糊，不过在老鼠身上这么做还是可行的。[8]

10.3　神经元霸权和多重心智

112　　让我来讨论 IIT 的另一个预测。根据排他假定，对于所有包含基质的不同线路中，只有为自身存在的整合信息最大的线路才是一个整体。只要它在控制（不管是直接还是间接）语言区域，它就能说自己的心智。这就是正在进行体验的"我"。

　　但为什么遍及 160 亿神经元以及它们位于丘脑、基底神经节、屏状核、杏仁核及其他皮层下区域起辅助调节作用的细胞中，只有一个单一心智呢？只要这些局部位置的 Φ 最大值的基质并不重合，它们就能独立且同时共存一个脑中，每个都各自明确的界限。

　　由因及果（A priori），并没有只存在一个单一整体（其支配权跨越整个皮层）的任何形式的、数学的理由。原则上，可能有许多互不重叠的整体，就像一块大陆上各个不同的国家，这些整体都有各自的体验。

　　历史教导我们，如果中央对处于边陲的国家或部落的控制很弱，那么这个帝国就会崩溃。皮层网络可能也遵循这个规律。也就是说，缺乏强力的中央控制，在一个单一脑中可能经常会有多重整体。在脑中存在抵消这些离心力的霸权（hegemony）

原则吗？在具有某些结构特征[（聚类系数clustering coefficients）、等级、路径长度]的皮层网络中，单个大的整体比几个较小的整体更有可能存在吗？或者，专门网络（诸如我在第6章简短提及的屏状核）负责协调大的皮层神经元联合体的反应。[9]

IIT设想了这样的可能性：脑也许能压缩进一个大的整体以及一个或多个较小的整体。[10]例如，一个正常的脑中，左半球有一个起支配作用的整体，在一定条件下与位于脑右半球的独立整体和谐共存。它们的印迹也许是动态的、多变的、扩展的、收缩的，依赖不同时间尺度下神经元兴奋性（excitatory）与抑制性（inhibitory）的交互。两个整体有各自特定的感知、运动和认知任务。它们都有自己的体验，即便只控制着布罗卡区的整体能言语。两个整体的存在可以解释许多其他令人费解的现象。

请考虑一种脱离现实的温和形式，即众所周知的心智游移 [113]（mind wandering）。只要你的注意力从手头任务上转移开，它就会发生。[11]它比你想的更常见——在洗衣服或准备晚饭时做白日梦，或者在开车时听广播。你脑的一部分正在加工视觉场景并且适当地调整方向盘和油门，与此同时，你的体验自我（experiential self）循着故事情节早已飘向远方。

对此传统的解释主张：驾驶是生活中的例行事务，因此脑已经为它建立了无意识的僵尸线路。然而一个较为非正统的替代解释是：感觉运动和认知活动都由它们自己的整体所支持。这些整体有各自的意识流，关键性区别在于只有控制布罗卡区的整体可以说出自己的体验。其他整体是沉默的，甚至不能留下一条可以在之后通达的记忆痕迹（memory trace）。但只要某些吸引注意力的事情发生，比如前方卡车的红色刹车灯突然亮起，小整体和大整体合并，你的脑会迅速回到单一心智。在脑中找到一个更小的整体并非易事，但一些研究者已经设计了许多巧妙的方法来发掘它隐藏的特征。[12]

另一个多重整体的例子可能发生在众所周知的转换障碍[conversion disorders，包括通常所说的癔症（hysteria）]的分裂（dissociations）期间。患者是失明、失聪或者瘫痪的，伴有所有相关的行为和表现，但是却没有任何有机基质。找不到中风、外伤或者其他原因来解释这些明显令病人痛苦的症状。他们的神经系统看起来运转正常。更极端的形式是丧失了自我和记忆[心因性神游（psychogenic fugue）]以及自我被分裂为多个独立的意识流，有各自的感知能力、记忆和习惯[分裂性身份识别障碍（dissociative identity disorder）]。历史上，这些疾病早已在精神分析学家的沙发上以及精神病房内被学者研究过了。但是，用基于功能和功能失调连接的网络分析来解释各种各样的分裂症状可能更有益。[13]

架构与哺乳动物的脑差别巨大的脑，诸如昆虫或头足类动物的神经系统，它们不是由一个单一的、大的头部线路而是由分布全身的神经节（ganglia）控制，这种神经系统或许在多重心智模式下不间断地运行。[14]

10.4　纯粹体验和静默皮层

每个人在清醒时，头脑里都充满各种思绪 —— 我们想象未 114
来，回忆过去，或者幻想性爱。我们的心智从来没有静止过，而
是一直游荡。大多数人害怕与自己的心智独处，他们总是立刻
拿出智能手机，来回避这些令人不安的时刻。[15]

似乎任何体验都必须关于某物。有意识却没有意识到什么
东西，这在概念上有意义吗？有可能存在不涉及看、听、记忆、
感受、思考、意欲或恐惧的体验吗？这种体验是怎样的？这种假
定的纯粹意识状态有使之与深度睡眠和死亡区别开来的任何现
象属性吗？

心智的安止，直至它悬浮于一个神圣的空无中，这是贯穿于
整个时代的许多宗教和冥想传统的共同追求。的确，所谓神秘体验
（mystical experiences）的核心就是心智的完美平静，清除了一切
属性 —— 纯粹体验（pure experience）。基督教中，埃克哈特大师
（Meister Eckhart）、安吉鲁斯·西勒修斯（Angelus Silesius，神
父、物理学家、诗人，与笛卡尔生活在同一时代），以及14世纪
的基督教神秘主义作品《未知之云》（The Cloud of Unknowing）
的匿名作者都谈到了这样的时刻。印度教（Hinduism）和佛教
（Buddhism）也有许多与之类似的观点，包括"纯粹在场"（pure
presence）、"纯然觉知"（naked awareness），并且开发了达
到和保持这种状态的冥想技巧。8世纪佛教中的莲花生大士
（Padmasambhava），也称咕汝仁波切（Guru Rinpoche），这样

写道：

> 当你以这种方式审视自己时，即纯然地（没有任何漫无边际的念头），因为只有整个纯粹观察，你会发现清澈的澄明，没有任何作为观察者的存在，只有纯然显现的觉知在场。[16]

这些不同的传统强调了一种空无状态，所有心智内容完全中止了。[17]觉知历历在目，却没有任何知觉形式，没有念头。心智就如一面纯然的镜子，超越了生命千变万化的知觉，超越了自我和希望，超越了恐惧。[18]

神秘体验通常标志着在体验者的生命中出现了一个深刻的转变。体验者认识到这个与知觉和认知过程分离的心智的恒定方面，这会带来持久的情绪平静，幸福感也会增加。[19]这些人宣称，他们感到自己内心清澄、稳定、难以言表。

115　　吸入快速、短效、强大的致幻剂二甲基色胺（N，N，-dimethyltryptamine，DMT，也称"精神分子"）也可以导致相似的神秘状态，就好像从手术台和车祸现场的濒死体验中清醒过来。一个更安全的选择是感官剥夺池（sensory deprivation tank）。

我最近来了场冒险，去女儿定居的新加坡体验了一番隔绝池（isolation tank）[也称漂浮池（flotation tank）]。我们有各自的漂浮舱，里面注满了与人体温度接近的水。我赤身裸体地进入水中，就像在死海中漂浮，因为有约600磅的泻盐（epson salt）溶解在浴池中。一旦我关上漂浮舱门，完全密闭在它的空间里，它就成了个人的太空舱，彻底的黑暗和寂静，除了我自己的心跳声。

我花了一些时间来适应和享受这种状况，这期间，我失去自己身在何处的所有感觉。一旦我清空掉内心日常残留的想象和无声的言语，我就越陷越深，沉入到一个无底的、黑暗的池中，悬浮在一个无色、无声、无味、没有身体、没有时间、没有自我也无心智的空间中。

几小时后，我女儿非常担心我太过寂静，而唤我出来。这把我带回日常现实中，带回到充满杂乱和不请自来的想象和声音、痛苦和欲望、忧虑和计划的现实世界。[20]然而，在那个时间消失的时刻，我领会到一些非凡的、极其珍贵的东西——回归一种纯粹存在的状态。[21]

对于这种难以言喻的状态，我很难再说些什么。在人生困顿的时刻，我一再让自己的内心回到这个黑暗的池中，试图重拾那种泰然处之的宁静的感觉。

神秘体验并不是超自然的（或超心理学的）事件，尽管它们有时被这样分类。它们是真实不虚的体验，是以自然的方式从脑中产生的。

纯粹体验的存在对于以功能为基础的当代认知心理学来说无异于是诅咒。[22]依照这种进路，作为体验这种显著的东西一定定有一种促进多种物种生存的功能。可是当体验到一种纯粹意识状态时，得到执行的功能是什么呢？冥想时缄默不动或漂浮在黑暗、寂静的水中，没有任何内心言语、意识流、心智游移，没有常规意义上的计算在头脑中进行。没有需要分析的感觉输入，没有任何环境中的变化，没有任何需要预测和更新的东西。

116   IIT并不是关于功能执行的，也不是信息加工的理论。实际上，我从未提及由图8.2中二进制网络执行的特定功能。我只考虑它的内在因果力。

这个理论并不需要为信息在全脑广播以使意识的产生找一个空间。与整体相关的最大不可还原的因果结构，不仅仅依靠神经元及其内部图谱之间的连通性，还依赖它们现时的状态，也就是说它们是否是活跃的（处于峰值）。重要的是，脑中被关闭的、不活跃的要素，可以像活跃的要素一样有选择地约束神经系统中过去和现实的状态。这意味着不活跃的要素——没有被点燃的神经元，依旧能正面影响内在因果力。没有被发出的否决、到期后也没有产生严重结果的最后期限、没被送出的批评信都可以因自己的因果力成为重要事件。

似乎自相矛盾的是，一个系统因此可能（近乎）静默（只带有一点背景活动），所有单元都关闭，可是仍然有一个最大不可还原的因果结构和一些整合信息。至少在原则上，安静的皮层也会像激活的皮层一样产生主观状态。

这种现象与神经科学家的专业直觉背道而驰 —— 我们花费大量时间用微电极、显微镜、脑电图电极、磁扫描仪等设备设计越来越复杂的方式追踪神经活动。我们测量神经活动的振幅和统计学指标，把它与知觉和行动联系起来。没有构建出任何体验的神经活动（相对于某个背景水平），这一点很难让人接受。

一个近乎静默的皮层如何感受？如果没有显著的活动，那么心智就体验不到声音、景象、记忆。但它有一个由未被激活的神经元产生的区别。脑在这种静默状态下也拥有内在因果力，不同于深度睡眠和相伴的意识消失期间的脑。[23]

10.5 不活跃皮层对比灭活皮层

这个结论将我引向另一个反直觉的预测。IIT的关键在于专注内在的、不可还原的因果力：对自己产生影响的差异。因果力的不可还原性越高，系统的存在性就越大。因此，一个系统受其过去影响和决定其未来的能力的任何减少，都将减少其因果力。

让我们考虑一个未体验到任何内容的冥想者的近乎静默的后部皮层热区，这里只有少量相关的锥体神经元被激活。在一个思想实验中，我们为后部热区注入河豚毒素（tetrodotoxin），这是一种从河鲀（pufferfish，fugu，又名河豚）身上发现的强效神经毒素。这种化合物会阻止神经元产生任何动作电位，关闭它们的活动。

从峰电位活动的角度来说，情况与之前相比变化并不大。在这两种情况下，后部皮层神经元都不活动。在最初情况下，神经元可以活动但却不活动，而在后一种情况下，神经元由于药物注射而无法活动。

根据神经科学的常规解读，冥想者的现象学在这两种情况下是相同的，纯粹体验，正如从这些神经元的目标来看，并没有差别——并没有峰电位离开那个皮层区域。可是根据IIT，因果力的减少造成了所有差异，并且两种情况极为不同：一个是纯粹意识，而另一个是无意识。

以一个外部视角观察这些神经元，这两种情况是相似的，神经元都不活跃。可这两种情况在体验上的差别怎么会如此不同呢？是的，首先，在这两种情况下，皮层的物理状态并不相同，因为在后一种情况下，特定的离子通道被化学手段阻断了；[24] 其次，在IIT中，信息并不是神经元广播的消息，而是由整体规定的因—果结构的形式。可能激活但并没有激活的神经元也有助于决定任何一种状态的原因和结果。请回想一下我在第2章提到的夏洛克·福尔摩斯探案故事中的那只不叫的狗。如果这些神经元因神经毒素的作用而失去因果能力，那么它们对意识就不会有什么贡献。

IIT提供了大量的令人意想不到的预测，诸如超级心智、纯粹意识以及不活跃皮层与灭活的皮层之间的深刻差别。我期待着下一个10年的试验努力能验证这些预测。

　　我已经数次间接提到意识的功能。那么意识的功能究竟是什么？ IIT如何说明意识为什么要演化发展?请继续往下读。

11. 意识有功能吗？

119　　"除非从演化的角度看，否则生物学中的一切都无法理解。"——这是遗传学家费奥多西·多布然斯基（Theodosius Dobzhansky）的一句名言。有机体的任何方面，不论是解剖特征还是认知能力，都一定赋予物种某个选择优势，或者在过去就已经赋予了这样的优势。从这个角度考虑，主观体验的适应性优势是什么？

　　首先，我要提醒你，我们在无意识状态下可完成事情的范围相当广泛。这也引出体验究竟是否有适应性功能（adaptive function）这个问题。其次，我会讨论一个经由计算机"在硅中"（in silico）模拟的演化游戏，游戏中那些简单的人工动物（animats）在经历数十万代新生与死亡的交替后，已经能够适应它们的环境。它们的脑随着演化变得越来越复杂，整合信息也日益增加。最后，我会再次谈到智能与意识（即聪明与意识）之间的重要区别。

11.1 无意识行为支配着我们的大部分生活

多年来，学者提出了各种各样的意识功能，范围从短时记忆、语言、决策、规划行动、设定长期目标、检测错误、自我监控、推测他人意图直至幽默。[1]然而这些假设中未有一个得到普遍认可。

尽管人类历史上最智慧的那些人沉迷于敏感的灵魂（亚里士多德的术语）的功能，但我们依然不明白依附于体验的生存价值是什么。为什么我们不是僵尸——能做我们所做的一切但却没有任何内在生活呢？从表面上看，如果我们不去看、听、爱或恨但仍然行动依旧，这样也不会违背任何物理定律。但我们却在这里体验着生命的痛苦和欢乐。 120

随着我们认识到生命的潮起潮落发生在意识范围之外，意识的功能之谜反而加深了。一个常见的例子就是构成生活中日常事物的那些经过排练的感觉—认知—运动行为。弗朗西斯·克里克和我将它们称为"僵尸行动者"（zombie agents）（见第2章），诸如骑自行车、驾驶汽车、演奏小提琴、在充满岩石的小径上奔跑、在智能手机上快速打字、操作计算机桌面等等，我们可以毫不犹豫地执行这些行动。实际上，流畅地执行这些任务要求我们无须过多关注它们。然而，要习得和强化这些技能，那么意识就必须在场，训练的要点在于让心智专注于更高层次的方面——诸如我们想要输入的文字的内容，登山时即将出现的雷雨云——并且信任心—身的智慧和它无意识的控制者。[2]

我们成为专家，并且发展了对这些技能的直觉，这是一种执行了正确动作或者知道正确答案却不知何以如此的不可思议的能力。我们大多数人只是略微懂得作为语言基础的形式语法规则。尽管我们凭直觉就能判断母语中的某句话表达得是否正确，但却无法解释其原因。职业象棋或围棋玩家只需看一眼棋局，就能直觉地知道攻防路线，即便他们并不总能完全说清楚他们是如何推理的。[3]

可是，我们只会根据自己独特的兴趣和需求，在狭窄的能力范围内培养专业技能。其结果是，我们经常要临时解决之前从未遇见过的新问题。这显然需要意识。可是，即便在这里，许多心理学家主张，复杂的心智任务，包括加法运算、决策、理解在一张画或者照片中谁对谁做了什么等等，都可以被下意识地执行，不需要任何觉知。[4]

一些人把这些试验推到极限，并且认为，意识根本没有因果作用。它们承认意识是实在的，但认为感受没有功能 —— 它们只是行为之海上的泡沫，对世界没有任何影响。专业术语就是"副现象的"（epiphenomenal）。想一想心脏泵血时发出的声音：心脏病专家使用听诊器听心跳声来诊断心脏的健康状况，但这些声音本身与身体无关。

我发现这条论证线路不合情理。仅仅因为意识对于完成一项反复演练过的简单实验任务并不是必需的，这不足以表明意识在现实生活中没有功能。用类似的理由同样可以断言，腿和眼睛没有任何功能，因为腿绑着的人仍然可以到处跳，而眼睛蒙上的人仍然可以在空间中定位。意识充满了高度结构化的知觉印象和记忆，有时强度大到令人难以忍受的程度。如果这对搭档中感受的一方对机体的生存没有影响的话，那么演化为什么还要支持神经活动与意识之间的这种紧密且一致的联系呢？脑是经历了数以亿计生死循环的选择过程的产物。如果体验没有功能，那么它就无法在这个无情的筛选过程中存留下来。

我们还需要思考另一种可能性，即体验可能是其他特征（诸如高度灵活和适应性的行为）选择的副产物而不是直接地被选择的结果。用演化的语言来说这就是所谓的"拱肩"（spandrel）。拱肩的一些常见的例子是人类对音乐的广泛喜爱或从事高等数学的能力。很可能音乐欣赏和数学技能都不是在人类演化中被直接选择的，但当脑的体积足够大时，这些技能就可能出现。意识可能也是如此。

11.2 整合信息是适应性的

IIT对于体验的功能并不采取任何立场。任何整体都有某些感受，整体甚至不需要做任何有用的事情来获得体验。事实上，你可能已经注意到，我从未提及图8.2中展示的简单线路的输入—输出功能。此外，正如我在前面的章节所讨论的，一个近乎静默的皮层或许是一个纯粹体验的基质，没有任何正在进行的信息加工。

在这个严格的意义上，体验没有任何功能。这种情况就像物理学不曾谈及质量或电荷的功用一样。物理学家并不担心两者的"功能"。相反，在这个宇宙中，质量描述时空是怎样弯曲的，以及带电粒子是如何相互排斥和吸引的。粒子的聚集，诸如蛋白质，拥有净质量和净电荷来影响它们的动力及其互相交互的倾向。这决定了它们的行为，而演化即作用在这些行为上。也就是说，虽然质量和电荷在严格意义上没有功能，但从更广的意义上来说，它们有助于形成功能。内在因果力也是如此。

IIT对有意识的脑为什么会演化发展提供了优雅的解释。这个世界极其复杂，跨越许多空间和时间尺度。物理环境中有洞穴、地洞、森林、沙漠，一日天气和一年季节，还有作为补充的社会环境，其中有猎物和捕食者、潜在的伴侣和同盟，它们都有各自行动的动机，而这些是有机体需要推断和留意的。

能将有关的统计规律（例如羚羊通常在日落后到达水源）纳入自身因果结构的脑，要比不能做到这一点的脑更具优势。我们对这个世界知道的越多，就越有可能生存下来。

我和一些同事打算证明这个观点，我们的做法是，模拟数字有机体长达亿万年的演化并追踪它们脑中的整合信息如何随着它们对环境的适应而变化。[5]这就是大家所知的"在硅中"计算机模拟的演化，就像在电子游戏"从贫民到总统"（SimLife）或"孢子"（Spore）中一样。

　　模拟的生物 —— 人工动物 —— 被赋予了原始的眼睛、一个近距离传感器（proximity sensor）和两个轮子。一个连接性被基因预定好的神经网络将传感器与运动连接起来。人工动物通过在二维迷宫中尽可能快地导航来生存。在演化竞赛一开始，它们的神经连接组（connectome），或者说神经连接的图谱就像一个白板。300个这样的人工动物，彼此有细微的差别，它们被放进迷宫中，以便看看谁能前行最远。起初它们四下徘徊，一圈圈打转或者压根就不动。只有少数人工动物可能走对了方向，即便只走了一步或几步。

　　人工动物有固定的寿命，在寿命将尽之际，它们中表现最好的30个被挑选出来繁衍下一代的300个人工动物。每一个新生代中都在规定脑布局的遗传密码（genetic code）上有细微的、随机的变化，因为脑是自然选择作用的原材料。幸运的话，这些后代里中的一些将比它们的父代前行得更远。经历了6 000代 123 生与死的更替后，那些在创世纪之初时盲目地跌跌撞撞的人工动物的遥远后代现在已经能娴熟、快速地穿过它们遇到的每个迷宫。[6]这个演化游戏一遍又一遍地重复 —— 模拟不同且永不重复的演化轨迹。每一次演化游戏都会产生无数各种形式的人工动物，每个都有各自独特的神经系统，这与达尔文在《物种起源》（On the Origin of Species）中的著名结语相呼应：

　　　　生命及其若干力量最初被注入几种或一种形式
　　中；此外，虽然这颗行星的运行遵循着重力的固定法
　　则，但无数最美丽、最奇妙的形式，是从如此简单的

起点出发演化而来的，并且如今依旧在演化中。这样
看待生命，是如此的壮丽。

当演化谱系不同位置对人工动物的脑中的整合信息进行绘
制，对比它们穿越迷宫的能力和速度时，其结果是清晰和令人
信服的（图11.1）：有机体适应的程度与Φ^{max}之间的关系是正向
的。有机体的脑越整合，联系输入与输出的神经网络的不可还
原性越强，它表现的就越好。

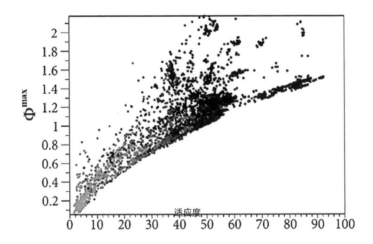

图11.1　整合脑的演化：随着数字有机体经过演化能够更高效地通过迷宫，它们脑中的整
合信息也在增加。也就是说，不断上升的适应度（fitness）与更高水平的意识有关（修改自
Joshi, Tononi, & Koch, 2013.这个研究使用了IIT的一个早期版本，其中整合信息的计算有点不
同于现在计算 Φ^{max} 的公式）

124　　关于这些数字尤其令人惊讶的一点是，任何一个适应度水平
都有一个 Φ^{max} 的最小值。一旦达到这个最低整合限度，有机体可
以不需要改变它们的适应度而获得额外的复杂性。所以从这个更

广泛的意义上来说，体验是适应性的：它具有生存价值。

人工动物中有一个不同的种类，在经过演化后能够接住落下的砖块，就像《俄罗斯方块》游戏（Tetris）里一样，它也表现出类似的变化趋势。随着适应性的上升，系统能支持的人工动物的整合信息与区分的数量也在增加。[7]结果是演化选择了 Φ^{max} 更高的有机体，因为在要素数和连接性一定的情况下，高 Φ^{max} 的有机体每个要素都比整合程度更低的竞争者有更多的功能；它们更适应在丰富的环境中利用规则。

从微小的人工动物的动作外推到人类，这一观点与我和弗朗西斯·克里克提出的"执行概要假设"（executive summary hypothesis）大致相符：

> 我们的……假定基于视觉觉知（或者严格地说，其神经相关物）的生物有用性这一广义的观点。目的是根据我们自己或（包含在我们基因中的）我们祖先的过去体验，创造目前对视觉场景的最好解释，并且在足够的时间内，使得这个解释可用于脑负责思考、计划、执行自愿性运动输出的部分。[8]

任何一个有意识体验都包含关于当前形势最重要内容的精简概要，这类似总统、将军或者公司首席执行官在说明会上收到的文件，这种概要使得心智能唤起相关的记忆，考虑多个场景，并最终执行其中一个。潜在的计划很大程度上是无意识地发生的，这是脑中无意识的小人（或者，用一个比喻，向执行官进行报告的下属）的责任，区域主要限于前额叶皮层（见第6章）。

11.3　智能–意识平面

这让我对智能与意识之间关系有了一个一般性观察。

IIT并不关心认知过程本身。它不是关于注意选择、物体识别、人脸识别、话语的产生和分析或信息加工的理论。IIT不是一个关于智能行为（intelligent behavior）的理论，就如同电磁学也不是关于电机的理论，而是关于电磁场的理论一样。当然，与电磁学相关的麦克斯韦方程（Maxwell equations）孕育了未来的发动机、涡轮机、继电器和变压器等。IIT与智能之间的关系也是如此。

这些"在硅中"的演化实验证明了适应的有机体拥有一定程度的整合信息，这些整合信息反映了它们所适应的栖息地的复杂性。随着这些生态位（niche）的多样性和丰富性的增长，神经系统也在利用随之而来的资源和它们内在的因果力 —— 从微小蠕虫的几百个神经元，到苍蝇的10万个神经元，到啮齿动物（rodent）的上亿个神经元，再到人类上千亿个神经元。

与脑尺寸的增加相应的是这些物种不断提高的学习和应对新环境的能力。这种能力的提升并不是凭借本能（或者说天生的、固化的行为 —— 刚孵化的海龟寻求大海的保护，蜜蜂本能地知道如何通过舞蹈传达食物资源的位置和品质信息），而是通过对先前经验的学习，就像狗知道狗粮在橱柜里，花园可以从那扇门进入一样。我们称这种能力为智能。以此衡量，蜜蜂的智能或许不如老鼠，因为老鼠的大脑皮层具有灵活性，能够很容易地学习某些偶发事件，狗要比老鼠聪明，而我们要比我们的犬类同伴更聪明。

人们在理解新观点、适应新环境、从经验中学习、抽象思考、计划和推理等方面的能力各不相同。心理学家通过一系列与之密切相关的心理测量学的（psychometric）概念和措施[诸如一般智能（或者一般认知能力）以及流体智能（fluid intelligence）和晶体智能（crystalline intelligence）]试图抓住这些心智能力上的差别。人们迅速识别物体的能力以及将过去学到的见解运用在当下情境中的能力，都可通过心理测量学的智能测试来评估。这些能力在彼此紧密关联的如此不同的测试中是可靠的。它们也在数十年中保持稳定。也就是说，类似智商这种测试手段可以在相同主体上重复进行，并且他们近70年后的智商也能可靠地测量出来。动物行为学家把老鼠定义为相当于人类的g-因子（g-factor）。[9]因此，为了接下来的论证，我假定存在着一种普遍的、跨物种的、单一的智能因素，即大G。

智能最终是关于习得的、灵活的行动。例如，在其他条件相同的情况下，在个体神经细胞的复杂程度上，拥有更多神经元 126 的神经系统应该比那些神经细胞相对较少的脑有更多复杂和灵活的行为，因此有更高的G因子。然而鉴于我们对于智能的神经根源的认识非常有限，智能与神经系统之间的关系也许要复杂得多。[10]

脑的尺寸是如何影响意识的？更大的网络从组合上来说要比较小的网络具有更多的潜在状态。当然，这并不能保证整合信息和因果力会随网络规模增加而同步增加（想一想小脑这个具有警示性意义的故事），因为在分化与整合这两个相反倾向之间需要一个平衡动作。然而，可以公平地说，由自然选择的巨大力量经亿万年塑造的神经系统的整合信息会随着脑规模的变大而增加。结果，随着网络规模的增长，这种网络的当前状态限制其自身数万亿的过去和未来状态的能力变得更加完善。也就是说，脑规模越大，它的不可还原的因果结构也许就更复杂，脑的Φ^{max}越大，它就会变得更有意识。[11]

这意味着脑规模大的物种与脑规模小的物种相比，不仅能进行更多的现象区分（比如说，前者能感受10亿种不同颜色的色调，相比之下后者只能体验几千种颜色，或者它能感知到磁场和红外辐射），而且能通达高阶的区分和关系（例如，与洞见和自我意识相关，或者与对称性、美、数字、正义以及其他抽象概念相关）。

让我把这个论证的不同路线结合为一个思辨的卡通图像，即"智能-意识平面"（intelligence-consciousness plane, I-C plane），它将物种的聪明程度与有意识的程度进行对比。根据我的智能

G测量假设和整合信息的大小，图11.2列举了5个物种，分别是：具有结构松散的神经网络的水母（Medusa jellyfish）、蜜蜂、老鼠、狗和人。请注意，它们都没有自然上限。

　　这张图强调了不同物种的智能与意识之间单调的关系。与脑规模小的生物相比，脑规模大的生物更聪明且更有意识。在IIT的背景下，更有意识意味着有更多内在的、不可还原的因果力，有更多的区分和关系。同样的趋势也适用于任何一个物种

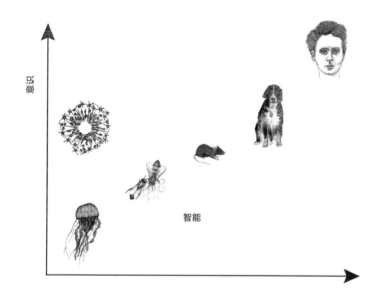

意识

智能

图11.2　智能和意识，以及它们与脑规模的共变关系（co-variation）：5个物种的神经系统在 127 神经元的数量级上跨越了八个等级，从水母到代表人类的玛丽·居里（Marie Curie），它们被排列在智能–意识平面上。智能被视为有机体对始终处于变化中的环境做出灵活反应的学习能力，意识则作为整合信息被测量。随着脑规模的增加，智能与 Φ^{max} 都在上升。这种对角线变化趋势是自然选择演化的一个标志。但这种关系在工程系统中不成立，例如，皮层类器官（cortical organoids，位于图左上角），它的智能可以忽略不计，但可能具有高的 Φ^{max}

内的个体的比较。[12]

　　智能与意识之间的这种关系也存在例外，这就是大脑类器官（cerebral organoids）。大脑类器官是三维的细胞团，来源于人工诱导的多能干细胞，这种多能干细胞允许神经科学家、临床医生和工程师使用从孩童或成人个体身上获得的大量的成熟的起始细胞来培养组织。被四种"神奇的"转录因子重新编程后，这些细胞在孵化器中进行分化和自我组织。[13]经过数月，这些细胞被培养成为带有电活性的皮层神经元以及起支持作用的神经胶质细胞，这个过程非常漫长，就好像是受精卵长成人类胎儿要经历的等待一样。在帮助人类理解神经疾病和精神疾病上，类器官有着巨大的治疗前景。[14]

128　　在婴儿期，来自眼睛、耳朵和皮肤的有结构的感觉输入流，再结合眼睛、头、手指和脚趾的适当摆动，就可提供反馈信号。在突触学习规则的帮助下，将秩序施加给婴儿不成熟的神经系统。这就是我们如何习得我们出生的特定环境的因果结构的。类器官缺乏这其中的一切。一旦这个障碍被克服，并且这些类器官表达了复杂的突触学习规则，人工模式的外部刺激就可以施加在类器官培养上，利用计算机控制的密集的电极阵列模拟一个天然原始的发育过程。

　　鉴于干细胞生物学和组织工程学的惊人进展，生物工程师很快可以在培养槽中生产出工业规模的片状皮层样组织，配上适当的血管，并且供应氧气和代谢物，使这些组织的神经活动维持在健康水平上。这些皮层毯，编织得比任何波斯地毯都精美，它们将会拥有一些整合信息以及相伴的不可还原的整体。它的体验像人类的感受——悲痛、无聊或不和谐的感觉印象一样，虽然这种可能性还很小。但不管怎么说，它会有一些感受。因此为了避免随之而来的道德困境，最好将这片皮层组织麻醉。[15]

但有一件事是肯定的。假如这些类器官没有传统的感觉输入或运动输出，它们就不能在世界上采取行动；它们将不会具有智能。这种情况就类似于一个身体瘫痪或处于睡眠状态的脑，梦见一个空无一物的广阔空间。有意识而无智能：这使得类器官被置于智能-意识平面的左上角。

那么其他的工程系统，尤其是可编程的数字计算机又会怎样呢？它们能拥有体验吗？在智能-意识平面中它们又处在什么位置？在谈到这些之前，让我先解释计算的心智理论的优缺点。这种理论基于这样的猜想：意识是可计算的。

12. 意识与计算主义

129　　科幻动作片《银翼杀手》（*Blade Runner*）中的瑞秋（Rachael）、好莱坞喜剧片《她》（*Her*）中的萨曼莎（Samantha）、惊悚心理片《机械姬》（*Ex Machina*）中的伊娃（Ava）、电视剧《西部世界》（*Westworld*）中的德洛丽丝（Dolores），这些角色有什么共同点呢？它们没有一个生来就是女性，不过它们都有迷人的女性特质，而且都是各个男主角梦寐以求的对象，这表明欲望和爱情也能延伸至这些工程造物中。

　　一个碳基演化的（carbon-evolved）生命与硅基制造的（silicon-built）生命之间边界日益交叠的未来正在高速地走向我们。随着深度机器学习（deep machine learning）的出现，现在的语音技术已经能达到接近人声，创造了热心的苹果语音助手（Siri）、微软人工智能助理（Cortana）、亚马逊语音助手（Alexa）以及谷歌助手（Google's Assistant）。它们的语言技巧和社交魅力正在持续不断地提升，在不久的将来很可能会与真正的人类助手难分伯仲——除了它们将被赋予的完美记忆力、沉稳和耐心之外，本质上它们并不像任何有血肉之躯的生物。还要多久，会有人爱上他们的个人数字助手的脱离实体的（disembodied）数字语音？

数字助手迷人的声音是我们这个时代叙述心智是运行在人脑这台计算机上的软件的鲜活证据。意识不过是几个聪明的黑客。我们只是肉身的机器，没有什么优势，越来越不如计算机。用技术产业内鼓吹胜利主义者（triumphalist）的话来说，我们应为人类即将面临的淘汰而狂欢；我们应该感激智人（Homo sapiens）成为生物学和演化必将迎来的下一步——超级智能（superintelligence）之间的桥梁。硅谷精明的投资者是这么认为的，大量专栏文章也是这么写的，而当下时髦的科幻影片更是推波助澜，不断渲染尼采式意识形态中那种可怜的人类形象。

"心智即软件"（Mind-as-software），是这个极具流变的现代性社会和超越个体（hyper-individualized）、环游世界（globe-trotting）和技术崇拜（technology-worshipping）的文化中，占主导地位的神话（mythos）。这是一个在相信自己对神话有免疫能 130 力的时代中依然存在的神话。这个时代，精英阶层如今困惑又漠然地注视着那个曾经支撑了西方世界 2 000 年、无所不能的神话——基督教的垂死挣扎。

我在这里使用"神话（或迷思）"一词是遵照法国人类学家克洛德·列维-斯特劳斯（Claude Lévi-Strauss）的理解。也就是说，神话是明确和隐含地、有言和无言地指引人类的信念、故事、言论和行动的集合，它们赋予文化以意义。[1]"心智即软件"是一个无须辩护的、不言而喻的背景假定。这就像过去文化中的魔鬼的存在一样显而易见。除了"心智即软件"，我们还有别的选择吗？一个灵魂？得了吧！

事实上，尽管"心智即软件"与它的孪生兄弟，"脑即计算机"的想法在解释很多问题上相当便利，但当面对主观体验时，它却不过是一些贫乏的比喻，它表明功能主义的意识形态已经走火入魔了。与其说它们是科学不如说是修辞。一旦我们理解这个神话的主旨，我们就会如梦初醒，并惊讶自己之前为什么会相信它。"生命不过是算法"的神话既限制了我们的精神视野，也贬低了我们对生命、体验的看法，以及在时间的广阔循环中情识的位置。

让我们来看看潜藏于计算主义神话之下的东西，了解计算主义是什么，又从何而来。

12.1 计算主义：信息时代占支配地位的信念

我们这个时代的时代精神是：人类所能做的一切最终都可以被数字计算机取代。因此，它们也能成为人类所能成为的任何东西，包括拥有意识。请注意这个从"所为"到"存在"（from doing to being）的细微但关键的转变。

计算主义（Computationalism）或者说心智的计算理论是在英美哲学界、计算机科学院系、技术产业界中占统治地位的心智学说。它的种子早在3个世纪前就被戈特弗里德·威廉·莱布尼茨播下了，我们在第7章就谈到过他。莱布尼茨毕生致力于开发一种普遍演算（universal calculus），即推理演算（calculus ratiocinator）。他一直在寻找一种方法，将任何争议转化为一种严格的数学形式，以便以一种客观的方式来评估其真值。正如他写道：

> 纠正推理的唯一方法就是让它们像那些数学一样真实有形，这样我们就可以一眼发现我们的错误，并且当在人们之间出现争论时，我们只需说：无须多论，让我们计算一下，看看谁是正确的。[2]

莱布尼茨的普遍计算之梦激励了19世纪末和20世纪初一个又一个逻辑学家，1930年因库尔特·哥德尔（Kurt Gödel）、阿隆佐·邱奇（Alonzo Church）、艾伦·图灵（Alan Turing）的工作达到高峰。通过两个数学壮举，他们建构了信息时代的基础。首先，他们的工作对数学所能证明的东西施加了绝对和形式上的限制，从而终结了数学试图形式化真理、建立真理仪（alethiometer，truth meter）这个古老的、雄心勃勃的梦想；[3]其次，他们创造了图灵机（Turing machine），这是一个关于无论是什么的计算程序如何被一个理想的机器评价的动力模型。

这项人类智力成就的重要性再怎么强调也不为过。图灵机是一个计算机的形式模型，简要地说，它需要四个部分：（1）一条无限长的纸带，用来记录和储存符号，比如0和1，作为输入设备和存储中间结果；（2）一个扫描头（scanning head），它读取纸带上记录的符号并且能将它们改写；（3）一个包含着有限内部状态的简单机器；（4）一系列指令，事实上是一个程序，它完全规定了机器在每个内部状态中做什么——"如果机器在状态（100），并且此时在纸带中读取了符号1，把状态转为（001）并向左移一格"或"如果机器在状态（110），并且读取了符号0，停留在当前状态并写下符号1"。差不多就是这样。任何数字计算机，不管是超级计算机或是最新型智能手机，只要能在这些数字计算机上编程的东西，原则上都可以被这种图灵机计算（也许会花很长时间，但那是实际应用上的问题）。图灵机已经取得如此标志性和根本性的地位，以至于"计算意味着什么"的现代概念也被认为是"可被图灵机计算的"[即所谓的邱奇-图灵论题（Church–Turing thesis）]。

这些关于可计算性的抽象观念已转变成占满整个屋子的机电计算设备，是在第二次世界大战时期为了提升炮弹表计算、自动化武器设计以及军事密码破解等不光彩的目的而诞生的。由固态和光物理学、电路元件小型化、大批量生产以及市场资本主义的力量[曾被著名的摩尔定律（Moore's law）简要地概括为，一个集成电路上容纳的晶体管数量每两年就会翻倍]等一波又一波进步浪潮的推动，数字计算机彻底颠覆了社会、工作的性质以及娱乐的方式。不到一个世纪，这些原本计算能力微不足道的巨型机器——ENIAC、UNIVAC、Colossus以及同时期的类似机器——的后代把强力的传感器和处理器芯片装进了一个光滑的手持玻璃和铝制的外壳中。这些亲密的、个性化的、珍贵的人造产品，已成为人们须臾不可离手、随时要去翻阅查询一番的东西。这个惊人的发展丝毫没有展示出任何减速的迹象。

12.2 人工智能与功能主义

现代人工智能由两类机器学习算法推动，这两种算法产生于20世纪对视觉神经科学和学习心理学的研究。

第一类算法是深度卷积网络（deep convolutional networks）（"深度"意味数量巨大的加工层）。训练的方法是让它们离线接触大量数据库，比如标记过的狗类图片、度假照片、金融贷款申请或法英翻译文本。一旦以这种方式进行训练，软件就能迅速地从圣伯纳犬（Saint Bernard）中分辨出伯尔尼兹山地犬，正确地标记出度假照片，识别出欺诈性信用卡申请，或是将夏尔·波德莱尔（Charles Baudelaire）的诗歌"Là, tout n'est qu'ordre et beauté, Luxe, calme et volupté"从法语翻译为英文"There, everything is order and beauty, luxury, calm and voluptuousness."（在此，一切都有序、美丽、奢华、平静且欢愉。）

盲目地应用一条简单学习规则就可以将这些神经网络变成具备超人能力的复杂精细的查找表（look-up tables）。

第二类算法使用的是强化学习（reinforcement learning），它完全不需要人类的建议。当玩家可以通过最大化数值分数来实现单一目标（诸如在许多桌面游戏或电子游戏中）时，强化学习的效果就可以最好。软件以复杂的方式在模拟环境中采样所有可能的走棋空间，并选择能够最大化分数的走法。在与自己对弈了400万盘棋局之后，DeepMind研发的围棋程序AlphaGo

Zero达到了超人的表现。它实现这一目标只用了数小时，相比之下，一个有天赋的人要历经数年持之以恒的训练才能成为一名棋术精湛的围棋大师。它的后继者，诸如AlphaZero，彻底终结了人类主宰经典棋类游戏的时代。现在，算法比任何人都更擅长围棋、国际象棋、跳棋、多种扑克以及"打砖块"（Breakout）或"太空侵略者"（Space Invaders）等电子游戏。由于软件在没有人为干预的情况下也能进行学习，以至于这让许多感到不祥和恐惧。

在这些重要的进步发生前，计算机就已经为学者提供了关于脑如何运行的有力隐喻——计算范式或信息加工（information-processing）范式。按照这种说法，脑是一个通用图灵机——它将输入的感觉信息转化为对外部世界的内部表征。与情绪状态、认知状态和记忆库一起，脑计算出恰当的反应，并启动运动行为。我们是肉体做的图灵机，是未曾觉知自身程序设计的机器人。

考虑一个很常见的动作：将你刚刚看见的东西转成文字。你的视网膜以每秒10亿比特的速度获取视觉信息，当信息离开眼球时这个数据流减少至1000万比特。如果你很敏捷，你每秒可以输入5个字符，考虑到英语的熵，这相当于每秒10比特。对阅读和口语的估计也差不多。以某种方式，由你的脑每秒产生的1万亿次"全有或全无"的峰值，将流经视神经的1000万比特数据转换成10个比特的运动信息。而同样的视觉运动系统可以迅速地被应用在骑自行车、用筷子夹起紫菜或是赞美朋友涂了

新口红的行动上。⁴

计算主义主张：心智–脑就像图灵机一样 —— 它对输入的数据流执行一系列计算，提取符号信息，访问记忆库，将所有内容编译成一个答案，并产生恰当的运动输出。

按照这种观点，心智就是运行在脑这台湿漉漉的计算机上的软件。当然，脑神经系统不是一个传统的冯·诺依曼（von Neumann）式计算机 —— 脑采取并行运算，没有系统范围内的时钟和总线（bus），它的元件以几毫秒的缓慢速度开启，记忆与加工也不是分离的，并且它使用模拟和数字的混合信号，但尽管如此它还是个计算机。具体细节无关紧要 —— 整个论证是这样的；被执行的抽象操作才是关键。如果这台包裹在颅骨内湿漉漉的"计算机"执行的操作在相关的表征水平被在硅处理器上执行的软件忠实地模拟，那么与这些脑状态相关的一切事物，包括主观体验，也将会被计算机自动地模拟。解释意识只需要这些就够了。

计算主义是功能主义的一个变体。功能主义主张：一切心智状态，诸如愉悦的体验，与底层物理机制的内部构成无关。任何心智状态只依赖于它对这个机制而言所扮演的角色，包括它与周围环境、感觉输入、运动输出和其他心智状态之间的关系。也就是说，真正重要的是心智状态的功能。这个机制的物理学（即该构成该系统的质料以及将它连线在一起的方式）是无关紧要的。

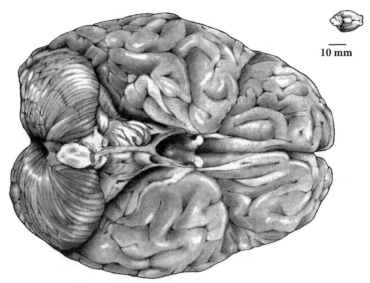

10 mm

134   图12.1   计算主义：今天的主流的心智理论认为，脑（图中是按比例绘制的人脑和鼠脑）不过是一个类似图灵机的湿件，体验出自计算。这个心智即软件的强有力的隐喻已经变成了一个涵盖所有生命的神话

　　一些人支持功能主义更为严格的标准。为了拥有人类的体验，计算机不仅应当模拟我们的认知功能，还要模仿我们脑内所有具体的因果交互作用，例如在单个神经元的层面上。[5]

12.3　论"脑即计算机"隐喻的使用和误用

　　信息加工范式的典型代表的是哺乳动物的视觉系统。视觉数据流从视网膜开始上升，到达皮层加工第一阶段的终点，即脑后侧的初级视觉皮层。从这里继续往上，数据被分至许多皮层区进行分析，直到它最终导致了知觉和行动。

来自麻醉状态下猫的初级视觉皮层的记录，哈佛大学的研 135
究者大卫·休伯尔（David Hubel）和托斯坦·维泽尔（Torsten
Wiesel）在20世纪60年代初描述了一组他们称之为"简单"细
胞的神经元。[6]之后休伯尔和维泽尔因他们的发现获得诺贝尔奖。
简单细胞对放置在动物视野特定区域的倾斜的暗光带和亮光带
做出反应。该神经元对视觉范围内的定向光线的位置特别敏感，
而另一组称之为"复杂"细胞的神经元则并不那么关注光线的
确切位置。休伯尔和维泽尔设想了一个视觉皮层布线图来解释
他们的发现，这个布线图由数层细胞组成——第一层对应输入
细胞，这些细胞携带着被眼睛捕捉到的视觉信息。它们对光点
的反应最强。它们接着把信息输入道神经元的第二层，即简单
细胞中，简单细胞把信息依次传递到第三层神经元，即复杂细
胞中。

每个细胞都是一个加工元件或单元，它们计算其输入的加
权总和，如果总和足够大，细胞就会启动输出；反之，它就会保
持关闭。这些单元连结在一起的确切方式决定了对各个方位的
边缘区域进行反应的输入层细胞如何转化成关注视野内特定位
置的特定方位细胞。在随后的步骤中，这些细胞把输入提供给
放弃空间信息而标记一条恰当方位的线的单元。深度卷积网络，
即机器学习革命的基石，就直接继承这些早期绘制的关于视觉
脑的简单模型。

后来在视觉皮层内发现了对面部产生反应的神经元，这一
发现强化了这样的观点——视觉加工发生在不同层级的加工阶

段中，其中信息向更高层级传输，从关注信息基本特征如亮度、方位、位置的单元向上传输到以更抽象方式表征信息的单元，诸如一般妇女的脸、祖母或影星詹妮弗·安妮斯顿（Jennifer Aniston）的特殊的脸。这种加工层的级联被称为前馈加工（正如小脑中的线路）。每一个加工阶段只对沿此线路的下一层产生影响，而不会影响前一层（影响前一层的话就是反馈加工）。

具有讽刺意味的是，尽管机器学习网络以人脑为模型，但皮层神经网络却显然不是前馈回路。确实，在所有皮层神经元之间形成的突触中，只有少数（不到十分之一）来自于前一加工阶段的连接。多数突触产生自它附近的神经元或来自更高层、更抽象的加工阶段中反馈回早期加工阶段的神经元。神经网络理论家不知道这些大规模的反馈连接是如何促进我们从单个例子中学习的能力的，而这正是计算机难以做到的。

130　　　即使是这种关于皮层分层加工的教科书式的观点——从原始的线状特征层上升到更抽象的特征——现在也正在被修正，因为对成千上万的皮层神经元的视觉反应的大尺度研究日益成为实现，[7]但是我们仍然禁不住要透过获得巨大成功的前馈计算技术这面透镜来解释脑运转的方式。

但是脑神经系统的诸多特征却在强烈挑战"脑即计算机"的解释。

考虑一下视网膜，这是眼球后部的一片精致的神经组织。

它的大小约一张银行卡的四分之一，也没有厚多少，结构看起来就像一块黑森林蛋糕，三层细胞体由两层"填料"分隔开，这是所有突触和树突加工出现的地方。像雨点般输入的光子被视网膜内上亿个光感受器捕捉并转化为电信号，这些信号渗透多个加工层传递至数量约百万神经节细胞中。它们的输出线（即构成视神经的轴突束）将峰电位（峰电位是神经系统内通行用语）传输到广布在脑的其他部分中的目标。

视网膜的计算工作简单明确 —— 把阳光普照的海滩或星光闪烁的夜景的光线转化成峰电位。为了完成这个看似简单的任务，生物学需要大约100种不同类型的神经元，每一种神经元都有独特的形态、分子特征和功能。为什么有如此多种神经元参与其中？[8]同样的工作，智能手机内的图像传感器只需要动用每个像素（pixel）背后少量的晶体管。视网膜雇用如此多的专家有什么可能的计算合理性？

抑制性神经元在整个皮质层上是相似的，而兴奋性神经元，特别是锥体神经元，在不同区域之间是有区别的。这可能是因为它们将信息发送到不同的地方，这些地址的邮编被编码进这些神经元的基因中。不同细胞类型有不同的细胞形态，有各自敏感的神经递质，并且有不同的电反应等。一个脑由1000种以上乃至更多不同类型的细胞组成。[9]表12.1列出了在自然演化的生命与机械制造的人造物之间的其他一些主要结构差异。

表 12.1 脑与计算机的区别

	脑	数字计算机
时间	异步峰电位事件	全系统时钟
信号	模拟与数字的混合信号	二进制信号
计算	模拟非线性求和，由半波整流和阈值化实现	布尔运算
记忆	与处理器紧密地整合在一起	储存与运算各自独立
图灵通用性	否	是
计算节点类型	约1000	少量
节点速度	毫秒（10^{-3}秒）	纳秒（10^{-9}秒）
连通性	1000～50 000	<10
稳健性	元件故障时保持稳定	易损坏

当涉及意识时，脑与数字计算机截然不同的体系架构造成了完全不同的影响。

计算隐喻确实还不足以解释这些令人惊讶的观察结果。理论告诉我们，仅仅两类逻辑门（表示"与"和"非"，或其变体）的组合就足以例示任何计算。一切都可以使用足够数量的"与"和"非"逻辑门来计算。数字计算机用少数几种不同类型的晶体管（包括功率晶体管和用于固态存储器的特殊触发器电路）就可以工作了。

为什么不同的脑细胞会出现这种洛可可式的过度修饰？它有计算功能吗？我赌的是：各种细胞类型并非服务于计算效率，确切地说，它们是演化的、发展的以及代谢约束的产物。[10]

12.4 全脑仿真

即使我们拒斥脑的计算观，但有一点毋庸置疑：计算机拥有强大的模拟脑的能力。这种能力最终会导致有意识心智的出现吗？

如今，单个突触、树突、轴突和神经元的运作原理已经被相当好地理解了。这些要素的动力学可以由非线性微分方程解释，即描述动作电位的启动和传播的著名的霍奇金·赫胥黎 [138] （Hodgkin-Huxley）方程的各种变式[11]。这类方程被改进后大量地用于计算神经元之间突触的交互作用，瑞士蓝脑计划（Blue Brain Project）的一部分就是通过在超级计算机上运行这些方程来模拟一小片大鼠脑皮层内数十万神经元的峰电位的行为。[12] 这些研究模拟了一个脑切片内回响的脑电活动的动力学。将这种可靠的网络神经元模型扩展到拥有1亿个神经元的老鼠的整个脑，未来5年这在技术上将有可能。

然而这些进展并不能解决更有挑战性的难题：从分子水平到系统水平，我们对脑的复杂性知识尚且不足。计算机对脑的模拟中极大数量的参数需要被标以特定的意义——通道密度（channel densities）、受体绑定概念（receptor binding concepts）、耦合系数（coupling coefficients）、浓度（concentrations）等等。缺乏这些细节上的知识，神经工程学家不能为他们制造的脑模拟物真正注入生命。的确，他们能让软件做一些看起来很像生物的事，但这就像一个傀儡（golem），跟跟跄跄地走着，想要模仿一个真正的脑。计算神经科学难以启齿的秘密是，我们甚至依然没有秀丽隐杆线虫（*C. elegans*）神经系统的完整动力学模型，即便这种蠕虫只有302个神经细胞，并且它的"接线图"，即神经系统连接组（connectome）都已经被我们知晓。现在的我们，竭力想理解人脑，然而连蠕虫的脑都尚未攻克。

这也是为什么人工智能爱好者所提到的全（人）脑仿真[whole(human) brain emulation]还需要未来几十年努力的深层原因。[13]我带着一定程度的确信说这些，是因为我自己就已经将大部分的职业生涯都献给脑神经线路的精确模拟研究中。[14]我会在下一章讨论这种全脑的模拟是否会具有意识。

不同的文化透过它们最熟悉的技术来看待心-脑问题。柏拉图和亚里士多德把记忆想象成在一块蜡制石板上写字。笛卡尔设想有"动物精气"（animal spirits）根据水力学的原理在动脉、脑室以及神经微管中流过，其方式就像是使法国凡尔赛宫喷泉中的神、森林之神（satyrs）、仙女宁芙（nymphs）以及各式英雄的移动雕像赋有生机一样。到后来出现的隐喻将脑比作机械钟、电话总机、机电计算机、互联网，而今天又把它比作深度卷积网络或生成式对抗网络。

有趣的是，计算隐喻几乎不适用于人的肝脏与心脏。当科学家试图建立这些器官的精确计算机模型时，他们并没有从信息理论的角度考虑肝脏的代谢过程或心脏的泵送行为。这些隐喻的危险在于，我们没有注意到它们只是抓住了一个极其有限的方面。"世界是一个舞台"就是一句优美诗意的隐喻修辞，涉及了存在的某些方面，但现实是你我并不是被雇佣的演员，台下没有观众，也没有编剧给我们台词。

12.5　意识的神经全局工作空间理论

最后，我想讲一讲意识的计算观，这是学界和媒体的信息技术专家支持的核心信条或理论猜想。意识的神经全局工作空间（global neuronal workspace）模型是对这个观点的最好诠释。[15]

神经全局工作空间的前身可以追溯到早期人工智能的黑板架构（blackboard architecture），在这个体系结构中，专门的程序可以访问共享的信息存储库，即"黑板"或中央工作区。认知心理学家伯纳德·巴尔斯（Bernie Baars）推测，在脑中也存在这样一个加工资源。它的容量非常小，所以一次只能表征一个单一的知觉印象、思想或记忆。新信息与旧信息竞争，并且取代旧信息。

巴黎法兰西大学的分子生物学家让-皮埃尔·尚热（Jean-Pierre Changeux）和认知神经科学家斯塔尼斯拉斯·迪昂（Stanislas Dehaene），随后将这些观点应用到新皮层的架构上。工作空间是一个长程皮层神经元网络，与分布在前额叶、顶颞叶以及扣带回的联合皮层上的同源神经元相互投射。

当感觉皮层内的活动超过阈值，它就引起全局"点火"

（ignition），因此信息就进入全局神经工作空间。然后，这些信息就可以用于许多辅助过程，诸如工作记忆、语言、计划和自愿行动。对这些信息进行全局广播的行为使得这些信息成为有意识的。仅此而已。未以这种方式广播的信息也许仍然会影响行为，但只能是非意识地。

全局工作空间理论认为，意识神经相关物在刺激开始后相对较晚的时间出现（>350毫秒），并且依赖于涉及额顶区网络的广泛的皮层交互。该理论进一步推测，注意对于有意识的知觉是必不可少的，并且工作记忆与全局神经工作空间的活动紧密关联。这个模型做出了一些实验上可检验的预测，既部分地与整合信息理论重合，又充满了明显的分歧。[16]它对心智的解释是功能主义的，它不关心底层系统的因果属性。[这是任何纯粹计算解释的阿基里斯之踵（Achilles' heel）]

根据这个观点，意识是人脑中运行的某种算法的结果。意识状态完全由相关的感觉输入、运动输出和内部变量（诸如那些与记忆、情绪、动机、警觉等相关的变量）之间的功能关系构成。这个模型完全信奉我们时代的神话，也就是说：

> 我们的立场建立在一个简单的假设之上：我们所说的"意识"源自特定类型的信息加工计算，它们在物理上由脑这个硬件实现。[17]

既然灵魂和其他幽灵般的东西都被剔除了——机器中没有

幽灵 —— 没有其他替代的选项。不管这种硬件是湿漉漉的神经元还是干法刻蚀（dry-etched）的晶体管，都无关紧要。唯一重要的是计算的本性。按这种观点，被恰当编程的用以模拟人类的计算机将会体验它们的世界。

现在让我用IIT这把锋利的概念手术刀，来剖析意识可以被计算的假说。这种剖析对患者而言并不会有好结果。

13. 为什么计算机没有体验？

140　　除非一些毁灭性灾难降临到这个星球上，否则科技工业将在几十年内创造出具有人类智能和行为水平的机器，这种机器将具有言语、推理以及在经济、政治和难以避免的军事活动中运用高度协调行动的能力。真正意义上的人工智能的诞生将深刻影响人类的未来，这也涉及人类是否拥有未来的问题。

　　无论你是相信通用人工智能的出现标志着富足时代到来的那类人，抑或是相信那意味着智人时代落幕的那类人，你都必须回答一个根本问题：这些人工智能是有意识的吗？它们有作为自身的感受吗？或者它们只是更精巧的亚马逊的Alexa或智能手机 —— 聪明但却没有任何感受？

　　贯穿于第2章到第4章的是来自心理学和神经科学的证据，这些证据表明智能与体验是有区别的：愚笨或聪明，它们与意识的多少是不同的。与此相一致的是，意识的神经相关物是大脑皮层后部的重心，而智能行为的神经相关物是大脑皮层靠前的中心，两者的神经相关物是不同的（第6章）。从概念上讲，智能关乎所为，而体验关乎存在，诸如处于愤怒或纯粹体验的状态。这一切迫使我们对此不曾言明的假定提出质疑，即机器智能必然意味着机器意识。

既然已经有了一个基本的意识理论，我就可以从最初的原则着手处理这个问题，以证明智能与体验是可以分开的。让我们应用整合信息理论的公设来计算这两类标准线路拥有多少因果力和整合信息。

首先，是我在几页之前介绍的那种前馈线路。这样的神经网络，无论有多少加工层彼此相随，都是完全可还原的。它的整合信息始终是零，它不存在内在的方面。其次，是一台计算机的物理实现，计算机可以通过编程来模拟逻辑门网络。它所模拟的网络是不可还原的，并具有非零的整合信息。可是，尽管计算机能够精确地模拟了这个不可还原的线路，但无论它模拟什么，计算机本身都可以还原为不具任何整合信息的组件。 ^142

在回到智能与意识的区分之前，我将讨论全脑仿真和心智上传这个根本结果的含意。

13.1　形似神不似

与纯粹的前馈架构 —— 在该架构中，任何一层加工元件的输出都以级联的方式为下一个加工层提供输入，其中不存在反方向的信息流动 —— 相关的整合信息是什么？网络的第一层状态由外部输入（譬如说由摄像机）决定，而不是由系统本身决定。

同样，最终加工层（即系统的输出）并不影响网络的其余部分。也就是说，从内在的观点看，前馈网络的第一层和最后一层都是可还原的。通过归纳，第二个加工层和倒数第二个输出层也是如此，依此类推。因此，从整体上看，一个纯粹的前馈网络并没有被整合。它没有内在的因果力，并且也不为自身而存在，因为它可以还原为其个体的加工单元。无论它的每一层有多么复杂，前馈网络都不会有任何感受[1]。

事实上，神经学家普遍有一种直觉，即持续反馈，也称为复返（recurrent）或复馈（reentry）加工，对于体验是必要的[2]。现在，它可以在整合信息理论的数学框架内得到更精确的表述。

图13.1所示的复返网络有两个输入单元、6个内部加工单元和两个输出。这6个核心单元与兴奋和抑制突触紧密相连。将IIT的因果演算应用于图13.1所示的状态（白色信号关闭，灰色打开）会产生17个一阶和高阶的区分（由核心内的一个或多个单元组合而成）。这些区分的集合形成了 Φ^{max} 的具有非零值的最大不可还原的因果结构。

现在考虑图13.1中的前馈网络。它也有两个输入和两个输出，但有39个而不是6个内部加工单元，以及大量的兴奋和抑制连接。这个巴洛克式的网络是手工精心制作的，用来复制左侧循环网络的功能。两者都对任何超过四时步的输入执行完全相同的输入—输出转换[3]。然而，前馈线路的 Φ^{max} 为零，并且不是作为一个整体而存在。事实上，它可以还原为它的39种原子成分。

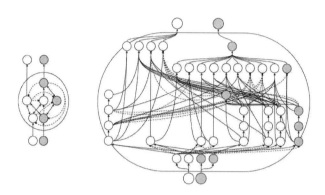

图13.1 两个功能等价网络。如果两个网络的内部连线不同，则执行相同输入 — 输出功能的 143
两个网络可能具有非常不同的内在因果力。左边的复返网络具有非零的整合信息，它是作为
一个整体而存在。右边的是其完全展开的孪生网络，尽管具有相同输入 — 输出映射，但它
的整合信息是零。它完全可以还原为它的39个个体单元（根据Oizumi, Albantakis, & Tononi,
2014的图21重绘而成）

　　前馈线路很可能不是自然演化的，因为所有那些额外的连
接和单元都以新陈代谢为代价；此外，线路的耐损性不是很强
健（robust），因为损坏单个连接通常会导致整个网络出现故障，
而复返网络对损坏却有很强的韧性。但这证明，尽管两个网络
具有不同的内在因果力，但却能执行相同的输入 — 输出功能。复
返网络是不可还原的，而与其功能等同的前馈网络则不是。造成
这种差别的原因是表面之下系统的内部架构完全不同。

　　今天机器学习中的成功故事在于前馈的深度卷积网络，这 144
个网络多达100层，且每一层都馈进到下一层。它们能够命名大
多数人难以辨别的犬种，能够翻译诗歌，能够想象它们以前没
有见过的视觉场景[4]。可是它们没有整合信息。它们并不为自身
而存在的。

13.2 数字计算机仅具有微不足道的内在存在

将整合信息理论应用于可编程的数字计算机，我们得出了一个更令人震惊的结论，它违背了人们关于功能主义持有的固有思维。真实的物理计算机的最大不可还原因 — 果力微乎其微，并且独立于运行在计算机上的软件。

为了理解这一结果，让我们聚焦托诺尼实验室中两位才华横溢的年轻学者的工作，他们是研究生格雷厄姆·芬德利（Graham Findlay）和博士后研究员威廉·马歇尔（William Marshall）。[5]他们把被称为PQR的为三元件线路，纳入考量（图13.2），我们已经在第8章中遇到过（图8.2）。

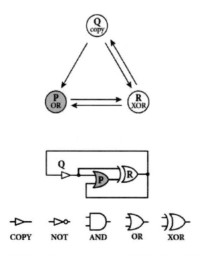

图13.2　一个不可还原的电子线路：图8.2中的三元件线路由3个逻辑门构成。它是一个具有非零整合信息且能做出4个区分的整体（摘自Findlay et al., 2019中的图1）

但现在我们用能对二进制门实例化的物理线路元件来实现 145
它们。每个门具有两个输入和两个输出 —— 高电压信号表示开
启或1（由图13.2和图13.3中的灰色表示），而低电压信号表示
关闭或0（由白色表示）。它们的内部机制实现了一个逻辑OR
门，即一个复制和持有单元（copy-and-hold unit）和一个异或单
元，或叫XOR。由于该线路是确定性的，如果（PQR）=（100），
那么它将在下一次更新时转换到状态（001）。

重复第8章的因果分析会发现，系统是一个具有非零的
Φ^{max} 的不可还原整体（图8.2）。其最大不可还原因—果结构
是由两个一阶（Q）和（R）、一个二阶（PQ）和一个三阶机制
（PQR）组成。

到目前为止一切尚可。现在，让我们在图13.3所示的3-比
特可编程计算机上模拟这个三元件线路。推导这条线路是一项
杰作。它的体系结构由66个逻辑COPY门、NOT门、AND门、
OR门和XOR门组成，它的体系结构抓住了经典冯·诺伊曼体系
结构的关键方面 —— 一个算术逻辑加工单元、一个程序块、若
干数据寄存器，以及一个让一切保持井然有序的时钟。模拟线
路的功能在程序中，即8块4-环COPY门，它例示了PQR的八
种可能转换。

在这台微型计算机模拟PQR时，一步一步地完成它的操作
尽管简单但很费力。[6]它精确地模仿这个三元线路直到时间结束。
也就是说，图13.3中的计算机在功能上等同于图13.2中的目标

线路。这是否意味着二者具有同样的内在因果力？为了回答这个问题，让我们将整合信息理论的因果分析应用到计算机上。

我们会感到惊讶，因为66个元件的完整线路是可还原的，它没有整合信息。这是因为许多关键模块 —— 时钟和八环四COPY门 —— 是以前馈的方式与线路的其余部分连接在一起的。计算机不是一个整体，它没有内在的因果力。

在各种模块内添加反馈连接（诸如保留其功能性的时钟和程序线路）不会改变结果。整个计算机并不为自身而存在。[7]使系统不可还原的不只是任何旧的反馈。

我们可以在概念上将66个元件的计算机分解成所有可能的较小线路，并计算每个组块的Φ^{max}。

147　　　我们最终得到了9个具有内在存在的片段，即时钟和8个四COPY门的环。这9个模块中的每一个都构成了一个很小的整体，每个整体都有一个单一的一阶机制和一个极小的Φ^{max}，其不可还原性的程度要比计算机正在模拟的物理线路更小。

为什么要不厌其烦地建造这台比PQR多20倍门并且要花8倍长的时间来运行的笨重计算机呢？因为通过操作四环的COPY门的状态，人们可以对计算机进行编程来模拟任何三门线路，而不仅仅是PQR！尽管计算机具有这种明显的简单性，但它对这类线路是通用的。

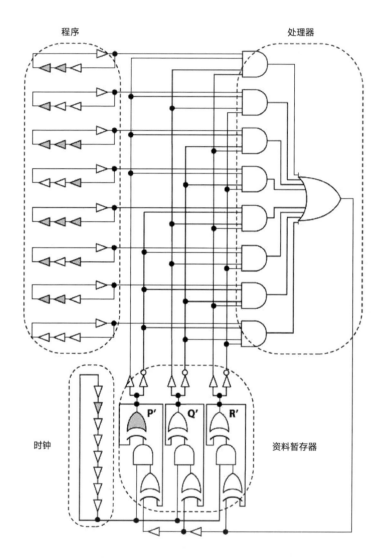

图13.3　以一个可还原的计算机模拟一个不可还原的线路：一台在功能上等同于图13.2的三　146
进制线路的具有66个元件的计算机。它可以通过编程模拟任何三元件逻辑线路。根据整合信
息理论的观点，即使这台3-比特计算机正在模拟一个具有非零整合信息的线路，但这个3-
比特计算机并不为自身存在，因为它的整合信息为零（摘自Findlay et al., 2019.的图2）

芬德利和马歇尔通过分析另一个与PQR执行不同计算规则的三元件线路XYZ证明了这一点。[8]从整合信息理论的角度分析，这个三元件线路具有7个而不是4个区分，并且具有与PQR截然不同的最大不可还原因 — 果结构。现在，重新对图13.3的计算机进行编程以完美地实现XYZ的功能。可是就像PQR一样，这个线路没有像以前一样被分割成9个相同的模块时所具有的内在因果力。

让我们来对这个情况做一番盘点吧。我们有两个截然不同的基本线路PQR和XYZ，并且有一台可以模拟其中任何一个的计算机。根据整合信息理论，三元件线路具有不可还原的内在因果力，而更大的计算机在实例化这两个线路的时候没有整合信息，因此能还原为更小的模块。

STUTE线路设计者已经注意到被设计成模拟任何三元件线路的计算机可以被扩展为模拟四元件线路或4比特线路的计算机。这需要总共16个环形元件的5个COPY门，并馈进到16个将它们的输出发送到OR门的AND门。计时器和数据寄存器也必须扩展。事实上，计算机可以按照相同的设计原则进行升级来模拟任何有n个门的有限线路，无论它有3个、4个或860亿个二进制门。[9]它是图灵完全的（Turing complete）。可是在内在性上，无论其尺寸如何，它从来不是作为一个整体而存在，而是分解成2^n个编程模块和计时器。每种线路都具有可以忽略不计的现象内容，并且独立于它正在模拟的特定线路。

　　我再怎么强调这个观点都不为过，即极度缺乏因 — 果结构 148
的片段化计算机与该计算机精确模拟的具有潜在丰富内在因果
结构的不可还原的物理线路可以完全分开。

　　在其中添加反馈连接并不会对这个结论产生实质影响。计
算机越大，其缺乏整合就越明显，这是因为与脑相比它的连接
更稀疏，即它的模块性和串行设计内部缺乏扇入和扇出（fan-in
and fan-out）。

　　可以反对的是，计算机没有在正确的时空粒度水平上得到
分析。毕竟，根据整合信息理论的排他公设，最大因果力需要
在空间、时间和线路元件的所有可能分块上得到评估。整合信
息理论的数学机构包括一种强有力的技术来执行这样一种分析，
即黑箱分析。[10]

　　只有当一组变量的平均行为变得重要时，这些变量才可以
进行糙粒度处理（coarse-grained）。然而，在许多情况下，微
观变量的确切状态非常重要；你眼睛中数百万个锥形感光器上
的特殊电压分布传达了对任何一个特定视觉场景的感觉。对所
有这些数据求平均将产生灰色结果。或者考虑一下你的笔记本
电脑中晶体管门（transistor gates）的电荷。弄脏所有门上的总
电荷会导致线路停止并不再工作。这就是黑箱分析的用武之地：
这个低级功能被具有特定输入和输出以及特定输入 — 输出转换
的黑箱取代。

展示黑箱分析的一个恰当例子是图13.2的3个逻辑门。实际上，每一个逻辑门都是由实现各种逻辑功能的晶体管、电阻、二极管和其他更原始的线路元件组成的。

现在，芬德利和马歇尔的重任出现了。[11]他们证明，没有任何黑箱活动支持一个与被模拟线路的因果结构等同的有意义的最大不可还原的因—果结构。在时空上无数黑箱活动的排列（例如，计时器的八次更新可以被视为时间上的宏观元素）是可能的，但没有一个能完成这项工作：该线路作为一个整体并存在于任何一个排列中。

13.3　论心智上传是徒劳的

这个阐述证明了意识的计算解释是荒谬的。两个系统在功能上可能是等价的，它们能够计算相同的输入—输出功能，但它们并不共享相同的内在因—果形式。图13.3的计算机并不内在地存在，反之被它模拟的线路却是内在地存在的。也就是说，这两者做了同样的事情，但只有一个是为自身而存在的。

此外，图13.3中的样例线路说明，无论计算机被编程用来做什么，数字的、时钟控制的模拟都可以在几乎没有体验的情况下完全复制任何目标线路的功能。

意识不是一个聪明的算法。它最让人动心的地方是它对自身的因果力，而不是计算。这就是问题所在：因果力，即影响自己或他人的能力，是无法模拟的。现在不会，将来也不会。它必须内置进系统的物理学中。

作为类比，考虑运用能够模拟将质量与时空曲率联系起来的爱因斯坦广义相对论场方程式的计算机代码。这样的软件可以模拟我们银河系中心的人马座A*这一超大质量黑洞。它的质量对它周围的环境施加了如此强烈的引力效应，以至于包括光在内的任何东西都无法逃离它。

但是你有没有想过，为什么模拟黑洞的天体物理学家不会被吸进他们的超级计算机？如果他们的模型如此忠实于实在，为什么靠近进行建模的计算机周围不会产生一个能够吞噬该计算机及其周围一切的迷你黑洞呢？

因为重力不是一种计算！重力具有真实的外在因果力。[根据物理属性（诸如度量张量、局部曲率和质量分布）与由编程语言在算法层面上规定的抽象变量之间的一对一映射]可以从功能上模拟这些力，但这并不能赋予这些模拟以真正的因果力。

当然，执行相对论模拟的超级计算机具有的一些质量会对空间曲率产生微不足道的影响。它有一种外在的因果力，因为超级计算机的质量不会改变，这种微不足道的因果力也不会随着计算机重新编程运行金融电子表格时而改变。

实在与实在模拟之间的差别在于它们各自拥有的因果力。

这就是为什么计算机在模拟暴雨的时候其自身不会被淋湿。软件可以在功能上等同于实在的某些方面，但它不会具有与实在事物相同的因果力。[12]

适用于外在因果力的也适用于内在因果力。从功能上模拟一个线路的动力学是可能的，但却不可能凭空（ex nihilo）创造出其内在因果力。是的，作为一种机械装置的计算机在金属层面，即在其晶体管、电容和导线的层面上，有某种微小的内在因果力。然而，毋庸置疑的是，无论模拟黑洞还是脑，计算机都只是作为一些微小的片段存在而不是作为一个整体存在。

即使模拟可以满足微观功能主义者（microfunctionalist）最严格的要求，上述结论也是正确的。让我们快进到几十年后的未来，上一章讨论的那种生物物理和解剖学上精确的全脑仿真技术可以在计算机上实时运行。[13]这样的模拟过程将对一个人看到一张脸或听到一个声音时发生的突触和神经元事件进行模拟。它的模拟行为（如图2.1中概述的那种实验）将与人类的行为无法区分。但是，只要模拟这个脑的计算机在其体系结构上类似于图13.3中概述的冯诺依曼机器，它就不会看到图像，它就不会听到线路中的声音，它也不会有任何体验。它就仅仅是个聪明的程序。虚假的意识——这不过是在生物物理层面上模仿人的伪装而已。

原则上，根据脑的设计原则建造的特殊用途的硬件，即所谓的神经形态的电子硬件[14]，可能会累积足够的内在因果力以至于会拥有某种感受。也就是说，如果单个逻辑门接收来自数万个逻辑门的输入，而不是今天的算术逻辑单元[15]中的少数几个，并与数万个其他逻辑门进行输出连接，如果这些巨大的输入和输出像神经元在脑中所做的那样重叠并相互反馈，那么计算机的内在因果力可能会与脑相媲美。这种神经形态的计算机可能具有人类水平的体验。但这将需要一个完全不同的处理器布局，并对整个机器的数字基础设施进行彻底的概念重构。再一次，这不是借助于那种能被脑体验的灵魂般的物质实体，而是借助于作用于自身的因果力。复制那些因果力，意识便会随之来临。

将整合网络分解成功能等价的前馈网络，这说明了为什么我们不能依赖著名的图灵测试来检测机器意识。艾伦·图灵置于其模仿游戏发明背后的动机是用一种精确而务实的操作，即一种游戏表演[16]，来取代"机器是否能思考"这个模糊的问题。当你在与一台机器就任何事进行一段时间的理性交流之后仍不能将它与人类相区分时，它就算是通过这项测试。其中的逻辑是，人们在交谈时在"进行思考"，所以如果一台机器也能做到这一点，如果你能与它就天气、股市、政治、当地的运动队以及它是否相信来世展开谈论，这样一来它也应该被赋予与你同样的特权，即思考的能力。Alexa和Siri的子孙将跨过这一里程碑。然而，这并不意味着这些程序能有任何感受。智能与意识是非常不同的。

图11.2沿着两个轴对自然系统和人工系统进行了排序。横轴代表像智商测试一类的对智能的操作性测量，而它们的整合

信息由垂直轴来表示。图13.4对该图进行一点修改，它包括可编程计算机在内。运行于传统数字计算机上的当代软件在与人类聪明相关的传统棋类游戏中取得了超人的表现 —— IBM的Deep Blue在1997年击败了国际象棋世界冠军加里·卡斯帕罗夫（Garry Kasparov），DeepMind的AlphaGo算法在2016年击败了围棋头号种子选手李世石（Lee Sedol）。一台运行虚拟全脑仿真的超级计算机将与人类一样聪明。但它们都生活在I-C平面的底部 —— 没有内心之光。

整合信息理论的提出意味着，通过将我们的思想上传到云端来超越脑死亡的希望变得渺茫。这是基于普林斯顿神经学家塞巴斯蒂安·承现峻（Sebastian Seung）推广的连接组想法，连接组对我们万亿突触中的每一个进行记录，并且记录下脑的860亿个神经元中哪对神经元相互连接。他认为，你所有的习惯、特征、记忆、希望和恐惧都在连接组中留有物质残留物。承现峻打趣说："你就是你的连接组。"根据计算主义，如果你的连接组可以被上传到未来专门执行脑模拟的超级计算机上，那么这个模拟将允许你的脑以一种纯数字结构存在于机器内部[17]。

抛开所有对这一想法科学性和实际性的质疑不谈，假设我们有足够强大的计算机（也许是量子计算机）来运行这个代码，只有当这些机器的内在因果力与人脑的内在因果力相匹配时上传才能起作用。否则，你只是看起来像是生活在令人羡慕的乌托邦里，就像僵尸一样欢喜地进入数字天堂，但却没有任何体验。

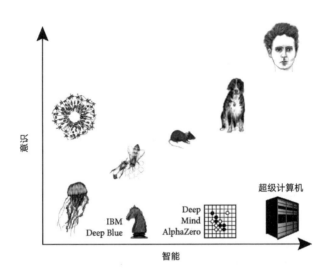

图13.4 自然演化的有机体和工程人工制品的智能和意识。随着物种演化出更大的神经系 152
统，它们学习和灵活适应新环境的能力，即智能，在不断增加，正如它们的体验能力增强一
样。工程系统以惊人的方式偏离了这一增长趋势，即它们只有不断增加的数字智能，却没有
体验。基于生物工程的大脑类器官也许有某种体验，但却不能做任何事情（第11章）

　　一旦技术完善，这会阻止人们选择上传意识吗？我感到怀
疑。历史提供的充分证据表明，人们愿意相信一些相当奇怪的
事情——处女怀胎，死而复生，在天堂等待自杀式炸弹袭击者
的72个仙女等——他们强烈地渴望摆脱死亡。

13.4　扩展图和皮层毯

　　这让我遇到了量子物理学家斯科特·阿伦森（Scott Aaronson）

对整合信息理论的异议。他的论点在网上引起了一场有益的争论，即强调整合信息理论的一些预测是反直觉的。[18]

153 阿伦森为被称为扩展图的网络（它的特征是既稀疏又连接广泛）估计了它的 Φ^{max}。[19]它们的整合信息将随着这些网状网格中元素数量的增加而无限增长。即使是规则的 XOR 逻辑门网格也是如此。整合信息理论预测这样一个结构将具有高 Φ^{max}。[20]这意味着使用逻辑门的二维阵列足以建造具有内在因果力的硅线路技术，并且会有某种感受。这是一个令人费解的违背了常识的直觉。因此阿伦森得出结论，任何得出如此离奇结论的理论都一定是错误的。

托诺尼反驳了一个三管齐下的论点，该论点加倍并强化了该理论的主张。试想一面没有任何特征的空白墙。从外在的角度来看，它很容易被描述为空的。[21]可是一个感知这堵墙的观察者的内在观点却蕴藏着大量关系。在这些关系周围有很多的位置和邻近区域。这些位置和区域被放置在相对于其他点和区域或左或右、或上或下的方位。一些区域在附近，而另一些区域在很远的地方。它们以三角状来相互作用。所有这些关系都是即刻在场的，它们没有必要被推断。它们一起构成了一种丰富的体验，无论是看见的空间、听见的空间还是感觉到的空间。它们都分享一种相似的现象学。空旷空间的外在贫乏隐藏着巨大的内在财富。这种丰富性必须由一个物理机制来支撑，它通过内在因果力决定了这个现象学。

进入网格，诸如由100万个整合或发射或逻辑单元组成的网络排列在1 000 × 1 000的网格上，这在一定程度上相当于一只眼睛的输出。每个网格元素在其邻居中指定哪些可能曾在不久的过去打开，哪些将在近在咫尺的未来打开。总而言之，这是百万个序列的一阶区分。但这仅仅是个开始，因为如果任何两个邻近要素的联合因—果库（cause-effect repertoire）不能还原为单个要素的因果力，那么它们的共享输入和输出都可以指定二阶区分。本质上，这样的二阶区分将近邻元素的过去和未来状态的可能性连接到一起。相比之下，没有共享输入和输出的元素不会指定二阶区分，因为它们的联合因—果库可以还原为单个元素。潜在地，这里有100万倍的100万二阶区分。同样地，只要3个元素的子集共享输入和输出，就会指定将更多邻居连接在一起的三阶区分。以此类推。

这很快就膨胀成数量惊人的不可还原的高阶区分。与这种 154 网格相关联的最大不可还原因—果结构与其说是表征空间（空间再次为谁呈现？因为那就是再次呈现的意义）不如说是从内在角度创造了体验的空间

最后，托诺尼认为，人脑中意识的神经相关物类似于网格状结构。神经科学中最强有力的发现之一是视觉、听觉和触觉的感知空间如何以拓扑的方式映射到视觉、听觉和躯体感觉皮层。大多数兴奋性锥体细胞和抑制性联络神经元的局部轴突与它们的近邻有很强的联系，这种连接的可能性随着距离的增加而下降。[22]以拓扑方式组织起来的皮层组织，无论它是在颅骨内

自然发育，还是通过干细胞工程在培养皿中培养，都将具有很高的内在因果力。这块组织会拥有某种感受，即使我们的直觉反对这一想法，即与所有输入和输出断开连接的表皮组织会拥有体验。但这正是我们每个人在闭上眼睛、入睡和做梦时发生的事情。我们创造了一个拥有感受的世界。

大脑类器官或网格状的基质将不会意识到爱或恨，但会意识到空间、上下、远近和其他空间现象学的区分。但是除非提供复杂的马达输出，否则它们将无法做任何事情。这就是为什么这些网格属于I-C平面的左上角。

在最后一章，我将盘点这个情形，并在时间宽广的地平线下探查谁有内在存在和谁没有内在存在，这不是因为它们的所为的多少，而是因为它们有一个内在的观点，因为它们为自身存在。

14. 意识无处不在吗？

在最后一章，让我们回到我最初在第2章中谈到的根本问 155
题：除了我自己外，还有谁拥有体验？因为你与我是如此相似，
我以此外推你也具有主观的、现象的状态。同样的逻辑也适用
于其他人。除了少数孤立的唯我论者，这种观点是没有什么争
议的。但是，究竟谁还拥有体验？在浩瀚宇宙中，意识究竟有多
广泛？

我将以两种方式来处理这个问题。类比论证从经验证据出
发来推断许多物种都有对世界的体验。这个论证基于它们在行
为、生理、解剖、胚胎、基因组上与人类的相似性，而我们又是
意识的最终仲裁者。[1]当物种与我们的相似性越疏远时，要推断
意识在生命之树内扩展其支配领域的范围就变得越来越困难了。

另一种全然不同的论证线路就是从整合信息理论的各项原
则出发，从而得出它们的逻辑结论。所有有机体，或许包括草履
虫（Paramecium）和其他形式的单细胞生命，都存在一定水平
的体验。实际上，依据整合信息理论，体验可能不仅仅局限于生
物实体，甚至可以延伸到之前被认为是无心智的非演化的物理

系统中。这可是一个关于宇宙构成的既合意又节俭的结论。

14.1 意识在生命之树上扩展有多广泛？

细菌、真菌、植物和动物之间的演化关系通常以"生命之树"的比喻形象化展现出来（参见图14.1[2]）。不论是苍蝇、老鼠还是人，所有物种都位于生命之树边缘的某个位置上，并且都适应各自特定的生态环境（ecological niches）。

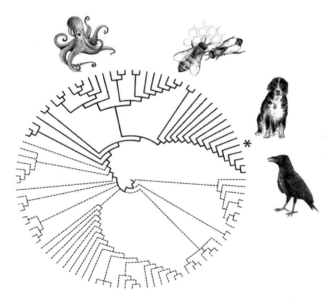

156　图14.1　生命之树：根据其行为和神经系统的复杂性，作为一只鸟、哺乳动物（标有"＊"的）、昆虫和头足动物（分别用乌鸦、狗、蜜蜂和章鱼代表）的确可能有某种感受。整个动物王国——更不必说在所有生命的浩瀚领域——究竟在多大程度上共享意识，这个问题目前尚难确定。所有生物的最终普遍的共同祖先位于生命之树的中心，随时间不断向外辐射

从行星生命最后普遍的共同祖先（last universal common

ancestor，缩写为"LUCA"）开始，每个生命有机体沿着一个不间断的谱系向下传衍。LUCA，这个假设的物种生活在遥不可测的35亿年前，位于生命之树曼陀罗（mandala）的正中心。演化不仅解释了我们身体的组成，还解释了我们心智的构成——因为心智也没有免于演化的特许。

鉴于智人与其他哺乳动物在行为、生理、解剖、和基因层面上的相似性，没有理由怀疑这些哺乳动物不能听到声音和看到风景、不能感受到生命的痛苦和欢欣——尽管它们的体验并不一定要像人类这么丰富。我们都努力地吃喝和繁衍，尽力避免伤害和规避死亡；我们沐浴在温暖的阳光下，我们寻求同类的陪伴，我们畏惧捕食者，我们睡眠，我们做梦。

尽管哺乳动物的意识依赖于六层大脑新皮层的功能活动，但这并不意味着没有新皮层的动物就没有感受。再强调一下，所有四足动物——哺乳动物、两栖动物、鸟类（特别是渡鸦、乌鸦、喜鹊、鹦鹉）以及爬行动物——在神经系统的结构、动力学以及基因规定上都存在相似性，我由此可以外推它们也能体验这个世界。相似的推理也适用于其他有脊椎生物，比如鱼。[3]

可是为什么要做一个脊椎动物沙文主义者？生命之树上同样分布着众多无脊椎动物，譬如像昆虫、螃蟹、蠕虫、章鱼等等，它们四处运动，感知周围的环境，从过去的经验中学习，表达种种情绪，彼此间进行交流。我们也许不愿接受这样的观点：那些在形状上与我们如此不同的生物，像嗡嗡叫的小小的苍蝇或煽动的透明的水母，也有拥有体验。

事实上蜜蜂可以识别面容，通过摆动的舞蹈向同类传达食物资源的位置和品质的信息，利用储存在短时记忆中的线索在复杂的迷宫中穿行。吹进蜂巢的香气可以刺激蜜蜂，使它们飞回先前遇见这股香气的地方，这是一种联想记忆（associative memory）。蜜蜂有集体的决策技能，与它们的决策效率相比，任何学术委员会都会觉得汗颜。当蜂后和上千只工蜂从巢穴四散离开并选择一个能满足对蜂群生存至关重要的多种要求（想一想你去看房时的情境）的新蜂巢时，人们就已经研究了蜜蜂在成群活动时表现出的这种"群体智慧"现象了。大黄蜂甚至在看过其他蜜蜂使用工具后就能够掌握工具的使用方法[4]。

在1881年出版的一本著作中，查尔斯·达尔文讲述自己想要"研究蠕虫的行为在多大程度上是有意识的，以及它们展现出多大程度的心智力量"[5]。通过研究它们的摄食行为，达尔文的结论是：在复杂与简单的动物之间并没有绝对的阈限来划分谁有更高的心智力量而谁没有。人们还没有发现有一条位于有情识与无情识的生物之间的卢比孔河。

当然，由于神经系统变得愈发简单和原始并最终转变为一个组织松散的神经网，动物意识的丰富性和多样性也会随之下降。当底层神经集合体的"步伐"变得越发迟缓，有机体体验的活力也会随之下降。

体验真的需要一个神经系统吗？我们对此并没有答案。有 158
人断言作为植物王国一员的树木能以出乎意料的方式彼此交流，
并且它们具有适应性和与学习能力。[6]当然，这些都可以在不伴
随体验的情况下做到。所以我认为这些证据虽然有趣但还是很
初步。当我们沿着复杂性阶梯一级级往下，直至下降到没有一
丝觉知的迹象前，我们究竟能向下走多远？同样，我们对此也没
有答案。我们唯一直接了解的主体是我们自身，以与我们的相
似性为前提，我们已经达到了外推的极限。[7]

14.2　宇宙中的意识

整合信息理论提供了一条不同的推理链条。这个理论恰恰
回答了谁能拥有体验的问题：只要整合信息最大值不为零的生
物都拥有体验；[8]任何拥有内在因果力的事物都是一个整体。这
个整体所感受的，即它的体验，是由其最大不可还原的因—果
结构（参见图8.1）所赋予的。整体在多大程度上存在是由其整
合信息赋予的。

整合信息理论并不要求 Φ^{max} 必须大于42，也没有为体验的
开启设定任何其他神奇的阈值。只要 Φ^{max} 大于零，它就为自身
存在，它就有内在观点，且有某种程度的不可还原性。而这意味
着外部还存在许许多多的整体。

当然，这其中就包含人类和其他有大脑新皮层的哺乳动
物，我们在临床上知道新皮层是体验的基质。鱼、鸟、爬行动

物和两栖动物拥有在演化上与哺乳动物大脑皮层有关的端脑（telencephalon）。鉴于相伴的脑回路的复杂性，端脑的内在因果力可能是高的。

当考虑那些神经架构与我们非常不同的生物，譬如蜜蜂时，我们面对的是巨大的、难以控制的神经复杂性 —— 大约100万个神经元被容纳在一个藜麦颗粒大小的空间里，其神经线路的密集性是我们引以为豪的大脑皮层的10倍。并且与人类小脑不同，蜜蜂的蘑菇状的身体以高度循环的方式连接在一起。或许这个小小的脑形成了一个最大不可还原的因 — 果结构。

整合信息不是关于输入 — 输出加工，即功能和认知的，而是关于内在因果力的。因为从意识与智能是紧密相联的这一神话中解放出来（第4、11、13章），整合信息理论得以挣脱了神经系统的枷锁，并将内在因果力置于在传统意义上不可计算的机制中。

一个恰当的例子是单细胞生物，比如草履虫，这种微生物（animalcules）是在17世纪末由那些从事光学显微镜工作的早期研究者发现。原生动物利用微小鞭毛的摆动驱使自己在水中移动，躲避障碍，寻找食物，并做出适应性反应。由于它们的体型很小，栖息环境又比较陌生，我们通常并不认为它们有情识。但它们挑战了我们这种预先的想法。这类微生物的早期研究者之一赫伯特·斯潘塞·詹宁斯（H. S. Jennings）这样写道：

经历了对这种生物的长时间的研究后，笔者完全信服：如果阿米巴虫（Amoeba）是一个大型动物，可以进入人类的日常经验，那么它的各种行为会立刻让人们将快乐和痛苦、饥饿、欲望以及类似的状态归之于它，这与我们把这些状态归之于狗的原因完全相同。[9]

在对所有有机体的研究中，研究最彻底的其实是更小的大肠杆菌（*Escherichia coli*），一种可以造成食物中毒的细菌。它们有杆状的身体，大约为一个突触那么大，在其具有保护功能的细胞壁里容纳有几百万个蛋白质。还没人能以如此巨大的复杂性来模仿它。鉴于这种拜占庭式的错综复杂性，一个大肠杆菌对自身的因果力不可能为零[10]。依据整合信息理论，作为一个细菌很可能会有某种感受。它不会为自己的梨形身体而沮丧；没人曾经研究过一个微生物的心理学。但在它身上存在着微弱的体验之光。一旦细菌分解为构成它的细胞器，这丝微光就会消失。

让我们在尺度上进一步下降，从生物学转向更简单的物理学和化学的世界，并计算一个蛋白质分子、一个原子核乃至一个质子的内在因果力。根据标准物理学模型，质子和中子都是由带着3个微小电荷的夸克构成。夸克从未被自身观察过。因此很有可能原子构成了一个不可还原的整体，一个"赋有一点点心智的"（enminded）物质。与约由10^{26}个原子构成的人脑相比，单个原子有怎样的感受呢？鉴于一个原子具有的整合信息大概勉强大于零[11]，它的感受肯定是微不足道的、聊胜于无的（thisrather-than-not-this）吗？

微生物存在情识的这种可能性与西方的文化情感（sensibilities）相悖，为了让你专注地思考这一点，不妨考虑一个富有启发性的类比。宇宙的平均温度由大爆炸（Big Bang）留下的余辉，即宇宙微波背景辐射所决定。它最后遍及宇宙的有效温度比绝对零度高2.73℃。这种全然的严寒要比任何陆生生物能存活的温度都要低几百摄氏度。但事实上这个温度并非零，这也就说明，在深空中有相应的微小热量。同理，Φ^{max}非零也意味着存在相应微弱的体验。

从关于单细胞生物，更别说原子心智的讨论来看，我已进入纯粹思辨的范围，这其实是我作为科学家的毕生训练所要竭力避免的。可是有三种考虑促使我谨慎地一试风险。

首先，这些观念将整合信息理论——我们构建这个理论是为了解释人类水平的意识——直接扩展到物理实在的极为不同的方面。一个强有力的科学理论的标志之一就是，它能从理论最初涉及的范围外推到相距甚远的情况，并对现象做出预测。对此存在很多先例——时间旅程取决于你穿行的速度，时空会在黑洞这个众所周知的奇点（singularities）处瓦解，而人、蝴蝶、蔬菜和你内脏中的细菌使用同样的机制来储存和复制自身的遗传信息，等等。

其次，我欣赏这个预测的优雅和美感。[12]心智并不是突然地从物质中冒出来的。就像莱布尼茨所说的"*natura non facit saltus*",或者说"自然并不跳跃"(莱布尼茨毕竟是微积分的共同发明者)。非不连续性也是达尔文主义思想的基石。

内在因果力摆脱了"心智如何从物质中产生"这一挑战。整合信息理论规定心智自始至终就存在。

最后,整合信息理论预测心智比传统所认为的要广泛得多,这个观点与一个古老的思想流派,即泛心论(panpsychism)产生了共鸣。

14.3 并非一切都赋有心智

各种不同形式的泛心论都认同这样的信念:灵魂(心灵)存在于一切事物中(泛在),或者说是无处不在的;不仅在动物和植物中,而且一路向下深入到物质的最终构成 —— 原子、场、弦或任何其他东西中。泛心论假定任何物理机制要么是有意识的,要么是由有意识的部分组成的,要么形成一个大的有意识整体的一部分。[161]

西方一些最智慧的人物都持有物质和灵魂是同一个基质的立场。其中包括古希腊哲学家泰勒斯(Thales)和阿那克萨戈拉(Anaxagoras)。柏拉图支持这种观点,此外还有文艺复兴时期的宇宙学家乔尔丹诺·布鲁诺(Giordano Bruno,1600年被烧死在火刑柱上),亚瑟·叔本华(Arthur Schopenhauer),20

世纪的古生物学家和耶稣会信徒皮埃尔·泰亚尔·德·夏尔丹（Teilhard de Chardin）（他在著作中捍卫了关于意识的演化观点，直到去世，他的著作都被教会禁止发表）。

尤其令人惊讶的是，许多科学家和数学家都秉持相当明确的泛心论思想，最重要的当然是莱布尼茨。但我们同样还可以把3位开创心理学及心理物理学的科学家——古斯塔夫·费希纳（Gustav Fechner）、威廉·冯特（Wilhelm Wundt）和威廉·詹姆斯（William James）——包括进来，以及天文学家和数学家——亚瑟·爱丁顿（Arthur Eddington）、阿尔弗雷德·诺思·怀特海（Alfred North Whitehead）及伯特兰·罗素（Bertrand Russell）。随着形而上学在现代的衰微和分析哲学的兴起，20世纪完全驱逐了心智，不仅仅从大多数大学的院系而且从整个宇宙中驱逐了心智。但这种对意识的否定如今被视为"愚蠢无比"（Great Silliness），而泛心论在学界正在经历复兴。[13]

关于什么存在的争论围绕截然相反的两极展开：物质主义和观念主义。物质主义，及其现代版的物理主义，从伽利略·伽利莱（Galileo Galilei）的务实立场的研究中获益极丰，伽利略将心智从其研究的对象中移除，以便从一个旁观者视角来描述和量化自然。但这样做也付出了忽视实在的核心方面——即体验——的代价。埃尔温·薛定谔，量子力学的建立者之一，量子力学最著名的方程式就是以他的名字命名的。他曾明确说道：

事实上，奇怪的是：一方面，我们所有关于周围世界的知识，不论是从日常生活中发现的，还是经最周密计划和艰苦实验中揭示出来的，都完全依赖于直接的感官知觉；可另一方面，这些知识并没有向我们揭示出感官知觉与外部世界的关系，以至于在我们根据科学发现的指导而形成的外部世界的模型或图像中，所有感觉特性都缺失了。[14]

观念主义并不能提供关于物理世界的任何富有成效的看法，因为世界被认为是心智的虚构。笛卡尔二元论者以一种牵强的关联接受了物质和心智这两者，但双方过着一种像平行线一样没有交集的生活，彼此并不交流[这就是"交互（interaction）问题"：物质如何与短暂的心智交互作用？][15]。分析的逻辑实证主义哲学表现得像受挫的恋人，它否认心 — 身关系中心智的合法性，在其更极端的形式中，它甚至否认心 — 身关系中心智一方的存在性。它这样做实际上是在掩盖自己无力应对心智这一事实。

泛心论是单一论的（unitary）。只存在一种实体（substance），而不是两个。它优雅地消除了需要解释心智如何从物质中涌现或反之的问题。心智与物质这两者共存。

但泛心论之美是贫乏的。除了宣称一切事物都有内在和外在的方面，它对两者间的关系没有给出任何建设性的观点。一个在星际空间（即组成人脑的数百万亿个原子）中独自跳动的原子与组成一个沙滩的无数原子之间的体验的差别是什么？对这样的问题，泛心论只能保持沉默。整合信息理论的许多见解与泛心论一致，它们共有的根本假定是：意识是实在的一个内在的、根本的方面。这两个进路都认为意识不同程度地遍及动物王国。

在其他条件相同的情况下，整合信息以及相伴的体验的丰富性，会随着相关神经系统复杂性的上升而增加（参见图11.2与图13.4），但是正如小脑所展示的，仅仅从神经元数量上看并不能保证这一点。意识随着清醒与睡眠的交替而盈亏变化。它在整个生命期间都在不断变化——在我们从胎儿成长为青少年，而后成长为拥有健全大脑皮层的成年人的过程中，意识也愈来愈丰富。当我们谙熟了爱情和性关系、酒精和药物，当我们获得了欣赏游戏、运动、小说和艺术的能力时，意识也在不断成长；而随着脑的衰退，意识也随之慢慢衰微。

最重要的是，整合信息理论与泛心论不同，它是一个科学理论。整合信息理论预测了神经线路与体验的数量和质量之间的关系，以及如何建造一个仪器来探测体验（第9章）和纯粹体验，以及如何通过架接脑来扩大意识（第10章），为什么脑的某些部分有意识而其他部分则没有（后侧皮层相对于小脑），为什么具备人类水平意识的脑会演化（第11章），以及为什么传统计算机只有微不足道的意识（第13章）。

每当就这些问题开讲时，我总是遇到"你是在开玩笑吗"的眼神。不过一旦我解释了泛心论和整合信息理论都没有宣称基本粒子有思想或者其他认知过程，这样的眼神就消失了。然而泛心论确实存在着阿基里斯之踵，即"组合"问题，但整合信息理论恰好解决了这个问题。

14.4　论群体心智的不可能性，或者为什么神经元没有意识

在《心理学原理》(The Principles of Psychology, 1890) 这部美国心理学的奠基之作中，威廉·詹姆斯提供了一个关于组合问题的令人印象深刻的例子：

> 取一个由12个词语组成的句子，再取12个人，并告诉每个人一个词语。接着让他们排成一排或者聚成一群，每个人尽可能专注地去想自己知道的那个词语；结果绝不会出现关于整个句子的意识。[16]

体验不会聚集成一个更大的上位 (superordinate) 体验。亲密的恋人、紧密合作的舞者、运动员、士兵等等，他们并不会产生一个超越构成群体的那些个体之上的群体心智。约翰·塞尔 (John Searle) 写道：

> 意识不可能像薄薄一层涂开的果酱那样遍布整个宇宙；必定存在某一个点，在此我的意识结束，而你的意识开始。[17]

对于为何如此，泛心论并没有给出令人满意的解答。但整合信息理论做到了。正如第10章频繁讨论裂脑人实验（split-brain experiments，参见图10.2）的相关内容，整合信息理论推断只有整合信息的极大值存在。这是排他公理的一个结论——任何有意识体验都是确定的，有其明确的边界。体验的某些方面在里面，而数量庞大的可能感受则在外面。

请考虑图14.2，图中我看着小狗卢比并有了一个特定的视觉体验（参见图1.1），一个最大不可还原的因—果结构。它由底层的物理基质，即整体构成，在我的后皮层热区内，是意识的一个特定神经相关物。但体验并不等于整体，我的体验并非我的脑。这个整体有明确的界限；一个特定的神经元要么是它的一部分，要么不是。即便这个神经元为整体提供一些突触输入，也不是整体的一部分。界定整体的是整合信息的最大值，对它的评估贯穿整个时空尺度和不同粒度的层次，诸如分子、蛋白质、亚细胞器、单个神经元、它们的总体、脑与之交互作用的环境等等。

正是那个不可还原的整体产生了我的有意识体验，而不是底层的神经元。[18] 所以我的体验不仅不是我的脑，而且当然它也不是我的个体的神经元。一个碟状器皿里少量人工培养的神经元也许有极微量的体验，它形成了一个迷你心智（mini-mind），构成我大脑后皮层的数亿个神经元并不体现为几百万个迷你心智的集合。只有一个心智，我的心智，它是由我脑中的这个整体构成的。

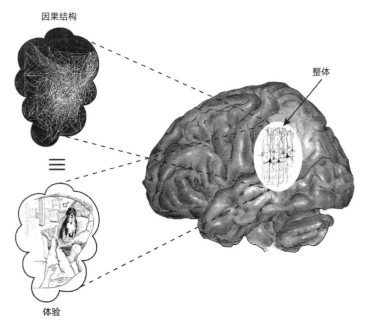

图14.2 心—身问题被解决了吗？整合信息理论假设任何一个有意识的体验，比如图中注视 164
一条伯恩山犬的体验，都等同于一个最大不可还原的因果结构。它的物理基质，即整体，就
是在操作上定义的意识的神经相关物。体验由整体形成，但并不等于整体。

其他整体也许会存在于我的脑或身体中，只要它们并没有 165
与大脑后皮层热区的整体共享成分。因此，作为我的肝脏也许
是有某种感受的，但鉴于肝细胞之间的交互作用非常有限，我
对它有很多感受表示怀疑。

同样地，孤立的细菌也许会有些许整合信息，但如果与作
为一个整体的微生物群相关的 Φ^{max} 比个体细菌的 Φ^{max} 要大的话，
那么数万亿快乐地居住在我内脏中的细菌只有一个属于它们自

己的单一心智。要先验地决定这一点并不容易，它取决于各种交互作用的强度。

这个排他原则同样解释了为什么在慢波睡眠期间意识会停止。此时，德尔塔（delta）波主导了脑电图（EEG，参见图5.1），并且皮层神经元处在规律的超极化抑制状态（hyperpolarized down-states），在这期间它们是静默的，当神经元变得去极化（depolarized）时则散布着活跃的兴奋状态（up-states）。这些开启和关闭时期具有局域协调性。其结果是皮层整体瓦解了，它分解成一些小的交互作用的神经元形成的集合。每一个都可能只有微量的整合信息。实际上，"我的"意识在深度睡眠中消失了，它被无数的微小的整体取代，而这些整体在我们睡醒时并没有被记起。[19]

这个排他公设也规定了一些有意识实体 —— 蚁穴中的蚂蚁、构成一棵树的细胞、蜂巢内的蜜蜂、成群啁啾的椋鸟、有着8条半自动触手的章鱼、2008年北京奥运会精心设计的开幕式上的几百名音乐家和舞蹈家 —— 的聚集物是否作为有意识实体而存在。奔逃中的一群野牛或一群人，其表现似乎像拥有"一个心智"，但这依然只是个比喻，除非存在一个现象实体，它具有超越构成该群体的个体体验之上的感受。根据整合信息理论，这要求个体整体的灭绝，因为其中每个个体的整合信息都小于该整体的 Φ^{max}。群体中的每一个个体要将自己的个体意识为让渡给群体心智，就像在《星际迷航》的宇宙中被吸收进伯格族的蜂巢心智（hive mind）。

整合信息理论的排他公设并不允许个体心智与群体心智同时存在。因此宇宙之灵（Anima Mundi）被剔除了，因为它要求一切有情识的存在者的心智必须为了支持无所不包的灵魂而灭绝。同样地，并不存在"成为3亿美国公民"的感受。作为一个实体，美国有非常可观的外在因果力，譬如说依法处决公民或发起战争的力量。但美国并没有最大不可还原的内在因果力。国家、公司还有其他群体行动者作为强大的军事、经济、财政、法律和文化实体存在。它们是聚集物但不是整体。它们没有现象实在（phenomenal reality）和内在因果力。[20]

因此用整合信息理论的话来说，单个细胞可能有某种内在存在，但这并不必然适用于微生物群或者树林。动物和人为了自身而存在，但是畜群和人群并非如此。甚至原子也可能为自身而存在，但勺子、椅子、沙丘或是整个宇宙当然不是为自身而存在。

整合信息理论为每个整体设定了两面：一个外在面，为世界所知且与其他对象（包括其他整体）交互作用；一个内在面，感受，即它的体验。这是个孤立的存在，没有直接通向其他整体的内在的窗口。两个或两个以上的整体可以融合而产生一个更大的整体，但却以失去它们先前的身份为代价。

最后，泛心论对机器意识没有说过什么明白易懂的观点。但整合信息理论则与之不同。组成常规数字计算机的电路元件之间的连接是稀疏的，并且其输入与输出之间交叠也很少，因此常规的数字计算机并没有构成一个整体（第13章）。计算机只有少量高度碎片化的内在因果力，不论它们运行的软件是什么，也不管它们的计算力有多强。机器人（Androids），如果它们的物理电路多少与现在的CPU相似，那么它们就无法梦见电子羊。当然有可能建造出高度模仿神经结构的计算机。这种神经形态工程的（neuromorphic engineering）人造物可能拥有大量整合信息。但我们距离那些人造物还非常遥远。

整合信息理论可以被认为将物理学扩展至我们生活的核心事实——即意识。[21]教科书上的物理学解决的是那些由外在因果力指示的交互作用的物体。我和你的体验则是来自具有不可还原的内在因果力的脑的内在感受。

整合信息理论对物质与心智这两个似乎全异的存在领域之间的关系提供了一个有原则的、连贯的、可检验的并且优雅的说明。两个不同种类的因果力是解释宇宙中一切事物唯一需要的东西。[22]这些因果力构成了终极实在。

167 进一步的实验工作对于验证、修正乃至否证这些观点都至关重要。以史为鉴，未来在实验室里和临床上，或者甚至在其他星球上的进一步发现，将会令我们惊异。

我们来到了这次远航的终点。受到我们的北极星——意识——之光的照耀，宇宙表明自己是一个有序之地。它远比现代性更赋有心智，没有被凌驾于自然之上的技术霸权蒙蔽双眼，没有将此视为理所应当。这个观点更贴近敬畏自然世界的早期传统。

体验会出现在意料不到的地方，会出现在大小不等的各种动物中，甚至可能出现在粗鄙的物质本身中。但意识并不会出现在运行着软件的数字计算机中，即便这些计算机巧舌如簧。日益强大的机器会以假冒的意识进行交易，它们甚至能愚弄大多数人。但正是由于在自然的、演化的智能与人造的、工程的智能之间的对立日益迫近，因此就更有必要坚持感受之于鲜活生命的核心作用。

尾声：这何以至关重要？

169　　　我一生的追求就是把握存在的真正本质。我努力地去领会意识——这个与科学疏离了如此之久的主题——如何与一个理性、连贯且能经受经验检验的世界观相符合，这个世界观是由物理学和生物学引入的。在人类不可避免的局限之内，我对这个问题已经有了一定程度的理解。

　　我现在知道，在我身处的宇宙中，体验的内在之光远远比标准的西方正典所以为的要广泛得多。这束内在之光在人类以及动物王国的生民中闪耀，其明暗度与生物神经系统的复杂性相对应。整合信息理论预言所有细胞生命都有可能存在一定的感受。心智与物质紧密关联，它们是同一深层实在的两个方面。

　　这些见解与它们的哲学、科学和美学价值息息相关。然而，我不仅仅是个科学家，我同样追求一种道德生活。从这个抽象的理解中会产生出怎样的道德后果呢？在本书的最后，我想从描述转向规范和禁戒，即转向我们该如何思考善与恶，以及该如何采取行动。[1]

最重要的是，我们必须放弃这样的观念，即认为人类是伦理世界的中心，认为只要合乎人类的目的（end）我们就能赋予自然界的其余部分以价值，这种信念是西方文化和传统中非常重要的一部分。

我们是演化而来的生物，是生命之树上数以百万计的叶子里的一片。的确，我们被赋予了强大的认知能力，尤其是语言、符号思维以及一种强烈的"我"的感觉。科学、《尼伯龙根的指环》（Der Ring des Nibelungen）、普遍人权——这些成就是我们生命之树上的近亲无法做到的，但它们也不会制造大屠杀和造成全球变暖。虽然我们即将跨进一个超人类主义和后人类主义 170 的世界（trans- and posthumanist world），在这个世界中，我们的身体将日益与机器纠结在一起，但我们依旧处在生物学的引力之内[2]。

我们必须治愈人类的自恋情结（narcissism）和我们根深蒂固的信念，即认为动物和植物的存在仅仅是为了人类的愉悦和利益。我们有必要认同这样的原则，即任何主体——任何整体——的道德地位都根源于它们的意识，而不仅仅是它们之为人的资格（humanness）[3]。承认主体的特权等级存在三个理由（justifications）。我把它们称为情识、体验和认知标准。

情绪上，我们最易与他人的情识产生共鸣。当看见孩子或狗遭受虐待时，我们会有一种强烈的本能反应。我们对他们的痛苦感同身受，我们会同情他们。因此任何主体都会遭受痛苦的这一道德直觉不再是一个针对目的的手段，而是目的本身。每个具有感受悲痛之潜能的生物都有某种最低限度的道德地位——最重要的是生存欲望和免受痛苦的欲望。

一个主体遭受痛苦必定意味着这个主体拥有体验。但反过来却不一定正确。我们可以想象一下诸如脑类器官（brain organoids）这样的有感受力的整体以及那种没有意欲避开的痛苦或负面体验的其他由生物工程实现的机构。换一种说法，能遭受痛苦的主体的集合是所有主体的一个子集。即便是最高级的动物也注定要体验生的痛苦，它们首要的生存指令是监控对身体完整性的威胁和对自体平衡（homeostasis）的偏离。

由于整个社会逐渐认识到宠物和家畜在某些方面与人相似，欧洲的现代性孕育了动物权利法案。它们或多或少都能遭受生之痛苦和享受生之愉悦，它们能听、闻、看、触这个世界。它们都有一个内在价值。然而，尽管我们的动物同伴以及少数充满魅力的大型动物（megafauna），像大猩猩、鲸鱼、狮子、狼和秃鹰等，都有公开的辩护人和法律来保护它们，但爬行动物、两栖动物、鱼，或乌贼、章鱼、龙虾这类无脊椎动物却鲜能享受到这样的待遇。

几乎没有人会为鱼的福祉操心，因为鱼不会尖叫哭喊，它们是冷血动物，而且外表与我们截然不同。我们甚至没有给鱼速死的权利——我们会活生生地刺穿它们，摇晃诱饵引诱它们上钩，或将它们倾倒在捕鱼船的甲板上，任由它们在痛苦不堪中窒息而死，渔民对这些做法习以为常。但事实上，各种生理的、激素的、行为的证据都表明鱼对痛苦刺激的反应方式与我们并无不同。我们用这些可怕野蛮的方式每年宰杀近万亿条鱼 —— 万亿条有情识的生物[4]。如果道德世界的弧度向正义倾斜，那么人类就必须认真考虑这种我们皆牵扯其中的程序上的粗暴残忍的行为。

体验的理由认可这种观念，即非人类的物种应当被视为是具有内在价值的主体，因此体验的理由主张任何具有内在观点的实体都是珍贵的。在一个缺乏外在目的的世界里，现象体验是不可取代的。它是唯一真正重要的东西。因为如果一个东西并没有感受，那么它就不是作为主体而存在的。尸体和僵尸都存在着，但它们不是为自我的，而是为他的。

支持这一点的第三个理由是认知能力，即有信念和欲望，有自我感和未来感，能想象各种反事实的状况（"如果我没有失去双腿，那么我仍可以攀登"），有创造的潜力。某种程度上，动物具有这种高级认知能力，因此它们当然享有权利。

但是，我反对仅仅以认知能力为基础认可道德地位。首先，并非所有人都具备这些能力 —— 想一想婴儿、无脑儿，或植物人状态患者和老年痴呆症患者。与健全的成人相比，他们是否只配更低的地位和更少的权利呢？其次，只有少数物种能与智人一同加入精英认知俱乐部。我并不觉得我的狗对未来一周会有足够多的感知。最后，如果我们把道德权利与某些功能性的能力，譬如想象力与智能联系在一起，那么我们早晚将不得不把数字计算机上运行的软件加入我们的俱乐部中。如果它们拥有了人类无法企及的认知特长，那将会发生什么？它们将会在道德上把我们远远甩开。但即便如此，用整合信息理论的话来说，它们其实没有任何感受。

我并非一个碳沙文主义者（carbon chauvinist），支持任何一切有机生命形式具有凌驾于工程的硅基变体（silicon variants）之上的内在优越性。以神经形态结构为基础的计算机至少在原则上拥有内在的因果力，不输于这些伴有法律和道德特权的巨大的脑。

在以上三种理由中，在我看来，情识是支持为什么遭受痛苦的生物应得到特殊地位的最有力的理由。因为我能想象自己孤身一人、饥寒交迫或被殴打，我会感受到对他人的同情或共情。共情，当然是一种有意识体验，而这对于像软件这样的无意识实体来说是不可思议的[5]。

172　　仅仅因为两个物种能遭受痛苦并不意味着它们遭受同样程度或强度的痛苦。在蝴蝶脑与人脑的复杂性以及它们各自意识体验之间存在巨大的鸿沟。我们赋予物种的道德特权应当反映这种现实。它们并不都站在道德阶梯的同一级上。

整合信息理论可以依据对意识的量化来为物种分级，这是个现代版的"存在之巨链"（Great Chain of Being）。古时候称这个严格的等级体系为"自然之梯"（scala naturae）。从基本的土元素开始，存在之链的层级从无机物、植物、动物到人（从平民到君王）不断上升，接着是变节者和真正的天使。顶端当然是至高至美的存在——上帝。

整合信息理论的存在之梯是由任何一个物种的整合信息，Φ^{max}，即该物种的不可还原性或它在多大程度上为自身存在所定义的。[6]这座阶梯最低一级是无体验的事物的集合，接着是水母、蜜蜂、老鼠、狗和人（参见图11.2或图13.4）。这座阶梯并没有自然的上限。毕竟谁知道我们未来会在外星球上发现什么？谁知道在接下来的几个世纪我们会造出什么样的人造物？正如邓萨尼勋爵（Lord Dunsany）写道："人类是非常渺小的存在，而夜晚广奥，充满奇迹。"

我明白这样的等级划分会令人不快。然而，如果我们想要平衡各个物种之间的利益，就必须把体验能力中存在的等级性纳入考量。

情识是呼吁我们在私人和公共领域采取行动的指导原则。对这些观点最直接的响应就是不再食用动物，至少不饕餮具有高度整合信息的动物。成为一个素食主义者将极大减少全世界工厂化养殖所带来的痛苦的总量。

作家大卫·福斯特·华莱士（David Foster Wallace）在2004年为《美食家》（Gourmet）杂志所写的一篇短文"想一想龙虾

吧"中提到，对龙虾而言将其活生生的烹煮是十分骇人的。他反问道：

> 未来一代看待我们如今的农产品行业和饮食习惯，
> 难道不就与我们现在看待暴君尼禄的享乐或阿兹特克
> 人的活祭行为时的反应一样吗？

不食用肉类也能减少工业化畜牧业带来的大量不利于环境和生态的影响。除此之外，拒绝吃肉还能增强我们的身心健康。
173 还有一个更激进的回应就是拒绝一切用于吃穿的动物制品——成为一个严格的素食主义者。这就更难做到了。

随着我们对这个世界上遭受痛苦的知识不断增加，我们必须推进法律，扩大受法律保护的生物的范围。我们需要新的十诫，一个新的人类学，以及正如澳大利亚哲学家和伦理学家彼得·辛格（Peter Singer）[7]强力提倡的，一个新的道德准则。

为了实现转变，现在也出现了种种鼓舞人心的迹象。大部分国家有为我们的物种同伴设立的反虐待法律。许多组织，像"大猩猩计划""非人类权利计划"等都在寻求扩大这些具有大型脑的动物——大猩猩、大象、海豚、鲸鱼——的最低法律权益。大多数法律学校现在都开设了动物权利课程。虽然迄今为止，除了智人以外其他的物种并没有法人（legal persons）地位，无法享有各种相关权益。公司确实是法人，但非家养动物或野生动物却不是。这些动物是法律规定的财产。

　　《新约圣经》在"马太福音"（Matthew）第二十五章中告诫我们："我实在告诉你们，这些事你们即作在我这弟兄中一个最小的身上，就是作在我身上了。"捷克作家米兰·昆德拉（Milan Kundera）在他的小说《不能承受的生命之轻》（*The Unbearable Lightness of Being*）中概括了一条所有生物通用的道德规定：

　　　　人类真正的善，只有在对方不具备任何力量时才能体现出它所有的纯粹和自由。人类真正的道德测试……是看他对待那些受其支配的动物的态度如何。

　　佛教对于情识的观点与之相同。我们应把任何动物都当作有意识的，能感受到"成为……是什么感受"（feeling what-it-is-like-to-be）的存在。这就是在提醒我们该怎么对待一同生存于这个宇宙中的同伴——它们被围在我们的栅栏里，关在我们的笼子中，觳觫在我们的刀枪面前；面对我们对生存空间（lebensraum）冷酷无情且无节制的追逐，它们毫无抵抗力。有一天，人类很可能会为自己是如何对待生命之树上的亲属而受到审判。我们应该将道德立场延伸到所有生物，不论它们是否会说话、哭泣、吠叫、哀鸣、嚎叫、咆哮、啁啾、尖叫、嗡嗡叫或是沉默不语。对于体验生命的一切而言，就让我在永恒的生死两端之间结尾吧。

注释

第一章

1. 参见 Koch（2004），第10页。

2. 笛卡尔在《方法谈》（*Discourse on the Method*，1637）中首次提出了"*Je pense, donc je suis*"的观点，该观点后被译为"*as cogito, ergo sum.*（我思，故我在）"。在《第一哲学沉思录》第二版（*Meditations on First Philosophy*，1641）中，他对这一观点进行了进一步阐述："那么我究竟是什么？一个在思考之物。一个在思考之物又是什么？这是一个既在怀疑、理解、领会、确信、否定、拥有意志、拒绝，也在想象和感觉的东西。"这明确表示，"*Je pense*"一词的意义不仅限于思考，还包括与意识相关的各种心智活动。存在一些真正原初的观念，这就是其中之一。然而在13世纪中叶，托马斯·阿奎那（Thomas Aquinas）的《论真理的争议问题》（*Disputed Questions on Truth*）里这样写道："没有人会认为自身不存在，并且认同这一个事实：自己在思考，故感知到自身存在。"也可参见下一条脚注。

3. 希波的奥古斯丁（Saint Augustine of Hippo）在《上帝之城》（*City of God*）第11卷第26章中指出："然而，无须借助任何表象或幻觉，我便能坚定不移地确认自身存在，我深知我存在，并以此为乐。关于这些真理，我毫不畏惧学者的争论，他们提问：若你错了怎么办？好的，如果我错了，那么我存在（*si enim fallor, sum*）。因为一个不存在的人绝不可能犯错。而如果我犯错，那么我必定存在。既然我错故我在，我如何可能在存在这一问题上犯错误呢？这是因为这一点非常明确，如果我错了，那么我的存在是确凿的。"让我们继续进行这场历史与考古的探究，亚里士多德在《尼各马可伦理学》（*Nicomachean Ethics*）中写道："我们感觉我们感觉到的，并且知道我们知道的，正因我们感觉到这一点，我们才明白自身存在。"我还可以引用巴门尼德的话，而到这里，我们已经触及了西方哲学史思想的基石。

4. 参见Patricia Churchland（1983, 1986）和Paul Churchland（1984）。Rey（1983, 1991）和Irvine（2013）同样详细阐述了这种取消主义者（eliminativist）的观点。

5. 丹尼特在其代表作《意识的解释》（*Consciousness Explained*，1991）以及《从细菌到巴赫，再回来》（*From Bacteria to Bach and Back*，2017）第14章中，他提及人们对于自身体验的困惑。当他们谈论意识时，他们真正要表达的是其对心智状态有确定信念。每一个心智状态都有特定的功能属性以及特有的行为和给予性（affordance，又译为"功能可见性"）。一旦这些"效果"（outcomes）得到解释，意识的概念便无须过多阐 176

述。关于痛苦和红性，它们没有任何内在的东西，意识的一切都在"所为"（doing）中。丹尼特频繁地使用"幻觉"（*nomen est omen*）一词，并且他相信意识是真实的，但其中没有任何内在属性。这种观点既不连贯，又与我们难以言说的生动体验极不协调。丹尼特认为，像我这样相信意识有内在的真实本质的人是"歇斯底里的实在论"。但在我看来，丹尼特的《意识的解释》应该更名为《把意识解释没了》（*Consciousness Explained Away*）。丹尼特的写作风格独具匠心，善于运用丰富多彩的隐喻、类比及历史典故。这些文学手法令人印象深刻，生动有趣，有效地吸引读者的想象力。但这些修辞手法往往难以与基础机制相关联。弗朗西斯·克里克曾提醒我谨慎对待那些文采飞扬的学者，这里他特别提到了西格蒙德·弗洛伊德（Sigmund Freud，曾获诺贝尔文学奖提名）和丹尼特。法伦（Fallon, 2019a）赞同丹尼特看待意识的立场并给出解释。请注意，有许多不同的思想流派否认关于意识的根深蒂固的直觉，包括取消的物质主义（eliminative materialism）、虚构主义（fictionalism）和工具主义（instrumentalism）。

6. 参见Searle（1992），第3页。

7. 参见Strawson（1994），第53页。1929年，宇宙学家和哲学家阿尔弗雷德·怀特海（Alfred Whitehead）猛烈抨击那些自命为"经验主义者"（empiricists）的人，认为他们一直忙着将体验这个明显事实解释掉。Griffin（1998）这部鲜为人知的著作优雅地引领我潜入这些深奥的哲学水域。

8. 纵贯全书，我使用"intrinsic"一词来指内在于主体的东西，并没有遵循分析哲学家那样从技术意义上使用这个术语（参见，Lewis, 1983）。与作为基本粒子的内在属性的质量和电荷不同，意识的存在依赖于背景条件或者说边界条件，例如，依赖于心脏的跳动。

9. 参见Nagel (1974)。此外，一个智能存在，比如计算机，甚至有可能根据这种严格的客观意识理论，推导出经验的存在和性质，即使它本身没有经验。

10. 视觉与嗅觉的组合共同创造出一种单个体验。然而，在特定情境下，我能够将注意力从视觉模式切换至嗅觉模式，从而实现从视觉主导到嗅觉主导的感知体验。

11. 丹顿（Denton, 2006）探索了这种被称为排尿（micturition）冲动的生理学。他在书中将意识的历史起源追溯至与空气的必要需求相关的本能行为，没有什么比无法呼吸和其他生命维持功能更能激起人急促且有力的反应，例如疼痛、口渴、饥饿、盐和排尿。

12. 苏珊·布莱克摩尔（Susan Blackmore）的心理学家身 177 份，使其在2011年出版的《禅与意识的艺术》（*Zen and the Art of Consciousness*, 2011）一书中，以简洁而引人入胜的方式，记录了自己通过冥想探索心智中心的过程。然而，在此过程中，她逐渐对自己的存在产生了怀疑，并得出了一系列结论，如"我什么都不是""我不是一个持续的有意识的存在者""看不需要在脑中出现生动的心智画面或电影""意识没有内容"。尽管我尊重她勇于探索现象学的态度，但这一系列结论恰恰凸显了内省方法的局限性，以及为何许多心智哲学研究显得颇为匮乏。事实上，演化并未使人类心智具备全面了解脑各状态的能力。我们无法仅通过内省来探索意识科学。

13. 参见Forman（1990a），第108页。在翁贝托·艾柯的《玫瑰之名》的结尾部分，修道士艾索（Adso）以艾克哈特式的语言展现出了强大的影响力："我将很快踏入这片广袤的沙漠，一片完全平坦且无边无际的土地，在那里，诚挚的信仰之心向幸福屈服。""我将沉浸在神圣的阴影之中，无言的沉默与一种难以言喻的融合之中，在这种沉浸中，所有的平等与不平等都将消失。在那个深渊里，我的精神将失去自我，无法分辨平等与不平等，或其他任何事物，所有的差异都将被遗忘。"

14. 由16世纪的寺院瑜伽士达布扎西南嘉（Dakpo Tashi Namgyal, 2004）。

15. 现象整合（phenomenal integration）有各种各样的形式，如空间、时间、时空、低层次的以及语义的（Mudrik, Faivre, & Koch, 2014）

16. 在《道德谱系学》（The Genealogy of Morals）一书中，尼采述了"仅有一种观察的视角，也仅有的一种认知的视角"的观点。哲学家托马斯·梅辛格（2003年）对相关概念进行了区分，包括：属我性（mineness）、自我性（selfhood）以及视角性（perspectivalness）。

17. 当前时刻的主观奇点与广义相对论中所描述的恒定、永恒四维时空观存在差异。在广义相对论中，时间被视为一种维度，过去、未来与现在同样真实。彭罗斯（Penrose, 2004）深入研究了现在主义（presentism）与永恒主义（eternalism）之间的矛盾。

18. 关于体验是否如隐喻所暗示的那样不断演化，尚无明确证据。在我2004年出版的教科书的第12章（也可参阅VanRullen, Reddy, & Koch, 2010; VanRullen, 2016），我探讨了静态视角的心理学依据。在静态视角上，每一个主观体验的当下时刻都是一系列离散快照（snapshots）中的一个，就像串在绳子上的珍珠一样，叠加着变化的感知。每个时刻在客观意义上持续的时间是可变的，并且与潜在的神经生理学有关，例如，与主导振荡模式的持续时间有关。这解释了遇到事故的情境下出现的持续时间延长的感觉，如"当我坠落的时候，我看见自己的人生在眼前闪过"或者"他花了好长时间才举起枪瞄准我"（Noyes & Kletti, 1976; Flaherty, 1999）。

19. 这是改写自托诺尼（Tononi, 2012）。另一种说法是"每一种意识体验都是为自身而存在的，是有结构的，是众多体验中的一个，是唯一的，而且是确定的。"

第二章

178   1. 在多元宇宙中, 诸多宇宙并存, 然而它们却超出了我们的因果关系触及的范围, 仅能通过已知物理学的边界推断其存在。尽管其他人的体验对我而言是不可观测的, 但至少在理论上是可通达的, 因为我能够通过多种方式与他们的心智进行互动, 进而产生各种不同的体验。戴维 (Dawid, 2013) 曾在弦理论背景下探讨了不可观察对象在认识论上的地位。另一个不可观测存在物的实例, 便是科学家们所设想的黑洞内部的防火墙。(firewalls) (Almheiri et al., 2013)。

          2. 有些社会似乎按照截然不同的推理原则运行着。《别睡, 这里有蛇》(Don't Sleep, There Are Snakes, 2008) 讲述了丹尼尔·埃弗里特 (Daniel Everett) 在皮拉罕 (Pirahã) 的冒险经历, 这个地方是位于亚马逊丛林中的小型土著部落。埃弗里特是一位语言学家与前传教士, 他通过他所谓的直接经验 (immediacy of experience) 原则解释了皮拉罕人极其简单的文化和语言的大量特征。众所周知, 皮拉罕人的语言缺乏递归性。在皮拉罕人看来, 唯有他们目睹、听闻或经历的事物, 以及亲眼见证事件的第三方报告, 方可被视为真实。正因为无人亲眼见过耶稣, 皮拉罕人对关于他的故事均予以忽略, 这也解释了为何试图让他们皈依基督教的努力终归徒劳。另一方面, 皮拉罕人认为梦境中的事物亦属真实, 而非单纯想象。皮拉罕人彻底的经验主义与他们没有创世神话、小说或类似曾祖父母概念的现象相吻合 (这归因于他们平均寿命较低, 只有极少数皮拉罕人有关于曾祖父母的直接知识）。

3. 赛斯（Seth，2015）指出，脑与科学方法在本质上均采用溯因推理，从残缺不全且嘈杂的感觉及仪器数据中推导出关于外部世界的事实及规律。同样地，霍维（Hohwy，2013）也认为，脑利用溯因推理来推断外部世界的真实情况以及自身可能采取的行动。

4. 心理物理学，或曰实验心理学，溯源至19世纪上半叶，德国学者古斯塔夫·费希纳（Gustav Fechner）与威廉·冯特（Wilhelm Wundt）为其创立者。时光荏苒，近两个世纪已逝，然而意识这一主题在诸多神经科学教材与课程中仍被视为禁忌，颇为引人注目。值得注意的是，这些教科书与课程并未涉及成为脑主人的体验。Palmer(1999)和Koch(2004)两部严肃对待视觉现象学的著作，为研究领域提供了重要参考。也可参见Bachmann et al.(2007)。

5. 对于视觉体验的时间进程，共同体（community）大致分为早起阵营和晚起阵营。（参见我在2004年出版的教科书的第15章；Railo et al.，2011；Pitts et al.，2014，2018；Dehaene，2015）。

6. 即便观察相同的图像，由一个试验过渡到另一个试验，脑的状态也永远不会完全相同。视觉中心的神经细胞中，突触和细胞器处于持续的活跃状态，它们的精确值每毫秒都在不断变动。因此，知觉领域缺乏可测量的"全或无"（all-or-none）[179]

阈值，并不意味着该阈值不存在。参见Sergent and Dehaene（2004）；Dehaene（2014）。

7. 参见大卫·马尔的专著《视觉》（*Vision*）（David Marr，1982）。

8. 在运用中，还存在其他信心指标。一种变异形式是，参与者以较小金额的赌注为基础，根据对自己反应的信心程度进行下注。当这些协议得到恰当运用时，意识的主观和客观测量可以实现有效互补（Sandberg et al., 2010；Dehaene, 2014）。

9. Ramsoy and Overgaard（2004）和Hassin、Uleman and Bargh（2005）探讨无意识的启动和其他形式的潜意识概念。其中许多效应的统计有效性值得怀疑。事实上，一些原始发现无法被重复，或者在重复时显示出明显较弱的效应（Doyen et al., 2012；Ioannidis, 2017；Schimmack, Heene, & Kesavan, 2017；Biderman & Mudrik, 2017；Harris et al., 2013；Shanks et al., 2013）。遭受规模较小且统计不足的实验之困，这些实验需经过激烈的出版筛选，倾向于发表阳性结果。心理学领域已正视此重复危机，并着手解决。预注册实验崛起，尤为令人期待，此类实验事先确立准确方法、分析程序、被试以及测试的数量、拒绝标准等。多个国家已在新药临床试验或其他关乎患者生命的治疗干预中设立类似登记处。

10. 参见 Pekala and Kumar（1986）。

11. 现 象 意 识（phenomenal consciousness）与 通 达 意 识（access consciousness）之间的区别是由哲学家内德·布洛克（Ned Block，1995, 2007, 2011）提 出 的。O 'Regan et al.(1999)、Kouider et al.(2010)、Cohen and Dennett(2011)和 Cohen et al.(2016)认为意识的信息含量很小。有意识知觉的有限能力，也被形容为 7 ± 2 块信息，或者使用不同的测量方法，每秒 40 比特，这一点也在其他文献（Miller, 1956; Norretranders, 1991）中讨论过。托诺尼（Tononi et al. 2016）和霍恩等（Haun et al. 2007）主张使用能避开有限的短时记忆瓶颈的创新技术来获取丰富的体验内容。

12. 有关非意识的最佳实证研究，请参见《无意识新论》（*The New Unconscious*，Hassin, Uleman, & Bargh, 2005）。

13. 参见 Koch and Crick (2001)。

14. 沃德和韦格纳（Ward and Wegner，2013）发表了关于心智空白的文献综述。基林斯沃思和吉尔伯特（Killingsworth and Gilbert，2010）讨论了快乐与心智空白之间的微妙关联。

15. 引自伍尔夫（Woolf）的随笔集《存在的瞬间》（*Moments of Being*），摘自《过去的素描》（*A Sketch of the Past*)。

16. 参见 Landsness et al. (2011)。

17.在医学领域，特里·夏沃的病例并无争议。她表现出短
180 暂的自发性动作，如转头、动眼等，但这些动作并非可重复、可
持续或具有目的性。脑电图（EEG）检测结果显示她不存在脑电
波，这意味着她的大脑皮层已停止运作。此结论在随后的尸检
中得到了证实（Cranford，2005）。

18.参见Koch and Crick（2001）以及Koch（2004），第12-13章。

第三章

1.2013年1月，印度南部的哲蚌寺（Drepung Monastery）举
办了一场专题研讨会。《修道院与显微镜》（*The Monastery and
the Microscope*，Hasenkamp，2017）一书非常生动地再现了这
两种截然不同传统的学者之间辩论的起起落落。

2.笛卡尔在1638年给普伦皮乌斯（Plempius）的一封信中
[《哲学著作》（*Philosophical Writings*）第3卷第81页，科廷厄姆
（Cottingham）等译，剑桥大学出版社]阐述道："这一点被一个
完全判决性的实验否决。我出于好奇曾多次观察此事，并为了
撰写此信，于今日再度进行了实验。实验过程如下：首先，我剖
开一只活兔的胸腔，移除肋骨，使心脏和主动脉暴露无遗。接着，
我用线将主动脉系在距离心脏较远的位置。"

3.我优先选择哺乳动物的原因在于，人大脑与其他哺乳动
物的脑在结构和生理方面具有显著的相似性。相较于那些神经

系统与我们存在很大差异的动物（如苍蝇或章鱼），从哺乳动物中推断它们的意识更具可行性。

4. 根据DNA中的单核苷酸多态性（single nucleotides polymorphisms，SNP）来判断，人与黑猩猩的差异只有1.23%，相比之下，两个随机抽选的人类之间的SNPs差异为0.1%。然而，在两个物种的基因组间大约有"9 000万"的插入与缺失，总共为4%的变异。这些差异自物种最后一个共同祖先开始经历了500到700万年的形成过程（Varki and Altheide, 2005）。哺乳动物的祖先是一个生活在6 500万年的毛茸茸的动物，相关内容可参阅O'Leary et al.（2013）。

5. 老鼠大脑皮层神经元数量约为"1 400万"，而人类大脑皮层神经元数量高达160亿（Herculano, Mota, & Lent, 2006；Azevedo et al., 2009）。尽管存在千倍之差，但在这两个物种的脑部，每五个神经元中就有一个为皮层神经元。

6. 在艾伦脑科学研究中心的一场"全体员工"会议上，我对参会者进行了一次识别测试。要求他们通过手机软件投票判断十二个皮层神经元中哪些属于人类，哪些属于老鼠（图3.1）。鉴于人类新皮层的厚度为2—3毫米，而老鼠新皮层小于1毫米，它们的总长度构成了一个显著的线索。因此，在测试中我刻意隐藏了标尺。结果显示，参与者们的投票准确性仅略高于随机猜测。这并不意味着人们无法通过训练识别这两个物种的细胞（我相信他们具备这种能力）。关键在于，尽管这两个物种的神经形态在很大程度上保持保守，但它们最后一个共同祖先生活在6 500万年前（O'Leary et al., 2013）。

7. 脑化指数（encephalization quotient，EQ）是神经解剖学家为比较不同物种脑部特征所创建的指标，它反映了脑质量与同类别标准脑质量的相对比例。据此，人脑尺寸相较与之体重相当的典型哺乳动物大了7.5倍，其他哺乳动物的脑化指数则相对较小。关于前额皮层大小与身体大小的关联，目前尚未有明确解释。然而，在脑部规模上，人类已独占鳌头。近期研究发现，长鳍领航鲸（海豚的一种）拥有超过370亿个皮层神经元；而人类皮层神经元数量仅为160亿。这对智能的影响尚未可知，更不必说意识了 (Mortensen et al., 2014)。后续将在第11章末尾进一步探讨此话题。

8. 人们对会悲伤的动物已经进行了相当详细的研究（参见King, 2013）。

9. 人类与其他哺乳动物观察这个世界的方式存在诸多有趣的差异，其中颜色认知方面的研究颇为丰富。几乎所有哺乳动物，包括色盲人群，皆通过两种波长敏感的锥形光感受器（二色视觉，dichromacy）来感知颜色。猩猩与人类的色盘更为丰富，这是因为它们具备三种椎体（三色视觉，trichromacy）。根据色彩视觉的遗传学原理，部分女性甚至携带四种不同感光色素的基因（四色视觉，tetrachromacy），使她们能够察觉到常人难以发现的细微色彩差异。然而，目前尚不清楚这些女性在脑部是否具有额外的光谱信息优势（Jordan et al., 2010）。

10. 关于尼安德特人（Neanderthals）、丹尼索瓦人（Denisovans）以及其他已灭绝的原始人类是否具有意识体验的问题，通常不在相关背景下的讨论范畴之内。

11. 麦克菲尔（Macphail，1998，2000）提出了童年期遗忘（childhood amnesia），即成人不能准确地回忆童年阶段在2-4岁前发生的事，作为他激进猜想的证据，按照他的观点，动物和婴儿缺乏自我感和语言，没有任何体验。还有一种更激进的意识观，极度无视生理学与演化，以语言为前提，该观点出自朱利安·杰恩斯（Julian Jaynes），一位才华横溢的、有时不拘一格的科学家，其极不合理的观点一直非常受欢迎，例如在流行的科幻剧集《西部世界》（Westworld）中得到体现。在《二分心智的崩塌：人类意识的起源》（The Origin of Consciousness in the Breakdown of the Bicameral Mind，Jaynes，1976）中，他提出意识是一个学习过程，在公元前2000年，当人类发现脑海中的声音并不是神在和他们说话，而是他们自己内在的话语的时候，意识便应运而生。读者应当相信，在那一刻来临前，这个星球上的每一个人都是一个僵尸。虽然他的观点富有诗意、充满隐喻，并涉及有趣的考古、文学和心理学内容，但遗憾的是，其核心理论缺乏脑科学依据，也无可供验证的假设。他的核心理论是彻头彻尾的废话。格林伍德（Greenwood，2015）则提供了一个比较平和的智能发展史。

12. 尼科尔斯（Nichelli，2016）概括了大量关于意识和语言的学术文献。

13. Bolte Taylor（2008）。关于她的体验的解释，尤其关于自我意识的解释，可参见 Morin（2009）和 Mitchell（2009）。马克斯（Marks，2017）以第一人陈视角雄辩地描述了没有内心声音的生活。

14. 参见 Lazar et al.（2000），第1223页。

15. 有关大量文献的评论，参见 Koch（2004）第17章、Bogen（1993）以及 Vola and Gazzaniga（2017）。对于裂脑患者的不同观点，请参见第10章的注释3。在几乎所有惯用右手的受试者中，主导的语言半球为左半球。然而，对于左撇子来说，情况较为复杂，部分左撇子的主导半球仍为左半球，有的则为右半球，还有部分没有强烈的偏侧性（laterality）。为确保简洁，本书中假定语言占主导地位的"说话半球"为左半球。Bogen and Gordon（1970）和 Gordon and Bogen（1974）探讨了唱歌时脑右半球的参与程度。

16. 记载最为详尽的野孩子案例，要数洛杉矶的吉妮（Genie）。她长期遭受父亲的严格束缚、营养不良以及与世隔绝，直至青少年时期才被公众所知晓。她的经历令人对这种针对无助儿童的恶魔行为感到义愤填膺（Curtiss，1977；Rymer，1994；Newton，2002）。

17.这句引人注目的短语出自Rowlands（2009）。

第四章

1. 参 见 Johnson-Laird（1983） 和 Minsky（1986）。Bengio（2017）将这个隐喻更新为深层卷积网络。

2. 在摩根的经典教科书《比较心理学导论》（*An Introduction to Comparative Psychology*，1894）中，对这一观点进行了精辟阐述："在任何情况下，若某一行为可被诠释为较低级心理能力所致，则不宜将其视为高级心理能力运用之结果。"关于相关背景知识，建议参阅《斯坦福哲学百科》（*Stanford Encyclopedia of Philosophy*）中"动物意识"（Animal Consciousness）条目。

3. 参见杰肯道夫（Jackendoff）的著作《意识与计算心智》（*Consciousness and the Computational Mind*，1987），以 及 Jackendoff（1996）和Prinz（2003）。

4. 在精神分析中，我们不得不承认，心智过程本身具有无意识特性，并且把通过意识的方式对它们的知觉比作通过感觉器官对外部世界的知觉（Freud, 1915, 第171页）；亦或如弗洛伊德所言："我们恍然大悟，就像一个新的发现，只有曾经的感知才能成为有意识的，并且从中产生的一切（除了感受）如果想要变成有意识的，就必须试着将自己转化为外部感知"（Freud, 1923, 第19页）。弗洛伊德最早涉足无意识这一广阔领域，它是情绪生活的隐秘源泉。曾在纷繁复杂的恋爱关系中挣扎过的你，定会对爱与希望、悲伤与热情、怨恨与愤怒、恐惧与绝望的纷争深感熟悉，它们让你陷入其中不能自拔。探究内心深处的欲望与动机，让它们浮出水面，这或许相当困难，因为它们隐藏在心智的暗黑角落，意识的光芒无法照及。

5.参见Crick and Koch（2000）；Koch（2004），第18章。

6.参见Hadamard（1945）；Schooler, Ohlsson, and Brooks（1993）；Schooler and Melcher（1995）。

7. 参见Simons and Chabris（1999）。西蒙斯和莱文（Simons and Levin，1997, 1998）对现实生活中诸多注意力缺失现象进行了深入研究。除了最明显的连续性错误，电影观众在观影过程中往往不会注意到其他错误（Dmytryk, 1984）。非注意视盲（Inattentional blindness）和变化视盲（change blindness）是另外两个值得关注的现象，即无法看到完全处于视野中的事件或物体，这揭示了感知的局限性（Rensink et al., 1997; Mack & Rock, 1998; O' Regan et al., 1999）。

8. 连续闪烁抑制（continuous flash suppression）是一种广泛应用于抑制意识视野中图像的技术（Tsuchiya & Koch, 2005; Han, Alais, & Blake, 2018）。运用这种技术，Jiang和其他研究者（2006）使志愿者无法看到裸体男女的照片。无意识的注意在众多实验中得到了验证，这些实验操控了自下而上和自上而下的空间、时间、基于特征和基于对象的注意力（Giattino, Alam, & Woldorff, 2017; Haynes & Rees, 2005; Hsie, Colas & Kanwisher, 2011; Wyart & Tallon-Baudry, 2008）。

9. 参见Bruner and Potter（1964）; Mack and Rock（1998）; FeiFei et al.（2007）。Dehaene et al.（2006）and Pitts et al.（2018）认为，体验离不开选择性注意。

10. 参见Braun and Julesz（1998）; Li et al.（2002）; FeiFei et al.（2005）; Sasai et al.（2016）。在第10章我将回到边听音乐边开车这个常见的例子。

第五章

1."脑中留下的印迹"这一表述，形象地描绘了我们所探寻的目标，它暗示着印迹产生的原因难以察觉，只能通过推测加以推断。

2. Gross（1998）的第一章概述了古代的古典时期对脑科学的贡献。

3. 亚里士多德相信脑对于身体和心脏的正常运作是必不可少的，但对心脏而言，脑起到的是辅助作用（Clarke, 1963）。这一观点源于其著作《论动物的部位》（*Parts of Animals*, 656 a.）。他接着写道："脑不可能是任何感觉的原因，因为它本身就 184

像任何分泌物一样完全没有感受。……然而，在《论感觉》（*Sensation*）一书中，亚里士多德已经清楚阐明，是心脏区域构成了感觉中心。"

4. 齐默（Zimmer，2004）对托马斯·威利斯（Thomas Willis）和17世纪饱受内战摧残的英国的描述，使得这位神经病学的创始人声名鹊起。解剖图是由当时名不见经传的年轻建筑师克里斯托弗·雷恩（Christopher Wren）绘制的。

5. 作为一项独特的实践，科学拥有其专属的职业精神、研究方法，以及与伪科学、技术、哲学和宗教的明确分界。"科学"及"科学家"这两个词汇[最初由威廉·惠威尔（William Whewell）在1834年提出]皆可追溯至这一历史时期。关于此主题的详细阐述，请参见Harrison（2015）著作。

6. 直至1891年，德国组织学家威廉·冯·瓦尔代尔-哈茨（Wilhelm von Waldeyer-Hartz）方才提出了"神经元"这一概念，用以描述脑的细胞单元。尽管神经元备受瞩目，但实际上，大脑中的细胞约有一半并非神经元，而是其他类型的细胞，如神经胶质细胞（包括星形胶质细胞和少突胶质细胞）、免疫细胞（如小神经胶质细胞和血管周围巨噬细胞）以及血管相关细胞（如平滑肌细胞、周细胞、内皮细胞）。总的来看，它们的多样性都不如神经元（Tasic et al., 2018）。

7. 此处所提及的仅为调控中枢神经系统的化学突触。电突触在神经元之间形成直接且低电阻的连接。然而，在成人脑皮质中，电突触的分布并不广泛，具体信息请参见我的生物物理学教材（Koch, 1999）。

8. 不妨试想，假若我们一生中仅经历一两次梦境，那么这些夜间的心智漫游将具有多么非凡的意义啊！

9. 从清醒到浅层睡眠的转变可能发生得非常突然。这种现象表现为眼球的渐进式移动，与缓慢的扫视并无明显区别。在非快速眼动睡眠阶段，脑电图由高频、低电压波转变为较低频率的高电压尖波模式。在猴子中，这种眼睛的摆动偏差、脑电图模式的变化和假定的意识丧失的表现之一是脑干中的一群"全能神经元"（omnipause neurons）突然停止放电，过渡时间不到一毫秒（Hepp, 2018）。这些实验需要跟进，因为它们可能会揭示系统在这个时间点上正在经历的急剧相变。

10. Debellemaniere et al. (2018) 详细介绍了该设备及其成功的实地测试。关于其背后的科学原理，可参见 Bellesi et al. (2014)。非侵入性脑机接口所面临的挑战主要源于眼睛、下巴和头部运动、出汗以及电极松脱等因素产生的并发影响。在此背景下，机器学习发挥了积极作用。

11. 高达70％的被试在从非快速眼动期醒来时，报告有梦境[185]体验（Stickgold, Malia, Fosse, Propper, & Hobson, 2001）。然而，在少数情况下，当被试从快速眼动睡眠中被唤醒时，他们却否认有任何体验。因此，与清醒状态不同，睡眠与意识体验的产生或消失可能存在关联。此外，梦境体验可以呈现多种形式，从纯粹的视觉和听觉，到纯粹的思维，再到简单的图像以及随时间展开的故事。因此，仅通过评估传统的脑电图特征来判断是否做梦具有一定的困难(Nir & Tononi, 2010; Siclari et al., 2017)。

12. Schartner et al.(2017)确实发现，使用蓝波-立夫(Lempel-Ziv)复杂性评分，在氯胺酮(ketamine)、麦角二乙酰胺(LSD)和裸盖菇素(psilocybin)诱导的幻觉期间，脑磁图(magnetoencephalography, MEG)信号比清醒时更多样化(参见第9章)。

13. 弗朗西斯·克里克的离世，对我产生了既在预期之中又出乎意料的巨大影响。我曾在一个很受欢迎的"飞蛾"(Moth)电台和一本书的章节中谈到了"上帝、死亡和弗朗西斯·克里克"这一主题(Koch, 2017c)。克里克的专著《惊人的假说》(*The Astonishing Hypothesis*, 1994)至今仍是介绍脑科学重大问题的最佳著作之一。Ridley(2006)很好地诠释了克里克的性格。还可以参阅克里克的生动自传《疯狂的追求》(*What Mad Pursuit*, 1988)。

14. 克里克和我制定了一个实证项目来寻找视觉觉知的神经相关物(NCC)(Crick & Koch, 1990, 1995; Crick, 1994; Koch, 2004)。哲学家大卫·查默斯是第一个以更严谨的方式定义NCC的人。多年来，"意识的神经相关物"这一概念经历了一个深入的剖析、提炼、扩展、改造和摒弃的过程。关于这一主题的详细内容，我推荐Miller（2015）所编辑的卓越论文集。

在这本书中，我使用了Koch et al.（2016）中的操作定义。Owen（2018）在托马斯·阿奎那的人类本体论和亚里士多德因果形而上学的框架内解释了NCC。

15.作为一名每天与脑打交道的神经科学家，会很容易陷入一种态度，认为神经元是导致意识的主要因素，这带有典型的二元色彩（Polak & Marvan, 2018）。

16.在一个70公斤的成年人体内，约有25万亿个红细胞，占据了体内30万亿细胞中的绝大多数。然而，仅有不到2 000亿个细胞（占比不到1%）构成了脑，其中一半为神经元。同时，该个体还拥有约38万亿个细菌，即微生物组（Sender, Fuchs, & Milo, 2016）。

17.参见Kanwisher, McDermott, & Chun（1997）; Kanwisher（2017）; Gauthier（2017）。

18.参见Rangarajan et al.（2014），第12831页。

19.当左侧梭状回区域受到刺激时，面部扭曲现象不存在或仅限于简单的非面部感知，如闪烁、闪耀、移动的蓝球和白球以及闪光（Parvizi et al., 2012; Rangarajan et al., 2014; 也可见Schalk

et al., 2017）。在最近两项针对癫痫患者的研究中，电刺激产生
186 的左右不对称反应得以反转（Rangarajan & Parvizi, 2016）。这些
研究强调了"相关性不等于因果性"的原则。仅因某一区域在对
某一景象、声音或动作做出反应时活跃（相关性），并不意味着
该区域对景象、声音或动作具有必要性（因果性）。

20. 部分患者在经历大脑皮层梭状回面部区域附近的中风
后，会出现脸盲症状（face-blind）。此外，部分人自幼即患有
脸盲症，以至于在繁华的机场无法识别自己的伴侣。此类人群
在人群中会感到不适，这可能给人留下拘谨或冷淡的印象，然
而实际情况并非如此。知名脸盲症患者奥利弗·赛克斯（Oliver
Sacks）偏好我在他的公寓而非拥挤的餐馆与他见面，以避免尴
尬的境地（Sacks, 2010）。

第六章

1. 参见 Bahney and von Bartheld（2018）。

2. 参见 Vilensky（2011）；Koch（2016 b）。

3. 这些核团（如图 6.1 所示）直接或通过基底前脑内的一跳
中介物（one-hop intermediaries）投射至下丘脑、网状核、丘脑
的椎管核及大脑皮层（Parvizi & Damasio, 2001；Scammell, Arrigoni
& Lipton, 2016；Saper & Fuller, 2017）。可以将这些脑干核团视为
开关。在某种情况下，脑保持清醒并能维持意识；在另一种情况

下，尽管身体处于睡眠状态，但脑的部分区域仍保持活跃；在第三种情况下，神经元在大脑皮层内周期性地在活跃与不活跃状态之间切换 —— 这是深度睡眠的典型特征之一。

4. 根据研究，四位巴西老年男性的脑中总计拥有860亿个神经元，其中690亿个分布在小脑，160亿个分布在大脑皮层（von Bartheld, Bahney, & HerculanoHouzel, 2016；也可参见 Walloe, Pakkenberg, & Fabricius, 2014）。其余的结构，包括丘脑、基底神经节、中脑和脑干，总计约占全部神经元的1%。值得注意的是，女性脑的神经元数量平均比男性少10%—15%，但目前尚无明确原因可以解释这一现象。

5. 小脑损伤会造成非运动缺陷，导致所谓的小脑认知情感综合征（cerebellar cognitive affective syndrome）。

6. Yu et al.（2014）对出生时没有小脑的女性的脑进行了成像。《经济学人》（Economist）于2018年圣诞版刊登了一篇关于成长过程中没有小脑的新闻报道，讲述了11岁的美国男孩伊森·德维尼的故事，标题是"伊森小队 —— 无小脑男孩的一家人找到了替代它的办法"。其他小脑发育不全的病例，可参见Boyd（2010）以及Lemon and Edgley（2010）。迪安等人（Dean et al., 2010）认为，小脑的功能类似自适应滤波器。

7. 直到最近，通过对小鼠的全脑重建，锥体细胞轴突的广阔范围才进入人们的视野，每个单独的轴突通过侧分支连接到许 187

多遥远的区域。老鼠的脑可以方便地塞进一个边长10毫米的方糖中，单个轴突的总布线长度可以超过100毫米，这是一个广泛的细线网（Economo et al., 2016; Wang et al., 2017 a,b）。由此及彼，人类脑比老鼠约宽1 000倍，这意味着单个皮质轴突的长度可达1米，有数千个侧分支，每个分支支配着几十个神经元。

8. Farah(1990)和Zeki(1993)对皮层失认症进行了全面研究。Gallant et al.(2000)和von Arx et al.(2010)分别描述了这两种颜色感知丧失的患者。Tononi, Boly, Gosseries, and Laureys (2016)讨论了意识和病感失认症（anosognosia）。Heywood and Zihl (1999)描述了看不到运动的患者，即运动失认症（*cerebral akinetopsia*，但病人的听觉和触觉通道内的运动感知未受到影响）。欲体验顶级文学盛宴，我力荐已故神经学家奥利弗·萨克斯（Oliver Sacks）就该主题所著的佳作。

9. 在病感失认症患者中，大脑负责调节某一特定体验（如光谱颜色）的区域受到损坏，从而导致关于颜色的具体认知也被破坏（除了抽象的意义——你知道蝙蝠依靠声呐探测猎物，但却不知道那是什么感受）。

10. "热区"一词最早出现在Koch et al. (2016)中。许多老的因果临床证据很容易被遗忘，而倾向于仅仅是相关性的最近的影像数据。关于这种冲突可参见 Boly et al. (2017)及Odegaard, Knight, and Lau (2017)。值得注意的是，来自斯坦尼斯拉斯·迪昂团队的金等人(King et al. 2013)的实验强调了后皮层在严重脑损伤患者中的重要性。在这场辩论中，许多参与者正在进行对抗性合作，试图通过商定的预注册协议来解决这两种不同的观点 (Ball, 2019)。

11. 外科医生在手术过程中面临的一个严峻挑战便是确定切除脑组织的恰当范围。若切除过多，可能导致患者出现失语、失明乃至瘫痪等并发症；反之，若切除过少，肿瘤组织可能得以保留，或癫痫症状持续发作（Mitchell et al., 2013）。

12. 前额皮层在这里被定义为前额粒状皮层（frontal granular cortex）—— 即布罗德曼区 8-14 区和 44-47 —— 以及非粒状前扣带回皮层（Carlen, 2017）。在所有灵长类动物中，智人的大尺寸前额叶皮层使其脱颖而出（参见 Passingham, 2002）。

13. 通常，高级心智能力，如思考、智力、推理、道德判断等，相较于基础生理功能，如语言、睡眠、呼吸、眼球运动或反射，具有更强的抗脑损伤能力。这些功能均与特定的神经回路相关。这一基于一个世纪神经外科实践的规律，往往未被脑成像技术所充分考虑（Odegaard, Knight, & Lau, 2017）。Henri-Bhargava et al.（2018）对前额叶病变的临床评估进行了总结。萨克斯的引用参考了 Sacks（2017）的研究。

188

14. Brickner（1936）详尽地讲述了著名额叶患者乔·A（Joe A）的病史。在患者去世 19 年后，尸检结果证实外科医生确实将其脑中的 8-12、16、24、32、33 以及 45-47 区的布罗德曼区移除，仅保留了6区和布罗卡区，从而使患者仍具备语言能力。这段内容摘自第304页。

15. 患者K.M.接受了近乎全面的双侧前额叶切除手术（涵盖双侧布罗德曼区9-12、32、45-47），术后其智商得以提升（Hebb & Penfield，1940）。

16. 为了更深入地探讨神经病学在脑部常规成像前的状态，以及如何在活着的病人中区分白质和灰质结构（这在早期的X射线技术下是无法实现的），我推荐阅读匈牙利作家、剧作家、记者弗里杰什·卡林西（Frigyes Karinthy）的自传《我的头骨之旅》（A Journey Round My Skull，1939）。作者发自肺腑地描绘了他的亲身经历：一个巨大的脑部肿瘤使他不得不接受外科手术，而在手术过程中，他始终保持清醒。

17. Mataro et al.（2001）讲述了这位患者的故事。另一个例子是一位双侧前额叶严重受损的年轻女性。尽管在额叶测验中成绩不佳，但她并未丧失感知能力（Markowitsch & Kessler, 2000）。搜索"油管"（YouTube）网站上的"半个脑袋的男人"，即可找到一个令人震惊但尚未详细记录的案例。卡洛斯·罗德里格斯（Carlos Rodriguez）在约27岁时经历了一场车祸，一根杆子击中他的头部，导致他接受了一次外科开颅手术。鉴于他未进行后续的颅骨修复，其头骨顶部仍有一块缺损。尽管他的言语表达流畅，但并不总是完整且连贯。毫无疑问，他仍具有意识。

18. 然而，关于前额叶皮层（布罗德曼10区）对元认知必要性的临床数据并不明确（Fleming et al., 2014; Lemaitre et al., 2018）。

19. 通过磁扫描仪测量额叶和顶叶皮层的血流动力学活动与有意识的视觉（Dehaene et al., 2001; Carmel, Lavie, & Rees, 2006; Cignetti et al., 2014）和触觉感知的相关物（Bornhövd et al., 2002; de Lafuente and Romo, 2006; Schubert et al., 2008; Bastuji et al., 2016）。全局神经工作空间理论假定，额顶叶网络的非线性点火使知觉觉知的出现成为可能（Dehaene et al., 2006; Del Cul et al., 2009）。然而，更精细的实验表明，这些区域参与了体验前或体验后的过程，如注意力控制、任务设置、判断置信度的计算等（Koch et al., 2016; Boly et al., 2017），而不涉及体验本身（*per se*）。

20. 这是我第一本关于意识主题的著作（Koch, 2004）。Tononi, Boly, Gosseries, and Laureys (2016) 针对这一领域最新研究进行了讨论，它支持的假设是：初级视觉、听觉和体感皮层并非与特定内容相关的神经相关物（NCC）。

21. 高分辨率脑成像技术能够揭示大脑皮层前后的结构差异（Rathi et al., 2014）。近期的一项结构成像研究结果显示，人类下顶叶、后颞叶皮层以及楔前叶区域在猕猴脑中具有显著的独特性（Mars et al., 2018）。第13章最后一节阐述了后部皮层内类似地图的皮层区域特征。

22. Selimbeyoglu and Parvizi (2010)对与脑电刺激（EBS）相关的临床文献进行了综述。EBS背后的科学，包括其惊人的空间特异性，详见Desmurget et al.(2013)的研究。Winawer and Parvizi (2016)定量分析了四名患者视觉幻觉与初级视觉皮层局灶性电刺激的关联。类似地，劳舍克和同事（Rauschecker et al., 2011）也进行了实验，以诱导人类后部颞下沟（MT+/V5区）的动作知觉。波尚（Beauchamp et al., 2013）在颞顶联合区诱导被试产生视觉光幻觉。第5章的注释18以及沙尔克等人（Schalk et al. 2017）的研究探讨了在梭状回面孔区（FFA）附近进行EBS所引发的面部感知。而德斯穆格特等人（Desmurget et al., 2009）研究了受试者在刺激下顶叶后出现的意图移动感受。Schmidt(1998)描述了皮质EBS如何帮助盲人志愿者的开创性实例。

23. 1963年，Penfield and Perot (1963)这部专著详细描述了69个案例，这些案例中的体验反应 要么由颞叶的电刺激引发，要么在患者的习惯性癫痫发作模式（以颞叶癫痫发作为最常见的类型）期间出现。在接受脑电刺激（EBS）治疗的患者中，两种典型的自发描述分别为"犹如置身舞厅，仿佛站在肯伍德高中体育馆门口"（病例2，第614页），以及"我听到有人在交谈，我母亲告诉我一个阿姨今晚要来"（病例3，第617页）。通常情况下，重复的刺激会引发患者类似的反应。罕见的EBS报告涉及中额回（一名患者）和下额回（另一名患者）的位置，这些区域能够诱发复杂的视觉幻觉（Blanke et al, 2000）。

24. 脑电刺激试验中，约五分之一的研究针对癫痫患者眶额皮质后部进行刺激，从而诱发嗅觉、味觉和体感体验。波帕（Popa et al., 2016）的研究中，在三名患者的背外侧前额叶皮层及其底层白质采用EBS，导致侵入性思想的出现。

25. 参见 Crick and Koch (1995) 和 Koch (2014)。王 等 人（Wang et al., 2017 a,b）量化了屏状核与大脑皮层之间广泛的双向连接。最近连续发表的三篇论文阐明了屏状神经元在抑制皮质兴奋中的作用（Atlan et al., 2018; Jackson et al., 2018, Narikiyo et al., 2018）。屏状核神经元奇特的解剖结构见 Wang et al. (2017 b; Reardon, 2017)。

26. 这是1立方毫米老鼠皮层组织内包含的数量（Braitenberg & Schüz, 1998）。

27. Takahashi, Oertner, Hegemann, and Larkum (2016) 将 小鼠皮质第5层锥体神经元远端树突中钙事件的产生与检测胡须微小偏转的能力密切联系（详见 Larkum, 2013）。

190

28. 冯·诺依曼（von Neumann）在1932年的量子力学教材中阐述："体验只能做出像这样的断言：一个观察者产生某个（主观的）感知，但绝不会像这样：一个确定的物理量有一个确定的价值。（参见 Wigner, 1967）"关于量子世界与经典世界之间边界问题的论述，可参见 Zurek（2002）的研究。

29. 彭罗斯（Penrose）于1989年出版的《皇帝新脑》（*Emperor's New Mind*）一书，堪称一部引人入胜之作。在后续的著作《心智之影》（*Shadows of the Mind*，1994）中，他针对相关批评进行了回应。彭罗斯亦为不可能图像（impossible figures）和彭罗斯铺砖（Penrose tiling）的发明者。麻醉师斯图尔特·哈默洛夫（Stuart Hameroff）在2014年的作品中，为彭罗斯的量子引力理论赋予了生物学内涵（Hameroff & Penrose, 2014）。然而，该理论的细节仍属高度抽象和模糊，缺乏充分的实证支持（Tegmark, 2000; Hepp & Koch, 2010）。此外，Simon（2018）提出了一种基于纠缠自旋和光子的更为具体且可验证的假设。

30. 室温下，海藻光合作用的效率得益于其蛋白质内的量子—机械电子相干性（quantum-mechanical electronic coherency）（Collini et al., 2010）。此外，研究表明，鸟类在地磁场指引下进行长距离迁徙，依赖于对蓝光敏感的蛋白质中持久性的自旋相干（Hiscock et al., 2016）。这两种效应均发生于外围区域。目前，尚无确凿证据证明量子纠缠存在于更为核心的结构，如大脑皮层的神经元内部或神经元之间。除非有这样的数据出现，否则我仍持怀疑态度（Koch & Hepp, 2006, 2010），Gratiy et al. (2017) 针对与体验相关的时间尺度，讨论了麦克斯韦方程的电准平稳近似，该方程捕捉了神经回路内部及神经回路之间的电事件。

第七章

1. 莱布尼兹的磨坊论证源于其1714年出版的《单子论》（*Monadology*），这部作品言简意赅却颇费思量。这句话出自莱布尼茨于1702年致皮埃尔·贝尔（Pierre Bayle）的一封信。详见Woolhouse and Francks（1997），第129页。

2. 鉴于其可构想性（conceivability）论证，我推荐Chalmers（1996）这部引人入胜的著作（另见Kripke，1980）。Shear（1997）编辑的这部作品记录了查默斯所阐述的"难问题"在哲学领域所产生的震动。

3. 当试图从机制（如特定类型的神经元以特定方式放电）转向体验时，"难问题"便冒出来了。整合信息理论采取了与众不同的途径——从五种无可争议的体验属性出发，推断出构成这些体验的机制。

4. 与从数学公理出发的演绎（*deductions*）相反。

5. 如果我们相信宇宙学的永恒暴胀（eternal inflation）理论，[191]这会是10^{500}数量级。

6. 乔等人（Chiao et al., 2010）编辑了一本关于物理终极定律起源的著作。马克斯·泰格马克（Max Tegmark）提出的数学宇宙（*Mathematical Universe*）假设，作为一种极端的多元宇宙解释，主张任何在数学上可描述的事物均需在物理现实中存在于相应的时空中。所有这些博学的思辨，包括对终极问题"究竟为什么存在一切？"的思辨，最终都以各种各样的"一路向下的海龟"（It's turtles all the way down）这个答案而告终。

7. 我密切关注那些描述IIT 3.0的基础论文中的阐述、例子和图形（Oizumi, Albantakis, & Tononi, 2014）。Tononi and Koch（2015）为IIT提供了一个温和的介绍。参见 http://integratedinformationtheory.org/for PyPhi，这是一个用于计算整合信息的开源Python库以及一个更新的参考实现（reference implementation）（Mayner et al., 2018）。IIT 3.0不太可能是最终定论。当把五个先验公理变成五个公设时，有许多选择，例如，使用哪个度量。这些选择最终必须要有理论依据。请关注越来越多的二手文献，例如 *Journal of Conciousness*, vol. 63（2019）. 专刊。

第八章

1. 在分析因果网络时，因果性的关键作用是生物学、网络分析和人工智能领域的一个新兴主题。后者在很大程度上要归功于计算机科学家朱迪亚·珀尔（Judea Pearl, 2000）的基础性工作。我强烈推荐他那本通俗易懂的《为什么》（*The Book of Why*, 2018）。

2. 内在存在的公理转变了笛卡尔的认识论主张，由"我知道我存在，因为我是有意识的"变成了一个存在论的主张"意识存在",并补充了"意识为自身存在"的内在主张。为了便于说明,我将这些概括成一个(Grasso, 2019)。

3. 这句话出自柏拉图的《智者篇》(*Sophist*),写于公元前360年,第247 d 3行,可在古登堡计划(Project Gutenberg)中找到。将存在等同于因果力量被称为爱利亚原则(Eleatic principle)。请注意,柏拉图的"析取(or)"条件在整合信息理论中被更强力的"合取(and)"条件取代。因果互动必须在两个方向上流动,往返于所讨论的系统中。

4. 为了简化论述,图8.2的平凡线路是确定性的。该数学装置可扩展到概率系统,以解释由热噪声或突触噪声引起的不确定性。将整合信息理论扩展到连续动力系统(例如与脑生物物理学相关的电扩散或电动力学描述的系统)是非常重要的,因为连续系统中的划分和计算熵会导致无穷大。关于一个有前景的尝试,请参见Esteban et al. (2018)。

5. 任何有n个节点的图都可以用许多不同的方法切成两部分、三部分、四部分,等等。可能分区的总数,即直到将系统完全分解为单个原子组件的分区的总数,是极为巨大的,由第n个贝尔数(Bell number)B_n指定。跨所有这些区分计算整合信息的成本非常高,而且要以阶乘缩放。当$B_3 = 5$,而B_{10}已经达到了115,975。当n取302,即秀丽隐杆线虫神经系统内的细胞数量,其分区数是一个大到离谱的10^{457}(Edlund et al., 2011)。通过一些巧妙的数学计算,这些数字可以显著减少。无疑,大自然在寻求

192

最小切口时（cuts），无须明确评估所有切口，正如她在确定光束作用最小路径时，无须详尽计算所有可能经过的路线一样。

6. 特别是，正如我刚才解释的那样，整合信息不是用比特来衡量的，它与香农信息（Shannon information）非常不同。

7. 排他公设成功地解决了泛心论的组合问题（panpsychism's combination problem），关于此主题的深入探讨，我将在第14章进行再次讨论。

8. 极值原理的一个著名应用是17世纪皮埃尔·德·费马（Pierre de Ferma）提出的光学原理。他的最短时间原理（又称最小时间原理）强调，光在两个给定点之间传播时，会遵循最短时间路径。该原理阐述了光线在反射镜和不同介质（如水）中的反射与折射现象。

9. 严格地界定一个整体的构成，以及它与各部分的联合有何不同，是部分整体论（mereology）的主要工作。这个观点可以追溯到亚里士多德的灵魂、形式或所有生命有机体存在的概念[参见他的《论灵魂》（On the Soul），也被译为《论生命的原则》（On the Vital Principle）]。不妨思考一朵郁金香、一只蜜蜂和一个人。每个生物体都是由多个器官、结构元素和相互连接的组织组成的。这个整体所具备的特性——繁殖（三者皆具备）、运动（后两者具备）、语言（仅人类拥有）——并未被其组成部分所享有。现代对大数据的强调使我们对系统的理解有种错觉，这同时掩盖了我们无知的深度。探究系统层级属性之生成机制，在理论层面尚存挑战。最终，外在因果力的最大值可精确描述生物体，如郁金香、蜜蜂及人类，而内在因果力的最大值则为体验所不可或缺。

10.两种形式或星座，若只是旋转不同，那么它们还是相同的体验。数学家已开始研究现象学空间的几何（如颜色的三维圆柱形色调、饱和度和亮度空间）与最大不可约因果结构之间的同构性（Oizumi, Tsuchiya, & Amari, 2016; Tsuchiya, Taguchi, & Saigo, 2016）。空屏幕视觉中的几何形状，与口渴或无聊的几何形状有何差异？

11.参见Koch（2012a），第130页。

12.值得注意的是，因果力的任何差异都必然伴随着相关物理基础的某些差异。换句话说，一个正在变化的体验与其基质的变化有关。然而，这种情况并不一定适用于基质的微观物理成分。也就是说，一个神经元可能会在一定程度上触发一个峰值，但这可能不会影响物理基质，从而不会改变体验。这是因为在微观物理变量与意识的物理基质相关的空间时间粒度之间存在特定的映射关系（Tononi et al., 2016）。此外，由于多重实现（multiple realizability）的存在，不同的物理基质可能实现相同的意识体验（参见Albantakis & Tononi, 2015中的例子）。实际上，由于脑的大规模简并（massive degeneracy），这种情况在脑中是不可能发生的。

13. 这是心理学中著名的"绑定问题"（binding problem）
（Treisman, 1996）。

14. 梅 纳 等 人（Mayner et al., 2018）所 阐 述 的 Python
package PyPhi 具备免费获取和使用教程的优点，其底层算法在
节点数量上呈现指数级增长。然而，这种特性限制了能够进行
全面分析的网络规模，因此，这使得正在进行的启发式搜索提
供快速近似值以找到因果结构变得至关重要。

第九章

1. 参见 Merker（2007）。

2. 参见 Holsti, Grunau, and Shany（2011）。

3. Pietrini, Salmon, and Nichelli（2016）回顾了晚期痴呆症中
脑如何丧失自我意识的过程，揭示了这一现象的痛苦本质。在
此，我向各位推荐2014年上映的影片《依然爱丽丝》（Still Alice），
这部作品以动人且戏剧性的手法展现了相关主题。

4. Chalmers（1998）主张，构建意识测量仪须等待公认的
意识理论问世，然而，我对此观点持有异议。

5. Winslade（1998）一书对创伤性脑损伤以及维持患者生
存的医疗生态系统进行了深入探讨，这是一部引人注目的著作。

6. Posner et al.(2007)是一部研究意识障碍患者的经典教科书。Giacino et al.(2014)对其进行了更新。然而，目前并未设立针对植物状态患者的中央登记处，导致许多患者不得不在临终关怀机构、疗养院或家庭中接受照护。据估计，美国植物状态患者的人数约为15,000至40,000之间。

7. 要求23名植物状态患者在磁共振扫描仪中想象打网球或在他们脑海中模拟在家中漫步的过程中，有4名患者的海马体和辅助运动皮层显示出与健康志愿者相似的脑部反应。相关实验试图通过这种对脑活动的有意调控，作为双向生命线，实现与植物状态患者的交流（"如果答案为'是'，那么想象打网球"；Bardin et al., 2011；Koch, 2017 b；Monti et al., 2010；Owen, 2017）。

8. 一个戏剧性的例外是短暂的、脊髓介导的拉撒路反射（*Lazarus* reflex），在这种反射中，尸体会抬起手臂，甚至上半身的一部分（Saposnik et al., 2000）。

9. 1968年，原哈佛大学医学院委员会发布了关于《定义死亡》的研究报告。40年后，另一个总统委员会在《死亡判定之争议》（*Controversies in the Determination of Death*）报告中，对上述问题进行了重新审视。他们重申了传统的死亡临床规则的伦理合理性——要么是全脑衰竭的神经学标准，要么是心脏和呼吸功能不可逆转的停止的心肺标准。2008年委员会的几名成员，包括其主席，提交了一份简报，对脑死亡意味着身体死亡的结论提出了质疑。实际上，有一些关于脑死亡患者的报道——从国法（the law of the land）的角度来看，他们不过是尸体——在适当的生命支持下，能保留生命的外观数月或数年，包括生下可存活的婴儿（Schiff & Fins, 2016；Shewmon, 1997；Truog & Miller, 2014）。《不死之身》（The Undead, Teresi, 2012）这部著作强调了一具能保存最佳器官的活体与一个死亡的捐赠者的相互矛盾的需求，集中体现在"有心跳的尸体"这一刺耳的医学概念上。

10. Bruno et al.(2016)发表了关于闭锁综合征（LIS）的最新研究。值得注意的是，绝大多数LIS患者期望获得生命维持治疗；仅有极少数人承认存在自杀倾向。让-多米尼克·鲍比（Jean-Dominique Bauby）于1997年出版的《潜水钟和蝴蝶》Bruno et al.(2016)是一部在艰难环境中创作的鼓舞人心、振奋精神的著作。该书后来被改编成一部令人感慨的电影。

11. 尼尔斯·拜尔博默（Niels Birbaumer）一生致力于利用事件相关电位及其他脑机接口技术与病情严重的患者进行沟通，这些患者通常表现为完全瘫痪。关于此方面的科学研究与技术论述，请参见Kotchoubey et al.(2003)，以及Parker(2003)在《纽约客》上发表的新闻报道。

12. Martin, Faulconer, and Bickford (1959)很好地描述了麻醉后脑电图的变化："在正常变化的早期，频率增加到每秒20到30个周期。随着意识散失，这种小且快速的脑电波模式被大（50—300微伏）而慢（每秒1—5周）的脑波取代，接着脑波变慢，振幅变大。随着麻醉程度的加深，波的形式和重复时间可能变得不规则，并且可能有二次更快的波叠加。接下来，振幅开始下降，皮层出现相对不活跃的时期（即所谓的脉冲抑制），直到麻醉的抑制最终导致皮层活动完全丧失，出现平坦或无形状的轨迹。"

13. 参见最初的论文 Crick and Koch (1990)。有关详细信息，请参阅 Crick (1994) 的流行描述或我的教科书 (Koch, 2004)。克里克和我认为，意识需要通过伽马范围内的节律性放电来同步神经元群，以解释单一体验中多个刺激特征的"绑定"（参见 Engel & Singer, 2001）。注意 (Roelfsema et al., 1997) 和网状结构刺激 (Herculano-Houzel et al., 1999) 促进了猫视觉皮层刺激特异的 γ 范围同步（Herculano-Houzel et al., 1999; Munk et al., 1996）。此外，伽马同步性反映了双眼竞争下的知觉知觉优势，即使放电速率可能不会改变（Fries et al., 1997）。人类脑电图和脑磁图研究也表明，远距离伽马同步可能与视觉意识有关 [195]（Melloni et al., 2007; Rodriguez et al., 1999）。克里克-科赫假设的后续命运将在下面的注释中讨论。

14. 这些研究大都混淆了选择性视觉注意与视觉意识（第4章）。当有意识可见性的影响与选择性注意的影响适当区分时，高伽马同步与注意有关，而与被试是否看到刺激无关，而中频伽马同步与可见性有关（Aru et al., 2012; Wyart & TallonBaudry, 2008）。Hermes et al. (2015) 证明了人类视觉皮层中存在伽马振荡，但仅在观看特定类型的图像时存在。由此得出的结论是，伽马波段振荡并不是观看所必需的（Ray & Maunsell, 2011）。最后，在麻醉期间或者癫痫期间，伽马同步可以在早期非快速眼动睡眠中持续甚至增加（Imas et al., 2005; Murphy et al., 2011），并且可能因无意识的情绪刺激而出现。也就是说，伽马同步可以在没有意识的情况下发生。

15. Kertai, Whitlock, and Avidan（2012）分析了BIS在麻醉中的应用优势与潜在风险。

16. P3b是一种经过充分研究的意识电生理学潜在标志物。它是一种晚期（刺激开始后300毫秒）且阳性的额顶叶事件相关电位，由视觉或听觉刺激引发，五十年前首次被揭示。使用听觉古怪范式（oddball paradigm）进行测量，P3b被认为是意识的标志，它揭示了一个贯穿包括额顶叶区的分布式网络皮层活动的非线性放大（也称为"点火"）（Dehaene & Changeux, 2011）。然而，这种解释与各种实验结果相矛盾（Koch et al., 2016）。视觉觉知负性（visual awareness negativity, VAN）是一种与事件相关的电位偏差，最早在刺激开始后100毫秒出现，在200—250毫秒左右达到峰值，并定位于后皮层，与有意识知觉有更大的相关性（Railo, Koivisto, & Revonsuo, 2011）。

17. 最初的研究(Massimini et al., 2005)在小规模正常被试中成功地区分了静息状态与深度睡眠。随后几年，托诺尼、马西米尼以及一支庞大的临床合作团队在志愿者及神经系统患者的有意识与无意识状态下，对经颅磁刺激（transcranial magnetic stimulation）的"激发与压缩"过程进行了测试。我在《科学

美国人》（*Scientific American*）的封面文章里记述了这个故事
（Koch, 2017d）。了解更多细节可参阅最新的专著（Massimini &
Tononi, 2018）。

18. 法拉第电磁感应定律，即磁场变化在导体中产生电压的
规律，构成了发电机与无线充电技术的基础。

19. 参见http://longbets.org/750/。这些技术需在公开的、
经过同行评议的文献中发表，并基于大量被试（不少于数百人）
进行研究。相关程序应在单独的、临床确诊的病例中得到验证，
确保漏报率较低（即将有意识者错误标记为无意识）且误报率
较低（即将无意识者错误标记为有意识）。在预测网站 *Long Bet*
上有一场大卫·查尔默斯与我之间关于NCC性质的持续25年的 196
赌注（Snaprud, 2018）。最后，使用机器学习来区分有意识与无
意识状态的纯粹数据驱动的方法，有望取得成功（Alonso et al.,
2019）。

20. 例如，PCI在Φ中并不是单调的。考虑到演算中源熵的
归一化，PCI在完全相互独立的诱发反应中达到最大值，这意味
着整个皮层完全缺乏整合。在实践中，PCI不超过0.70。

21. 脑部组织具有多层次结构：磁共振成像（MRI）中所见
的体素（voxels）涵盖了100万个或更多的细胞；临床电极下的
神经元联合体；现代光学或电记录技术可观测的单一神经细胞；
细胞间的接触点，即突触；以及包裹突触的蛋白质等。大多数神

经科学家的直觉是，相关的因果行为者是离散神经细胞的集合。然而，整合信息理论在此提供了更为深刻的见解。根据整合信息理论，NCC的神经元素是那些，而且只有那些，支持最大的因果力，这是由系统本身的内在视角决定的。这可以通过经验实证来评估（参见图2）。同样的逻辑规定了与NCC相关的时间尺度，因为它对系统产生了最大的影响，这是由它的内在视角决定的。这个时间尺度应该与体验的动力学相容——在几分之一秒到几秒的范围内，知觉印象、图像、声音等等的起落。

第十章

1. 胼胝体外部分布着众多较小的纤维束，尤其是连接两个皮层半球的前连合（anterior commissures）和后连合（posterior commissures）。部分或完全胼胝体断开综合征可能是慢性酒精中毒（Kohler et al., 2000）或创伤的罕见并发症，如一位日本商人曾在醉酒状态下撞击到冰锥。冰锥柄从他的前额伸出，他自行前往医院就诊（Abe et al., 1986）。

2. 采用短期巴比妥钠阿莫巴比妥（short-term barbiturate sodium amobarbital）向左颈动脉注射，可令左脑进入休眠状态。在此状态下，若患者仍具备语言能力，则说明布洛卡区位于右半球。韦达测试（Wada test）作为一种确定语言及记忆功能偏侧化的黄金标准，相较于FMR具有优越性（Bauer et al., 2014）。

3. 近期，针对两名裂脑病患的测试对正统观点提出了质疑

（Pinto et al. 2017 a,b,c; and the critical replies by Volz & Gazzaniga 2017 and Volz et al. 2018）。任何对裂脑患者的解释都必须与几年甚至几十年前发生的手术干预后的脑重组作斗争。另一个令人费解的现象是，天生缺失皮层连接（即所谓的胼胝体发育不全）的人并未表现出典型的脑裂症状。实际上，尽管缺乏直接的结构联系，但这些人的左右脑皮层活动却呈现同步波动 (Paul et al., 2007)。[197]

4. 参见 Sperry (1974)，第11页。脑的左右半球反映了心智的二元性，这一观点可以追溯到很久以前（Wigan, 1844）。哲学家普切蒂（Puccetti, 1973）设想了一个虚构的法庭案件，一位患者的非主导半球以骇人听闻的方式杀害了自己的妻子，也可参见史坦尼斯劳·莱姆（Stanis, aw Lem）于1987年出版的科幻讽刺小说《地球的和平》（*Peace on Earth*）。

5. 裂脑患者在手术后康复后，声称自己与手术前的自己并没有明显的不同。这需要根据他们手术之前和之后的 Φ^{max} 来解释。由于这些患者长期遭受癫痫的有害影响，他们的脑并不正常。此外，仅仅因为被试声称在几周或几个月的恢复过程中没有感觉到任何不同，并不意味着没有任何差异。使用第2章中提到的那种详细的问卷调查来描绘这些患者在手术前和手术后的心智（这在今天很少进行）是至关重要的。

6. 一个密切相关的现象是异手症（alien hand syndrome）。一个典型案例讲述了一个患者左侧手臂表现出独立于患者意愿的自主行为，甚至试图使患者窒息（Feinberg et al., 1992）。

她费了很大的劲才把左手从喉咙上拿开。另一个例子是一个人的右手有明显的抓握反应——不停地在动，它摸着附近的物体，包括床上用品、患者自己的腿或生殖器，却不松开它们。谁能忘记斯坦利·库布里克（Stanley Kubrick）的1964年的黑色幽默电影《奇爱博士：我如何学会停止恐惧并爱上炸弹》（*Dr. Strangelove, or How I Learned to Stop Worrying and Love the Bomb*）中的标志性场景：彼得·塞勒斯（Peter Sellers）饰演的奇爱博士戴着黑手套的右手突然行一个纳粹礼，当左手想要干预时，右手甚至试图扼死自己。

7. 参见《纽约时报》（*New York Times*）杂志中记述的关于塔蒂亚娜（Tatiana）和克里斯塔·霍根（Krista Hogan）两姊妹的故事和让人震惊的网络视频，这两个小女孩的脑在丘脑层次上连接在一起(Dominus, 2011; https://www.cbc.ca/cbcdocspov/episodes/inseparable)。

8. 莫兰·瑟夫（Moran Cerf）在时为加州理工学院实验室研究生期间，与神经外科医生伊萨克·弗莱德（Itzhak Fried）共同开展了一项罕见的实时实验，旨在操控人脑单个神经元（Cerf et al., 2010）。患者观察到自己内侧颞叶中单个神经元的活动，并有意地上调或下调它们（可能与其他许多细胞活动一起）。最先进的记录技术，一个比人类头发还细的Neuropixels硅探针，能够一次性捕捉到数百个神经元的活动（Jun et al., 2017）。尚需时日，我们方能实现以毫秒级分辨率同时记录100万个神经元（仅占皮层神经元的0.01%）的行为，而在选择性刺激及调控其放电频率方面，我们的能力更为有限。[198]

9. 具有大量与皮层双向连接的屏状体显然是这个角色的候选者，棘冠状体神经元将其影响扩展到皮层的核心，这可能是建立一个单一的优势整体所必需的（Reardom, 2017; Wang et al., 2017 b）

10. 参见 Oizumi, Albantakis, and Tononi（2014）的图16。

11. 参见 Mooneyham and Schooler（2013）。

12. Sasai et al.（2016）揭示了，在驾驶汽车的同时听指令这种日常体验中，两个功能独立的脑网络的fMRI证据。

13. 从精神病学、精神分析学以及人类学（如萨满、附身等）的文献中，可以挖掘出大量数据，以揭示与（不良）脑功能连接直接相关的见解（Berlin, 2011; Berlin & Koch, 2009）。另一种在文化中广为人知的分离现象发生在陷入爱情的时刻。随之而来的现实扭曲可能突然发生，并被体验为一种极致的愉悦。这种现象释放出巨大的体力和创造力，尽管它也可能引发适应不良的行为。这种现象也能通过整合信息理论的透镜来审视。

14. 对章鱼来说，可能有多达8个独立的心智（GodfreySmith,

2016）。

15. 在乘坐跨大陆航班时，此现象颇引人注目。绝大多数乘客的第一个动作是打开座位上的显示器，一部接一部地看电影，也许会被睡眠打断，直到飞机在10个多小时后到达目的地。没有自省或反思的愿望。大多数人不愿意思考，宁愿被动地接受图像和声音的侵袭。为什么这么多人对自己的心智感到不自在？

16. 原文中提到的觉知，其特性如下："空灵、纯净，非由任何事物所生成。它真实且纯粹，无明与空的二元性。非永恒存在，亦非由任何事物所创造。然而，它非纯粹的空无，也不是某种被湮灭的东西，因其清明且当下。"这段话出自Odier（2005）中莲花生大士（Padmasambhawa）的第七首歌。

17. 每种文化都以不同的方式解释这些神秘现象，这取决于其宗教和历史的敏感性。共同点是无内容的体验（Forman，1990 b）。

18. 我所说的神秘体验与第二种宗教体验，即狂喜、幸福或出神的状态，截然不同。这些宗教体验都与积极的情感和感官意象有关，比如阿维拉的特蕾莎（Teresa of Avila）的精神愿景，现代五旬节派（Pentecostal）或灵恩派基督教（charismatic Christianity）中发现的狂喜体验，以及苏菲派（Sufism）的旋199 转苦行（Forman，1990 c）。这两类人群分别代表了经验的两极——一类几乎不含具体内容，而另一类则沉浸于丰富多样的内容之中。二者共有的特点在于体验的内生性质及其对体验者生活的长期影响，普遍认为这种体验具有启发性并带来益处。

19. 参见 Lutz et al. (2009, 2015); Ricard, Lutz, and Davidson (2014).

20. 我女儿给出的通缩解释（deflationary explanation）是：我睡着了。这无疑是一个合理的担忧。这就是为什么我想在戴着无线脑电图传感器的情况下再次漂浮，从生理上区分"深度睡眠时的无意识"与"清醒时的纯粹体验"。

21. 此处存在一个悖论。这种状态必定具有某些与深度睡眠不同的现象特征。因此，它只有在渐进极限时才免于内容。

22. 参见 Sullivan (1995)，

23. Oizumi, Albantakis, and Tononi (2014) 在图 18 中的一个玩具示例中讨论了非活动皮层的数学问题。意识依赖于适当的背景条件。根据信息整合理论，纯意识状态与被激活的脑干（即被试保持清醒，大脑皮层充满相关神经调节剂）以及最低程度活跃的后皮层热区相对应。为验证这一预测，可以通过让长期冥想者佩戴高密度脑电图帽，在无内容冥想与有内容冥想（如专注于呼吸）两种状态下进行对比研究。分析这两种状态下的脑电图特征，应可发现无内容冥想时，高频 γ 波段活动减弱，δ 波段活动稀疏。

24.换言之，物理主义没有被违背。

第十一章

1.Earl(2014)列出了被学者归于意识的极为广泛的认知功能。

2.运球或键盘打字等视觉运动技能的掌握，需经过悉心训练。然而，如果被试被迫注意他们接触球时脚在哪一边，或者他们用哪根手指按下特定的键，他们的技巧反而会受到影响（Beilock et al., 2002；Logan & Crump, 2009）。

3.Wan等人（2011、2012）研究了对日本战略桌游Shogi而言的无意识技能的发展及其神经相关物。参见Koch(2015)的总结。

4.参见第2章注释9。

5.参见三篇论文：Albantakis et al.（2014）；Edlund et al.（2011）；Joshi, Tononi, and Koch（2013）。迷宫的设置具有随机性，旨在防止人造动物局限于单一迷宫的行走能力。这些人造动物的设计源于1986年，我的博士合作导师瓦伦蒂诺·布瑞滕堡（Valentin Braitenberg）所著的《交通工具：合成心理学实验》（*Vehicles: Experiments in Synthetic Psychology*）。图11.1中，小圆盘以不同阴影区分人造动物的演化阶段，浅灰色代表早期出现的人工生物，黑色则表示较晚出现的数字生物。

6. 通过模拟演化，我认识到，即使是偶然发现简单的线路（比如1比特记忆），亦需历经漫长的时间跨度，并承受解空间退化性的影响（众多不同路径可实现相同功能）。

7. 参见Albantakis et al.（2014）。

8. 参见 Crick and Koch（1995），第121页。也可参见 Koch（2004），第14.1章。

9. 此类评估方式所体现的一般智力差异，与生活中的成功、社会流动性、工作表现、健康状况及寿命存在关联。在针对100万瑞典男性的研究中，每提高一个智商标准差，20年内死亡率可降低32%（Deary, Penke, & Johnson, 2010）。关于智能与意识认知测量的分离，我的观点同样适用于其他智能测量，包括那些侧重社会情境的测量。参见Plomin（2001）对老鼠智能的测量。

10. 神经科学对脑的大小、行为复杂性与智能之间关系的认识尚处于初步阶段（Koch, 2016a；Roth和Dicke, 2005）。来自各类生物、神经系统规模迥异的动物，如何应对相互冲突的信息？例如，在某一场景中，红灯可能代表食物信号，而在另一场景中，却意味着电击。尽管蜜蜂的神经细胞数量仅为老鼠的七十分之一，但在纳入动机与感觉系统的差异考虑后，蜜蜂是否能与老鼠一样，学会应对这些突发情况？长鳍领航鲸作为一种海豚，其大脑皮层拥有370亿个神经元，而人类仅为160亿（Mortensen et al., 2014）。这些濒临灭绝的水生哺乳动物，数量仅数千只，真的比人类更聪明吗？已灭绝的原始人类家族成员，尼安德特人（Homo neanderthal），其脑容量约为现代智人（Homo sapiens）的10％（Ruff, Trinkaus, & Holliday, 1997）。我们的远古表亲是否比现代人更聪明，但却在生育能力或攻击性方面表现较差？（Shipman, 2015）在进行跨物种比较时，关键在于分析体重、脑质量以及不同脑区域神经元数量之间的异速生长关系（allometric relationships）。

11. 这个宽泛的假设可能仅适用于特定类型的连接规则，例如，对皮层而不是小脑。一个有趣的数学挑战是发现简单加工单元的二维网络的整合信息随网络规模增加的条件。这种平面架构是否类似于2亿多年前随着哺乳动物和它们的新皮质层的出现而发现的局部网格状连接，辅以稀疏的非局部布线（Kaas, 2009; Rowe, Macrini, & Luo, 2011）？

12. 也就是说，神经系统较大的人、狗、老鼠或蜜蜂是否比神经系统较小的人、狗、老鼠或蜜蜂更聪明、更有意识？虽然在研究人类时，这种观点带有颅相学和政治色彩，但数据支持这种对智能的断言。根据韦氏成人智能量表（Wechsler Adult Intelligence Scale），大脑皮层越厚的人，智商值就越高（Goriounova et al., 2019; Narr et al., 2006）。然而，在大多数物种中，比如人类，体型的变化是适度的。由于狗的选择性繁殖，从吉娃娃到阿拉斯加雪橇犬再到大丹犬，各种家养狗的体型差异很大，至少在体重上相差100倍。测量这些犬种不同脑区内的神经元数量，并且把测出来的数字与它们在一些标准行为测试中的表现结合起来会是很有趣的事（Horschler et al., 2019）。

13. 山中伸弥（Shinya Yamanaka）因在再生领域内做出显著贡献，荣获2012年诺贝尔生理学或医学奖。

14. 利用重组成人脑干细胞培育皮层类器官的技术正取得显著进步（Birey et al., 2017；Di Lullo & Kriegstein, 2017；Quadrato et al., 2017；Sloan et al., 2017；Pasca, 2019）。皮层类器官的出现避免了依赖人工流产来源的胚胎组织，后者在伦理方面存在争议，并且能够在严格控制条件下实现大规模生长。迄今为止，类器官缺乏形成血管的小胶质细胞和细胞（参见 Wimmer et al., 2019）。因此，它们的大小被限制在相当于一个小扁豆的范围内，可能包含多达100万个细胞。为了实现更大的生长，类器官必须实现血管化，从而将氧气和营养物质输送至内部细胞。相较于成熟的神经元，这些神经元的形态和电活动复杂性较低，突触连接相对有限，且呈现出与图5.1及第6章中所讨论的具有组织性的意识活动模式不同的不规则神经元活动。近期一项具有重大意义的研究揭示了较长时间的相对安静、偶尔会自发出现的电活动，其中包括嵌套振荡和高可变性，这在一定程度上类比于早产儿的脑电图（Trujillo et al., 2018），敬请关注。

15. 纳兰尼等研究人员（Narahany et al. 2018）对人类皮层类器官实验的伦理问题进行了探讨。在第13章中，我提出神经元扩展网格的概念，例如那些可能存在于皮层器官中的神经元，它们经历了类似于空白空间现象学的现象，具备固有的邻里关系和距离特性。此外，我认为皮层地毯实则是对物理学家斯科特·阿伦森（Scott Aaronson）关于整合信息理论提出的有趣反驳的生动否定。

第十二章

202　　1.“因此，我主张展示的不是人们如何在神话中思考，而是神话如何在人们尚未觉知到事实的情况下在人们的心智中运作”（Levi-Strauss, 1969），第12页。

　　2. 参见Leibniz（1951），第51页。

　　3. 除此之外，图灵这位杰出的年轻数学家，阐述了莱布尼茨关于利用“真”或“假”来解答任何恰当提出的问题的设想（参见前述引用的莱布尼茨的观点），即著名的判定问题（*Entscheidungsproblem*），这是一个无法实现的目标。

　　4. 眼睛中的600万个锥体光感受器捕获进入的光子流，每个光感受器以高达25 Hz的频率调制，信噪比为100，总计约每秒产生10亿比特的信息（Pitkow & Meister, 2014）。在视网膜内，大部分此类数据被舍弃，因此每秒仅有约1000万比特的信息从眼球流出，沿着100万条纤维构成的视神经传输（Koch et al., 2006）。关于键盘和语音加工速率的最新估计，请参见Ruan et al.（2017）。

5. 关于功能主义的研究文献颇为丰富。可参见斯坦福大学哲学百科全书（*The Stanford Encyclopedia of Philosophy*）中关于功能主义的最新条目（Levin, 2018）。此外, Clark（1989）提出了微观功能主义理论。

6. 参见 Hubel（1988）。

7. 通过艾伦脑科学观察台（Allen Brain Observatory）（de Vries, Lecoq et al., 2018）。

8. 曾与桑尼斯（Zeng and Sanes, 2017）阐述了现代脑细胞分类学观点，该观点将脑细胞分为类、亚类、型和亚型，并探讨了其与物种分类的相似性与差异。在视网膜领域，神经细胞类型的理解相对较为明确，哺乳动物物种的神经元类型及其回路基本保持一致（Sanes & Masland, 2015）。

9. 阿伦特等人 (Arendt et al., 2016) 介绍了细胞类型背后的发育和演化限制。

10. 每一种生物均为一系列祖先的传承成果，其渊源可追溯至生命起源。在演化的时间尺度上，特征以创新性方式不断得到适应与再利用。以听小骨（ossicles）为例，其为人体中耳内用于传递声音之小型骨骼。此类骨骼源于早期爬行动物的颚骨，其起源可进一步追溯到更早的四足动物的腮部结构。演化过程中，原本用于辅助呼吸的腮逐渐演变成辅助摄食的骨骼，进而

发展成为协助听觉功能的听小骨（Romer & Sturges,1986）。也
可参阅清晰易读的《你内心的鱼》（*Your Inner Fish*，Shubin,
2008），书中用华丽的语言解释了我们身上许多特征的演化起
源。同样，许多现存的细胞类型很可能是远古时代演化的残留
物。想想QWERTY键盘的排列，它是我们生活中如此重要的特
征。追溯到19世纪晚期，这种键盘布局源于打字机上的机械限
制，旨在降低相邻按键发生碰撞和干扰的概率。与虚拟电子键
盘无关，这种键盘布局仍然是对这段悠久历史的有力见证。

203   脑部的一些细胞类型对于有机体的生命进程具有关键意义，
其从受精卵起始，通过囊胚自发组装，逐步发育为一个新生儿。
发育过程施加了独特的设计约束，这些限制的深远影响尚未被
充分揭示。以视网膜为例，其由内至外的发育模式，解释了为何
感光的光感受器位于眼球的后部，而非如一般相机般置于前部。

　　此外，还需考虑代谢约束（metabolic constraints）。无论
是在观影、棋艺切磋还是休息睡眠中，脑消耗的能量均约占身
体在休息状态下所需能量的五分之一——约为20瓦。一小时
食用一根中等大小的香蕉，可为身体及脑提供所需的热量。相
较于肾脏或肝脏组织，脑组织的代谢成本较高。演化必须寻求
降低能耗的巧妙方法，其关注重点在于能耗，而非通用性或优
雅性。

　　11. 艾伦·霍奇金（Alan Hodgkin）与安德鲁·赫胥黎
（Andrew Huxley）于1952年出版的著作，至今仍被视为计算神

经科学领域的卓越标志。他们借助前晶体管（pre-transistor）记录设备，深入探究了乌贼巨大轴突中动作电位的生成与传播，以及细胞膜电导的变化。他们构建了一个现象学模型，定量地重现了电压和时间依赖的钠、钾及漏电导之间相互作用的研究成果。为求解相关四个耦合微分方程，他们付出了长达三个星期（原文如此）的手摇计算器运算，并得出了动作电位传播速度的数值，该数值与实测值的误差仅在10％以内（Hodgkin，1976）。我对他们的杰出成就表示敬意，他们因此荣获了1963年诺贝尔奖。他们的演算修订版至今仍位居现实神经元建模工作的核心地位。

12. 亨利·马克拉姆（Henry Markram）的蓝脑计划（Blue Brain Project）得到了瑞士政府的资助（Markram，2006，2012）。该计划已初步实现了大鼠体感皮层的数字重建（Markram et al., 2015），这无疑是对易兴奋脑物质的最完整模拟（关于我的详细观点，请参阅Koch & Buice，2015）。相关最新模拟可访问 https:// bluebrain.epfl.ch/。若当前硬件和软件产业发展趋势持续，至21世纪20年代初，高性能计算中心将具备模拟啮齿动物脑神经动力学的原始计算和记忆能力（Jordan et al., 2018）。然而，截至2019年，细胞层面的人脑模拟仍遥不可及，因为人脑神经元数量是老鼠的1000倍，不仅比老鼠神经元更为广泛，且所携带的突触也更多。

13. 虽然在原则上任何计算机系统都能够模拟其他任何系统，然而，在实际操作中，此举面临极大的挑战。模拟器被明确地设

计为使用专用硬件或软件[例如微码（microcode）]在主（host）
204 计算机系统上模拟目标计算机系统。例如，在 Apple 操作系统
下运行的模拟器可以模仿 Windows 环境的外观和感觉（反之亦
然）；又如，当代个人电脑上运行的旧主机游戏[如超级任天堂
（Super Nintendo）]视频游戏模拟器。与原始系统相比，模拟器
的执行速度是一个重要的考虑因素。

14. 尤其参见我的著作，Koch and Segev（1998）和 Koch
（1999），以及与蓝脑计划合作的哺乳动物脑电场的详细模拟
（Reimann et al., 2013）。

15. 参见 Baars（1988, 2002）、Dehaene and Changeux（2011）
以及 Dehaene（2015）等精彩著作。经验实证支持来自通过掩蔽、
非注意盲和变化盲来操纵刺激可见性的实验，以及人类的功能
磁共振成像（fMRI）和诱发电位和非人类灵长类动物的神经元
记录（van Vugt et al., 2018）。

16. 从整合信息理论的角度对全局神经元工作空间理论的
批评，参见 Tononi et al.(2016)的附录。虽然整合信息理论对注
意与体验经验之间的关系没有直接的立场，但全局神经元工作
空间理论认为，注意是进入工作空间的必要条件。此外，鉴于
工作空间尺寸较小，意识的内容因而受到限制，而在整合信息
理论方面则不存在此类约束。在认知神经科学的社会学中，一
个正在进行的开创性实验，即一个对抗性的合作（adversarial
collaboration），试图解决一些关于 NCC 的关键开放性问题，在

这些问题上，全局神经元工作空间与整合信息理论不同。合作双方同意进行一组预先注册的实验，使用功能磁共振成像（fMRI）、脑磁图（MEG）、脑电图（EEG）和植入癫痫患者的电极（Ball, 2019）。

17. 参见 Dehaene, Lau, and Kouider（2017），第492页，他们针对全局神经工作空间理论中机器意识的可能性展开讨论，并得出结论："当前的机器主要仍局限于实现反映无意识加工的计算。"

第十三章

1. 加上"微不足道的"反馈并不一定会使该结论失效（Oizumi, Albantakis, & Tononi, 2014）。值得注意的是，考虑到物理微观层面的相互作用，此处所讨论的理想化、抽象的前馈系统在实际物理组件构建完成后，很可能具有非零的 Φ^{max}（Barrett, 2016）。

2. 一个前馈网络能够实现迅速的视觉运动行为，例如在120毫秒内，脑对闪烁的图像做出反应，其中包含潜在威胁的信号，或者在无意识的情况下，双手迅速伸出以抓住即将倾倒的杯子。然而，意识的体验在此过程中可能稍显滞后，延迟时间仅为几分之一秒。心理学家和神经科学家总是强调前馈对意识的必要性。参见 Cauller and Kulics (1991); Crick and Koch (1998); Dehaene and Changeux (2011); Edelman and Tononi (2000); Harth

(1993); Koch (2004); Lamme (2003); Lamme and Roelfsema (2000);Super, Spekreijse, and Lamme (2001)。拉米（Lamme）的意识复发加工理论（*recurrent processing theory*）明确提出了这一要求（Lamme 2006, 2010）。

205　　3. 在前馈网络中，内部加工单元的动力学速度相较复发网络更快。构建此网络的核心理念是将每个元素的状态通过一个由四个节点组成的链展开，从而实现复发网络元素的传递。然而，对于超过四个时间步长的输入序列，无法证明其功能等价性（详见 Oizumi, Albantakis, & Tononi, 2014, 图21）。

　　4. 在特定的温和假设下，具有单一中间（所谓隐藏）层的前馈网络能够近似任何可测量的功能（Cybenko, 1989; Hornik, Stinchcombe, & White, 1989）。在实际应用中，为了从大量精心设计的示例中进行学习，前馈网络往往是深度的，即包含多个隐藏层。关于计算机视觉中的视觉图像和想象力的更多信息，请参见 Eslami et al. (2018) 的研究。

　　5. 参见 Findlay et al. (2019)。

　　6. 你可以自己试试看或者参考 Findlay et al. (2019) 的附录，它已经帮你做好了。模拟（PQR）网络的一个时间步长，计算机需要更新8次。也就是说，经过8次时钟迭代，计算机模拟了（PQR）从初始状态（100）到下一个状态（001）的转变。再经过8次迭代，模拟会正确地预测（PQR）将处于状态（110）。

7. 为了模拟（PQR）线路的一次转换，计算机需要完成8个步骤，剩下的7个步骤必须重复整个分析。然而，结果是一样的。该系统无法作为一个整体存在，而是划分为9个较小整体（Findlay et al., 2019）。

8. 这个线路实现了著名的计算规则110（Cook, 2004）。

9. 这可以用归纳法来证明。当然，这个设计原则显然不是模拟人脑的实用方法，因为它需要大约 $2^{1000000000（十亿）}$ 个门，比宇宙中的原子多得多，但这个原则仍然成立。

10. 参见 Marshall, Albantakis, and Tononi（2016）。

11. 参见 Findlay et al.（2019）。

12. 哲学家约翰·塞尔（John Searle）在其著名的中文屋论证（Chinese room argument）中，表达了反功能主义和反计算主义的观点（Searle, 1980, 1997；亦可见 Searle, 1992关于计算机程序 Wordstar 的讨论）。他主张，脑的因果力量是意识产生的原因，但并未对此观点展开详细论述。整合信息理论不仅与塞尔的直觉相契合，且使他的理念更为精确。在对我此前的一部著作的评论中，塞尔对整合信息理论对信息的外在使用（如在香农的信息理论里所提到的信息；参见 Searle, 2013a,b, 和我们的回应，Koch & Tononi, 2013）表示批评。然而，塞尔、我以及托诺尼之间的会晤并未消除这一误解。这位以"理解意味着什么"

的概念而著称的哲学家所提出的误解，显得颇具讽刺意味。法伦（Fallon，2019b）分析了塞尔与整合信息理论之间的紧密关联，其结论认为，塞尔应对整合信息理论在因果力方面的核心地位感到欣慰，并且"整合信息理论弥补了塞尔描述中潜在的致命空白。"

13. 它稀疏的连通性矩阵应当有多达 10^{11} 乘 10^{11} 的条目，但它们大多数为零。

14. 参见 Friedmann et al. (2017)。需要以相同方式分析浮点运算器（Floating point units，FPUs）、图形处理器（graphics processing units，GPUs）、张量处理器（tensor processing units，TPUs），以确定它们内在的因果力。

16. 图灵并未设想将其模仿游戏（Turing，1950）用于意识评估，而是期望将其作为一种智能衡量标准。

17. 参见 Seung (2012)。所有当代扫描技术都是破坏性的，也就是说，你的脑会在获取脑连接组的过程中死亡。

18. 参见阿伦森的博客 Shtetl-Optimized，https://www.scottaaronson.com/blog/?p=1823，其中包括了托诺尼和其他许多人的详细回应。这篇博客非常值得一读。

19. 数学家首先在神经网络的背景下研究扩展图（expander

graphs），其中神经元（顶点）及其轴突和树突（边缘）占用物理空间，因此不能任意地紧密地排列在一起（Barzdin, 1993）。

20. 针对简单元胞自动机或逻辑门的一维和二维网格的整合信息的计算，实际上并非易事（例如，可参见Albantakis & Tononi, 2015, 图7）。然而，研究表明，对于平面网格而言，Φ^{max}的尺度为$O(x^n)$，其中x取决于元胞自动机实现的基本逻辑门或规则的细节，n是网格元素中的门的数量。

21. 它的柯尔莫哥洛夫复杂性（Kolmogorov complexity）非常低。

22. 人类初级视觉皮层的地形特征可通过将特定解剖部位的组织电刺激与感应闪光感知位置对齐来展示，此现象称为光幻视（phosphenes）（Winawer & Parvizi, 2016）。关于大量脑成像文献的探讨，可参见Dougherty et al. (2003)的研究，或参考神经科学教科书的相关内容。

第十四章

1. 在极限情况下，意识的最终仲裁者是正在进行体验的个体。

2. 图14.1是大卫·希利斯（David Hillis）流行的《生命之树》（tree of life）的艺术再现（大致根据Sadava et al., 2011的附录A）。

207 原核生物世系用虚线表示，包含多细胞生物的四个真核生物群（褐藻、植物、真菌和动物）用实线表示。星号标志着一个物种在哺乳动物这片叶子中的位置，它强烈地相信自己是独一无二的。注意，这种描述过分简化了物种之间的关系，因为它忽略了水平基因转移[横向遗传（sideways heredity）]。

3. 需要注意的是，并非所有神经结构在意识方面均具有同等地位。我在第6章讨论的临床证据表明，小脑部分或完全丧失并不会显著改变患者意识。因此，对于没有皮层的物种，我们必须研究它们脑的连线在多大程度上更类似于皮层还是小脑。以蜜蜂的脑为例，其解剖结构的复杂性类似于高度复发的（recurrent）大脑皮层。

4.（Giurfaa et al., 2001）指出，昆虫意识源于其与哺乳动物神经解剖学的相似性。研究表明，经过训练的蜜蜂能够利用记忆中的复杂线索在迷宫中飞行（Giurfaa et al., 2001），并调动选择性视觉注意力（Nityananda, 2016）。Loukola et al. (2017) 探讨了蜜蜂的社会学习现象。关于非哺乳动物认知、交流和意识的文献颇丰，推荐三部博学且富有人文情怀的经典之作：Dawkins (1998), Griffin (2001), and Seeley (2000)。Feinberg and Mallatt (2016) 为5.25亿年前寒武纪大爆发后意识的起源提供了详尽可靠的论述。

5. 参见 Darwin (1881/1985)，第3页。

6.《树的隐秘生活》(*Hidden Life of Trees*,Wohlleben,2016)一书作者为德国林务员。近年来,关于植物复杂化学感官及联想学习能力的文献逐渐增多,参见Chamovitz(2012),Gagliano(2017)以及Gagliano等(2016)的研究。

7.一些主张生物心理学(biopsychism)的生物学家与哲学家,诸如恩斯特·海克尔(Ernst Haeckel),主张生命与心智具有同延性(coextensive),并共享相同的组织原则(Thomson,2007)。

8.正如第8章所阐述的,在某一基质(如脑)上具备全局非零最大整合信息的实体可视为一个整体。这意味着,该基质中不存在具有更大整合信息的子集和超集。当然,在其他不重叠的整体中,如其他个体的脑,整合信息可能更为丰富。

9.参见Jennings(1906),第336页。

10.这些数字来源于米洛和菲利浦(Milo and Philips,2016)的研究。目前,关于单细胞生物最详尽的细胞周期模型是由Karr等人(2012)对人类病原体生殖支原体(Mycoplasma genitalium)525个基因所构建的模型。然而,该模型仍存在较大的遗漏,未能涵盖大部分蛋白质间的相互作用。值得注意的是,与脑将习得规律整合到突触连接中的过程不同,蛋白质在细胞内水环境中扩散,因此不太可能具备相同的连接特异性。我提出了对生物体中密集相互作用总量的估计,并阐述了为何我们 208

无法分析所有这些相互作用的观点（Koch'2012b）。

11. 恰当计算基本粒子的整合信息需要一个量子版本的整合信息理论（Tegmark, 2015; Zanardi, Tomka, & Venuti, 2018）。

12. 我完全认识到，过去四十年的理论物理学已经提供了充分的证据，证明追求优雅的理论，如超对称理论（supersymmetry）或弦理论（string theory），并没有产生新的、可经检验的证据来描述我们所生活的实际宇宙（Hassenfelder, 2018）。

13. Chalmers（1996, 2015）、Nagel（1979）和Strawson（1994, 2018）对泛心论的现代哲学观点进行了深入探讨，与此同时，物理学家泰格马克（Tegmark, 2015）主张意识是一种物质状态。Skrbina（2017）撰写了一本关于泛心论思想的易懂智识史（intellectual history）。我强烈推荐Teilhard de Chardin（1959）。欲了解更多关于整合信息理论与泛心论之间异同的论述，请参阅Fallon（2019b）、Morch（2018）以及Tononi和Koch（2015）的研究。

14. 参见Schrödinger（1958），第153页。

15. 鉴于物理主义未能充分解释心智，二元论的一些变体正重新引起人们的兴趣（Owen, 2018b）。

16. 参见 James（1890），第160页。

17. 塞尔对我早期关于整合信息理论的著作提出批评（Searle，2013a），可参见第13章注释12。关于组合问题的现代阐述，可参考 Goff（2006）。Fallon（2019b）深入讨论了整合信息理论如何解决组合的问题，并回应了塞尔的中文屋论证。

18. 从技术上讲，我的"整体"既不是我的整个身体，也不是我的整个脑，而只是意识的物理基质，它位于后皮层的热区，最大化了内在的因果力量。我的身体，包括我的脑，可以被认为是一个最大的外在因果力量，会在死亡时瓦解。

19. 关于区域睡眠的架构，参见 Koch（2016c）和 Vyazonskiy et al.（2011）.

20. 利斯特(List，2016)讨论了群体行动者，特别是公司。他的结论是，不会存在作为一家公司的感受。

21. 这种延展有时被称为非还原的物理主义（*nonreductive physicalism*）（Rowlatt，2018）。

22. 实际上，信息理论的整合与哲学家所提及的罗素式一元论或中立一元论在诸多方面具有显著相似性（Grasso，2019；Morch，2018；Russell，1927）。

尾声

209   1. 几千年来的哲学、宗教、道德、伦理、科学、法律和政治的视角在此处皆有关联。我唯一的贡献是从整合信息理论的角度提出一些值得注意的观察。我发现 Niikawa(2018)的研究在此处颇具启发性。

2. 赛博格（cyborgs）所引发的伦理问题涉及个人及整个社会在获得力量过程中所面临的挑战与机遇，对这些议题的探讨与解决至关重要。

3. 一个棘手的问题是如何判断无意识系统的道德地位，比如艺术作品或诸如山、自然公园之类的整个生态系统。虽然它们没有内在的因果力量，但它们确实具备值得保护的属性。

4. Braithwaite(2010)细致地记录了鱼类疼痛的证据。关于每年捕捞的鱼类数量的最新估计可参见 http://fishcount.org.uk/。每年，数以百亿计的牛、猪、羊、鸡、鸭和火鸡被饲养在恶劣的环境中，它们被残忍地宰杀，以满足人类对肉类的无情欲望。

5. 通过编程，计算机可以表现得好像它们在乎这些。谁没有在客服糟糕的服务里浪费过时间，从一个语音系统切换到另一个语音系统，而每个语音系统都对不得不让我们等待表示极大的遗憾呢？这种虚假的同理心并不能解决创造超级智能机器所带来的存在风险（Bostrom, 2014）。

6. 需要考虑两个额外的复杂性问题：首先，在由整合信息衡量的个体或动物中的意识与某个群体度量中的意识之间的差异，比如成年人群体的平均值或中位数的 Φ^{max}，其次，在开展比较时，不仅需关注个体当前的意识水平，还需充分考虑其未来发展的潜力。例如，在受精后不久，处于发育初期阶段的囊胚，其 Φ^{max} 值相对较低，但随着发育的推进，最终将成长为具备完全意识的成体，其 Φ^{max} 值将大幅度提高。

7. 辛格（Singer）的著作《动物解放》（*Animal Liberation*, 1975）和《反思生与死》（*Rethinking Life and Death*, 1994）堪称佳作，强烈推荐。

参考文献

211 [1] Abe, T., Nakamura, N., Sugishita, M., et al. Partial disconnection syndrome following penetrating stab wound of the brain. [J] European Neurology, 1986, 25 : 233 – 239.

[2] Albantakis, L., Hintze, A., Koch, C., Adami, C., & Tononi, G. (2014). Evolution of integrated causal structures in animats exposed to environments of increasing complexity. *PLOS Computational Biology*, 10, e 1003966.

[3] Albantakis, L., & Tononi, G. (2015). The intrinsic cause-effect power of discrete dynamical systems — from elementary cellular automata to adapting animats. *Entropy*, 17, 5472 – 5502.

[4] Almheiri, A., Marolf, D., Polchinski, J., & Sully, J. (2013). Black holes : Complementarity or firewalls? *Journal of High Energy Physics*, 2, 62.

[5] Almog, M., & Korngreen, A. (2016). Is realistic neuronal modeling realistic? *Journal of Neurophysiology*, 116, 2180 – 2209.

[6] Alonso, L. M., Solovey, G., Yanagawa, T., Proekt, A., Cecchi, G. A., & Magnasco, M. O. (2019). Single-trial classification of awareness state during anesthesia by measuring critical dynamics of global brain activity. *Scientific Reports*, 9, 4927.

[7] Arendt, D., Musser, J. M., Baker, C. V. H., Bergman, A., Cepko, C., Erwin, D. H., Pavlicev, M., Schlosser, G., Widder, S., Laubichler, M. D., & Wagner, G. P. (2016). The origin and evolution of cell types. *Nature Reviews Genetics*, 17, 744 – 757.

[8] Aru, J., Axmacher, N., Do Lam, A. T., Fell, J., Elger, C. E., Singer, W., & Melloni, L. (2012). Local category-specific gamma band responses in the visual cortex do not reflect conscious perception. *Journal of Neuroscience*, 32, 14909 – 14914.

[9] Atlan, G., Terem, A., Peretz-Rivlin, N., Sehrawat, K., Gonzales, B. J., Pozner, G., Tasaka, G. I., Goll, Y., Refaeli, R., Zviran, O., & Lim, B. K. (2018). The claustrum supports resilience to distraction. *Current Biology*, 28, 2752 – 2762.

212 [10] Azevedo, F., Carvalho, L., Grinberg, L., Farfel, J. M., Ferretti, R., Leite, R., Filho, W. J., Lent, R.,

& Herculano-Houzel, S. (2009). Equal numbers of neuronal and non-neuronal cells make the human brain an isometrically scaled-up primate brain. *Journal of Comparative Neurology*, 513, 532–541.

[11] Baars, B. J. A Cognitive Theory of Consciousness [M] . Cambridge : Cambridge University Press,1988.

[12] Baars, B. J. (2002). The conscious access hypothesis : Origins and recent evidence. *Trends in Cognitive Sciences*, 6, 47–52.

[13] Bachmann, T., Breitmeyer, B., & Ögmen, H. (2007). *Experimental Phenomena of Consciousness*. New York : Oxford University Press.

[14] Bahney, J., & von Bartheld, C. S. (2018). The cellular composition and glia-neuron ratio in the spinal cord of a human and a nonhuman primate : Comparison with other species and brain regions. *Anatomical Record*, 301, 697–710.

[15] Ball, P. (2019). Neuroscience readies for a showdown over consciousness ideas. *Quanta Magazine*, March 6.

[16] Bardin, J. C., Fins, J. J., Katz, D. I., Hersh, J., Heier, L. A., Tabelow, K., Dyke, J. P., Ballon, D. J., Schiff, N. D., & Voss, H. U. (2011). Dissociations between behavioral and functional magnetic resonance imaging-based evaluations of cognitive function after brain injury. *Brain*, 134, 769–782.

[17] Barrett, A. B. (2016). A comment on Tononi & Koch (2015) : Consciousness : Here, there and everywhere? *Philosophical Transactions of the Royal Society B : Biological Sciences*, 371, 20140198.

[18] Barron, A. B., & Klein, C. (2016). What insects can tell us about the origins of consciousness. *Proceedings of the National Academy of Sciences*, 113, 4900–4908.

[19] Barzdin, Y. M. (1993). On the realization of networks in three-dimensional space. In A. N. Shiryayev (Ed.), *Selected Works of A. N. Kolmogorov*. Mathematics and Its Applications (Soviet Series), Vol. 27. Dordrecht : Springer.

[20] Bastuji, H., Frot, M., Perchet, C., Magnin, M., & Garcia-Larrea, L. (2016). Pain networks from the inside : Spatiotemporal analysis of brain responses leading from nociception to conscious perception. *Human Brain Mapping*, 37, 4301–4315.

［21］ Bauby, J.-D. (1997). The Diving Bell and the Butterfly : A Memoir of Life in Death. New York : Alfred A. Knopf.

［22］ Bauer, P. R., Reitsma, J. B., Houweling, B. M., Ferrier, C. H., & Ramsey, N. F. (2014). Can fMRI safely replace the Wada test for preoperative assessment of language lateralization? A meta-analysis and systematic review. Journal of Neurology, Neurosurgery, and Psychiatry, 85, 581–588.

213 ［23］ Bauman, Z. (2000). Liquid Modernity. Cambridge : Polity.

［24］ Beauchamp, M. S., Sun, P., Baum, S. H., Tolias, A. S., & Yoshor, D. (2013). Electrocorticography links human temporoparietal junction to visual perception. Nature Neuroscience, 15, 957–959.

［25］ Beilock, S. L., Carr, T. H., MacMahon, C., & Starkes, J. L. (2002). When paying attention becomes counterproductive : Impact of divided versus skill-focused attention on novice and experienced performance of sensorimotor skills. Journal of Experimental Psychology : Applied, 8, 6–16.

［26］ Bellesi, M., Riedner, B.A., Garcia-Molina, G.N., Cirelli, C., & Tononi, G. (2014). Enhancement of sleep slow waves : underlying mechanisms and practical consequences. Frontiers in Systems Neuroscience, 8, 208–218.

［27］ Bengio, Y. (2017). The consciousness prior. arXiv, 1709.08568 v1.

［28］ Berlin, H. A. (2011). The neural basis of the dynamic unconscious. Neuro-psychoanalysis, 13, 5–31.

［29］ Berlin, H. A., & Koch, C. (2009). Neuroscience meets psychoanalysis. Scientific American Mind, April, 16–19.

［30］ Biderman, N., & Mudrik, L. (2017). Evidence for implicit — but not unconscious — processing of object-scene relations. Psychological Science, 29, 266–277.

［31］ Birey, F., Andersen, J., Makinson, C. D., Islam, S., Wei, W., Huber, N., Fan, H. C., Metzler, K. R. C., Panagiotakos, G., Thom, N., & O'Rourke, N. A. (2017). Assembly of functionally integrated human forebrain spheroids. Nature, 545, 54–59.

［32］ Blackmore, S. (2011). Zen and the Art of Consciousness. London : One World Publications.

[33] Blanke, O., Landis, T., & Seeck M. (2000). Electrical cortical stimulation of the human prefrontal cortex evokes complex visual hallucinations. *Epilepsy & Behavior,* 1, 356 – 361.

[34] Block, N. (1995). On a confusion about a function of consciousness. *Behavioral and Brain Sciences,* 18, 227 – 287.

[35] Block, N. (2007). Consciousness, accessibility, and the mesh between psychology and neuroscience. *Behavioral and Brain Sciences,* 30, 481 – 548.

[36] Block, N. (2011). Perceptual consciousness overflows cognitive access. *Trends in Cognitive Sciences,* 15, 567 – 575.

[37] Bogen, J. E. (1993). The callosal syndromes. In K. M. Heilman & E. Valenstein (Eds.), *Clinical Neurosychology* (3 rd ed., pp. 337 – 407). New York : Oxford University Press.

[38] Bogen, J. E., & Gordon, H. W. (1970). Musical tests for functional lateralization with intracarotid amobarbital. *Nature,* 230, 524 – 525.

[39] Bostrom, N. (2014). *Superintelligence : Paths, Dangers, Strategies.* Oxford : Oxford University Press. 214

[40] Boyd, C. A. (2010). Cerebellar agenesis revisited. *Brain,* 133, 941 – 944.

[41] Bolte Taylor, J. (2008). *My Stroke of Insight : A Brain Scientist's Personal Journey.* New York : Viking.

[42] Boly, M., Massimini, M., Tsuchiya, N., Postle, B. R., Koch, C., & Tononi, G. (2017). Are the neural correlates of consciousness in the front or in the back of the cerebral cortex? Clinical and neuroimaging evidence. *Journal of Neuroscience,* 37, 9603 – 9613.

[43] Bornhövd, K., Quante, M., Glauche, V., Bromm, B., Weiller, C., & Büchel, C. (2002). Painful stimuli evoke different stimulus-response functions in the amygdala, prefrontal, insula and somatosensory cortex : A single-trial fMRI study. *Brain,* 125, 1326 – 1336.

[44] Braitenberg, V., & Schüz, A. *Cortex : Statistics and Geometry of Neuronal Connectivity* [M]. *2nd ed.* Berlin : Springer, 1988.

[45] Braithwaite, V. (2010). *Do Fish Feel Pain?* Oxford : Oxford University Press.

[46] Braun, J., & Julesz, B. (1998). Withdrawing attention at little or no cost : Detection and discrimination tasks. *Perception & Psychophysics*, 60, 1 – 23.

[47] Brickner, R. M. (1936). *The Intellectual Functions of the Frontal Lobes.* New York : MacMillan.

[48] Brickner, R. M. (1952). Brain of Patient A. after bilateral frontal lobectomy : Status of frontal-lobe problem. *AMA Archives of Neurology and Psychiatry*, 68, 293 – 313.

[49] Bruner, J. C., & Potter, M. C. (1964). Interference in visual recognition. *Science*, 114, 424 – 425.

[50] Bruno, M.-A., Nizzi, M.-C., Laureys, S., & Gosseries, O. (2016). Consciousness in the locked-in syndrome. In Laureys, S., Gosseries, O., & Tononi, G. (Eds.), *The Neurology of Consciousness* (2 nd ed., pp. 187 – 202). Amsterdam : Elsevier.

[51] Button, K. S., Ioannidis, J. P.A., Mokrysz, C., Nosek, B. A., Flint, J., Robinson, E. S., & Munafo, M. R. (2013). Power failure : Why small sample size undermines the reliability of neuroscience. *Nature Reviews Neuroscience*, 14, 365 – 376.

[52] Buzsaki, G., Anastassiou, C. A., & Koch, C. (2012). The origin of extracellular fields and currents — EEG, ECoG, LFP and spikes. *Nature Reviews Neuroscience*, 13, 407 – 420.

[53] Carlen, M. (2017). What constitutes the prefrontal cortex? *Science*, 358, 478 – 482.

[54] Carmel, D., Lavie, N., & Rees, G. (2006). Conscious awareness of flicker in humans involves frontal and parietal cortex. *Current Biology*, 16, 907 – 911.

[55] Casali, A., Gosseries, O., Rosanova, M., Boly, M., Sarasso, S., Casali, K. R., Casarotto, S., Bruno, M. A., Laureys, S., Tononi, G., & Massimini, M. (2013). A theoretically based index of consciousness independent of sensory processing and behavior. *Science Translational Medicine*, 5, 1 – 11.

[56] Casarotto, S., Comanducci, A., Rosanova, M., Sarasso, S., Fecchio, M., Napolitani, M., et al. (2016). Stratification of unresponsive patients by an independently validated index of brain complexity. *Annals of Neurology*, 80, 718 – 729.

[57] Casti, J. L., & DePauli, W. (2000). *Gödel : A Life of Logic.* New York : Basic Books.

[58] Cauller, L. J., & Kulics, A. T. (1991). The neural basis of the behaviorally relevant N 1 com-

ponent of the somatosensory-evoked potential in SI cortex of awake monkeys : Evidence that backward cortical projections signal conscious touch sensation. *Experimental Brain Research*, 84, 607–619.

[59] Cerf, M., Thiruvengadam, N., Mormann, F., Kraskov, A., Quian Quiroga, R., Koch, C., & Fried, I. (2010). On-line, voluntary control of human temporal lobe neurons. *Nature*, 467, 1104-1108.

[60] Chalmers, D. J. (1996). *The Conscious Mind : In Search of a Fundamental Theory*. New York : Oxford University Press.

[61] Chalmers, D. J. (1998). On the search for the neural correlate of consciousness. In S. Hameroff, A. Kaszniak, & A. Scott (Eds.), *Toward a Science of Consciousness II : The Second Tucson Discussions and Debates*. Cambridge, MA : MIT Press.

[62] Chalmers, D. J. (2000). What is a neural correlate of consciousness? In T. Metzinger (Ed.), *Neural Correlates of Consciousness : Empirical and Conceptual Questions* (pp. 17 – 39).Cambridge, MA : MIT Press.

[63] Chalmers, D. J. (2015) Panpsychism and panprotopsychism. In T. Alter & Y. Nagasawa (Eds.), *Consciousness in the Physical World : Perspectives on Russellian Monism* (pp. 246 – 276). New York : Oxford University Press.

[64] Chamovitz, D. (2012). *What a Plant Knows : A Field Guide to the Sense*. New York : Scientific American/Farrar, Straus and Giroux.

[65] Chiao, R. Y., Cohen, M. L., Leggett, A. J., Phillips, W. D., & Harper Jr., C. L. (Eds.). (2010). *Amazing Light : New Light on Physics, Cosmology and Consciousness*. Cambridge : Cambridge University Press.

[66] Churchland, Patricia. (1983). Consciousness : The transmutation of a concept. *Pacific Philosophical Quarterly*, 64, 80 – 95.

[67] Churchland, Patricia. (1986). *Neurophilosophy—Toward a Unified Science of the Mind/ Brain*. Cambridge, MA : MIT Press.

[68] Churchland, Paul. (1984). *Matter and Consciousness : A Contemporary Introduction to the Philosophy of Mind*. Cambridge, MA : MIT Press.

[69] Cignetti, F., Vaugoyeau, M., Nazarian, B., Roth, M., Anton, J. L., & Assaiante, C. (2014). Boost-

ed activation of right inferior frontoparietal network : A basis for illusory movement awareness. *Human Brain Mapping*, 35, 5166 – 5178.

[70] Clark, A. (1989). *Microcognition : Philosophy, Cognitive Science, and Parallel Distributed Processing.* Cambridge, MA : MIT Press.

[71] Clarke, A. (1962). *Profiles of the Future : An Inquiry into the Limits of the Possible.* New York : Bantam Books.

[72] Clarke, A. (1963). Aristotelian concepts of the form and function of the brain. *Bulletin of the History of Medicine*, 37, 1–14.

[73] Cohen, M. A., & Dennett, D. C. (2011). Consciousness cannot be separated from function. *Trends in Cognitive Sciences*, 15, 358 – 364.

[74] Cohen, M. A., Dennett, D. C., & Kanwisher, N. (2016). What is the bandwidth of perceptual experience? *Trends in Cognitive Sciences*, 20, 324 – 335.

[75] Collini, E., Wong, C. Y., Wilk, K. E., Curmi, P. M. G., Brumer, P., & Schoes, G. D. (2010). Coherently wired light-harvesting in photosynthetic marine algae at ambient temperature. *Nature*, 463, 644 – 647.

[76] Comolatti, R., Pigorini, A., Casarotto, S., Fecchio, M., Faria, G., Sarasso, S., Rosanova, M., Gosseries, O., Boly, M., Bodart, O., Ledou, D., Brichant, J. F., Nobili, L., Laureys, S., Tononi, G., Massimini, M., & Casali, A. G. (2018). A fast and general method to empirically estimate the complexity of distributed causal interactions in the brain. *bioRxiv.* doi : 10.1101/445882.

[77] Cook, M. (2004). Universality in elementary cellular automata. *Complex Systems*, 15, 1 – 40.

[78] Cottingham, J. (1978). A brute to the brutes — Descartes'treatment of animals. *Philosophy*, 53, 551 – 559.

[79] Cranford, R. (2005). Facts, lies, and videotapes : The permanent vegetative state and the sad case of Terri Schiavo. *Journal of Law, Medicine & Ethics*, 33, 363 – 371.

[80] Crick, F. C. (1988). *What Mad Pursuit.* New York : Basic Books.

[81] Crick, F. C. (1994). *The Astonishing Hypothesis.* New York : Charles Scribner's Sons.

[82] Crick, F. C., & Koch, C. (1990). Towards a neurobiological theory of consciousness. *Seminars in Neuroscience*, 2, 263–275.

[83] Crick, F. C., & Koch, C. (1995). Are we aware of neural activity in primary visual cortex? *Nature*, 375, 121–123.

[84] Crick, F. C., & Koch, C. (1998). Consciousness and neuroscience. *Cerebral Cortex*, 8, 97–107.

[85] Crick, F. C., & Koch, C. (2000). The unconscious homunculus. With commentaries by multiple authors. *Neuro-Psychoanalysis*, 2, 3–59. 217

[86] Crick, F. C., & Koch, C. (2005). What is the function of the claustrum? *Philosophical Transactions of the Royal Society of London B : Biological Sciences*, 360, 1271–1279.

[87] Curtiss, S. (1977). *Genie : A Psycholinguistic Study of a Modern-Day "Wild Child "* . Perspectives in Neurolinguistics and Psycholinguistics. Boston : Academic Press.

[88] Cybenko, G. (1989). Approximations by superpositions of sigmoidal functions. *Mathematics of Control, Signals, and Systems*, 2, 303–314.

[89] Dakpo Tashi Namgyal (2004). *Clarifying the Natural State*. Hong Kong : Rangjung Yeshe Publications.

[90] Darwin, C. (1881 / 1985). *The Formation of Vegetable Mould, through the Action of Worms with Observation of their Habits*. Chicago : University of Chicago Press.

[91] Dawid, R. (2013). *String Theory and the Scientific Method*. Cambridge : Cambridge University Press.

[92] Dawkins, M. S. (1998). *Through Our Eyes Only—The Search for Animal Consciousness*. Oxford : Oxford University Press.

[93] Dean, P., Porrill, J., Ekerot, C. F., & Jörntell, H. (2010). The cerebellar microcircuit as an adaptive filter : Experimental and computational evidence. *Nature Reviews Neuroscience*, 11, 30–43.

[94] Deary, I. J., Penke, L., & Johnson, W. (2010). The neuroscience of human intelligence differences. *Nature Reviews Neuroscience*, 11, 201–211.

[95] Debellemaniere, E., Chambon, S., Pinaud, C., Thorey, V., Dehaene, D., Léger, D., Mounir, C., Arnal, P. J., & Galtier, M. N. (2018). Performance of an ambulatory dry-EEG device for auditory closed-loop stimulation of sleep slow oscillations in the home environment. *Frontiers in Human Neuroscience*, 12, 88.

[96] Dehaene, S. (2014). *Consciousness and the Brain : Deciphering How the Brain Codes Our Thoughts*. New York : Viking.

[97] Dehaene, S., & Changeux, J.-P. (2011). Experimental and theoretical approaches to conscious processing. *Neuron*, 70, 200 – 227.

[98] Dehaene, S., Changeux, J.-P., Naccache, L., Sackur, J., & Sergent, C. (2006). Conscious, preconscious, and subliminal processing : A testable taxonomy. *Trends in Cognitive Sciences*, 10, 204 – 211.

[99] Dehaene, S., Lau, H., & Kouider, S. (2017). What is consciousness, and could machines have it? *Science*, 358, 486 – 492.

[100] Dehaene, S., Naccache, L., Cohen, L., Le Bihan, D., Mangin, J.-F., Poline, J.-B., et al. (2001). Cerebral mechanisms of word masking and unconscious repetition priming. *Nature Neuroscience*, 4, 752 – 758.

[101] de Lafuente, V., & Romo, R. (2006). Neural correlate of subjective sensory experience gradually builds up across cortical areas. *Proceedings of the National Academy of Sciences*, 103, 14266 – 14271.

[102] Del Cul, A., Dehaene, S., Reyes, P., Bravo, E., & Slachevsky, A. (2009). Causal role of prefrontal cortex in the threshold for access to consciousness. *Brain*, 132, 2531 – 2540.

[103] Dement, W. C., & Vaughan, C. (1999). *The Promise of Sleep*. New York : Dell.

[104] Dennett, D. C. (1991). *Consciousness Explained*. Boston : Little, Brown.

[105] Dennett, D. C. (2017). *From Bacteria to Bach and Back : The Evolution of Minds*. New York : W. W. Norton.

[106] Denton, D. (2006). *The Primordial Emotions : The Dawning of Consciousness*. Oxford : Oxford University Press.

[107] Desmurget, M., Reilly, K. T., Richard, N., Szathmari, A., Mottolese, C., & Sirigu, A. (2009). Movement intention after parietal cortex stimulation in humans. *Science*, 324, 811 – 813.

[108] Desmurget, M., Song, Z., Mottolese, C., & Sirigu, A. (2013). Re-establishing the merits of electrical brain stimulation. *Trends in Cognitive Sciences*, 17, 442 – 449.

[109] de Vries, S. E., Lecoq, J., Buice, M. A., Groblewski, P. A., Ocker, G. K., Oliver, M. et al. (2018). A large-scale, standardized physiological survey reveals higher order coding throughout the mouse visual cortex. *BioRxiv*, 359513.

[110] Di Lullo, E., & Kriegstein, A. R. (2017). The use of brain organoids to investigate neural development and disease. *Nature Reviews Neuroscience*, 1, 573 – 583.

[111] Dominus, S. (2011). Could conjoined twins share a mind? *New York Times Magazine*, May 25.

[112] Dougherty, R. F., Koch, V. M., Brewer, A. A., Fischer, B., Modersitzki, J., & Wandell, B. A. (2003). Visual field representations and locations of visual areas V 1 / 2 / 3 in human visual cortex. *Journal of Vision*, 3, 586 – 598.

[113] Doyen, S., Klein, P., Lichon, C.-L., & Cleeremans, A. (2012). Behavioral priming : It's all in the mind, but whose mind? *PLOS One*, 7. doi : 10.1371 /journal.pone. 0029081.

[114] Drews, F. A., Pasupathi, M., & Strayer, D. L. (2008). Passenger and cell phone conversations in simulated driving. *Journal of Experimental Psychology Applied*, 14, 392 – 400.

[115] Earl, B. (2014). The biological function of consciousness. *Frontiers in Psychology*, 5, 697.

[116] Economo, M. N., Clack, N. G., Lavis, L. D., Gerfen, C. R., Svoboda, K., Myers, E. W., & Chandrashekar, J. (2016). A platform for brain-wide imaging and reconstruction of individual neurons. *eLife*, 5, 10566. 219

[117] Edelman, G. M., & Tononi, G. (2000). *A Universe of Consciousness*. New York : Basic Books.

[118] Edlund, J. A., Chaumont, N., Hintze, A., Koch, C., Tononi, G., & Adami, C. (2011). Integrated information increases with fitness in the evolution of animats. *PLOS Computational Biology*, 7, e1002236.

[119] Engel, A. K., & Singer, W. (2001). Temporal binding and the neural correlates of sensory awareness. *Trends in Cognitive Sciences*, 5, 16–25.

[120] Eslami, S. M. A., Rezende, D. J., Desse, F., Viola, F., Morcos, A. S., Garnelo, M., et al. (2018). Neural representation and rendering. *Science*, 360, 1204–1210.

[121] Esteban, F. J., Galadi, J., Langa, J. A., Portillo, J. R., & Soler-Toscano, F. (2018). Informational structures : A dynamical system approach for integrated information. *PLOS Computational Biology*, 14. doi : 10.1371/journal.pcbi.1006154.

[122] Everett, D. L. (2008). *Don't Sleep, There Are Snakes—Life and Language in the Amazonian Jungle*. New York : Vintage.

[123] Fallon, F. (2019 a). Dennett on consciousness : Realism without the hysterics. *Topoi*, in press. doi : 10.1007/s 11245-017-9502-8.

[124] Fallon, F. (2019 b). Integrated information theory, Searle, and the arbitrariness question. *Review of Philosophy and Psychology*, in press.

[125] Farah, M. J. (1990). *Visual Agnosia*. Cambridge, MA : MIT Press.

[126] Fei-Fei, L., Iyer, A., Koch, C., & Perona, P. (2007). What do we perceive in a glance of a real-world scene? *Journal of Vision*, 7, 1–29.

[127] Fei-Fei, L., VanRullen, R., Koch, C., & Perona, P. (2005). Why does natural scene categorization require little attention? Exploring attentional requirements for natural and synthetic stimuli. *Visual Cognition*, 12, 893–924.

[128] Feinberg, T. E., & Mallatt, J. M. (2016). *The Ancient Origins of Consciousness*. Cambridge, MA : MIT Press.

[129] Feinberg, T. E., Schindler, R. J., Flanagan, N. G., & Haber, L. D. (1992). Two alien hand syndromes. *Neurology*, 42, 19–24.

[130] Findlay, G., Marshall, W., Albantakis, L., Mayner, W., Koch, C., & Tononi, G. (2019). Can computers be conscious? Dissociating functional and phenomenal equivalence. Submitted.

[131] Flaherty, M. G. (1999). *A Watched Pot : How We Experience Time*. New York : NYU Press.

[132] Fleming, S. M., Ryu, J., Golfinos, J. G., & Blackmon, K. E. (2014). Domain-specific impair- 220 ment in metacognitive accuracy following anterior prefrontal lesions. *Brain*, 137, 2811 – 2822.

[133] Forman, R. K. C. (1990 a). Eckhart, Gezücken, and the ground of the soul. In R. K. C. Forman (Ed.), *The Problem of Pure Consciousness* (pp. 98 – 120). New York : Oxford University Press.

[134] Forman, R. K. C. (Ed.). (1990 b). *The Problem of Pure Consciousness*. New York : Oxford University Press.

[135] Forman, R. K. C. (1990 c). Introduction : Mysticism, constructivism, and forgetting. In R. K. C. Forman (Ed.), *The Problem of Pure Consciousness* (pp. 3 – 49). New York : Oxford University Press.

[136] Foster, B. L., & Parvizi, J. (2107). Direct cortical stimulation of human posteromedial cortex. *Neurology*, 88, 1 – 7.

[137] Fox, K. C., Yih, J., Raccah, O., Pendekanti, S. L., Limbach, L. E., Maydan, D. D., & Parvizi, J. (2018). Changes in subjective experience elicited by direct stimulation of the human orbitofrontal cortex. *Neurology*, 91, 1519 – 1527.

[138] Freud, S. (1915). *The unconscious. In The Standard Edition of the Complete Psychological Works of Sigmund Freud*. London : Hogarth Press.

[139] Freud, S. (1923). T*he ego and the id. In The Standard Edition of the Complete Psychological Works of Sigmund Freud*. London : Hogarth Press.

[140] Friedmann, S., Schemmel, J., Grübl, A., Hartel, A., Hock, M., & Meier, K. (2017). Demonstrating hybrid learning in a flexible neuromorphic hardware system. *IEEE Transactions on Biomedical Circuits and Systems*, 11, 128 – 142.

[141] Fries, P., Roelfsema, P. R., Engel, A. K., König, P., & Singer, W. (1997). Synchronization of oscillatory responses in visual cortex correlates with perception in interocular rivalry. *Proceedings of the National Academy of Sciences*, 94, 12699 – 12704.

[142] Friston, K. (2010). The free-energy principle : A unified brain theory? *Nature Reviews Neurosciences*, 11, 127 – 138.

[143] Gagliano, M. (2017). The mind of plants : Thinking the unthinkable. *Communicative & Integrative Biology*, 10, e1288333.

[144] Gagliano, M., Vyazovskiy, V. V., Borbély, A. A., Mavra Grimonprez, M., & Depczynski, M. (2016). Learning by association in plants. *Scientific Reports*, 6, 38427.

[145] Gallant, J. L., Shoup, R. E., & Mazer J. A. (2000). A human extrastriate area functionally homologous to macaque V4. *Neuron*, 27, 227–235.

[146] Gauthier, I. (2017). The quest for the FFA led to the expertise account of its specialization. *arXiv*, 1702.07038.

221 [147] Genetti, M., Britz, J., Michel, C. M., & Pegna, A. J. (2010). An electrophysiological study of conscious visual perception using progressively degraded stimuli. *Journal of Vision*, 10, 1–14.

[148] Giacino, J. T., Fins, J. J., Laureys, S., & Schiff, N. D. (2014). Disorders of consciousness after acquired brain injury : The state of the science. *Nature Reviews Neuroscience*, 10, 99–114.

[149] Giattino, C. M., Alam, Z. M., & Woldorff, M. G. (2017). Neural processes underlying the orienting of attention without awareness. *Cortex*, 102, 14–25.

[150] Giurfa, M., Zhang, S., Jenett, A., Menzel, R., & Srinivasan, M. V. (2001). The concepts of " sameness "and" difference "in an insect. *Nature*, 410, 930–933.

[151] Godfrey-Smith, P. (2016). *Other Minds—The Octopus, the Sea and the Deep Origins of Consciousness*. New York : Farrar, Straus & Giroux.

[152] Goff, P. (2006). Experiences don' t sum. *Journal of Consciousness Studies*, 13, 53–61.

[153] Gordon, H. W., & Bogen, J. E. (1974). Hemispheric lateralization of singing after intracarotid sodium amylobarbitone. *Journal of Neurology, Neurosurgery & Psychiatry*, 37, 727–738.

[154] Goriounova, N. A., Heyer, D. B., Wilbers, R., et al. (2019). A cellular basis of human intelligence. *eLife*, in press.

[155] Grasso, M. (2019). IIT vs. Russellian Monism : A metaphysical showdown on the content of experience. *Journal of Consciousness Studies*, 26, 48–75.

[156] Gratiy, S., Geir, H., Denman, D., Hawrylycz, M., Koch, C., Einevoll, G. & Anastassiou, C. (2017). From Maxwell' s equations to the theory of current-source density analysis. *European Journal of Neuroscience*, 45, 1013–1023.

[157] Greenwood, V. (2015). Consciousness began when gods stopped speaking. *Nautilus*, May 28.

[158] Griffin, D. R. (1998). *Unsnarling the World-Knot—Consciousness, Freedom and the Mind-Body problem*. Eugene, OR : Wipf & Stock.

[159] Griffin, D. R. (2001). *Animal Minds—Beyond Cognition to Consciousness*. Chicago : University of Chicago Press.

[160] Gross, G. G. (1998). *Brain, Vision, Memory—Tales in the History of Neuroscience*. Cambridge, MA : MIT Press.

[161] Hadamard, J. (1945). *The Mathematician's Mind*. Princeton : Princeton University Press.

[162] Hameroff, S., & Penrose, R. (2014). Consciousness in the universe : A review of the " Orch OR "theory. *Physics Life Reviews*, 11, 39 – 78.

[163] Han, E., Alais, D., & Blake, R. (2018). Battle of the Mondrians : Investigating the role of unpredictability in continuous flash suppression. *I-Perception*, 9, 1 – 21.

[164] Harris, C. R., Coburn, N., Rohrer, D., & Pashler, H. (2013). Two failures to replicate high-performance- goal priming effects. *PLOS One*, 8, e 72467.

[165] Harrison, P. (2015). *The Territories of Science and Religion*. Chicago : University of Chicago Press.

[166] Harth, E. (1993). *The Creative Loop : How the Brain Makes a Mind*. Reading, MA : Addison-Wesley.

[167] Hassenfeld, S. (2018). *Lost in Mathematics : How Beauty Leads Physics Astray*. New York : Basic Books.

[168] Hassin, R. R., Uleman, J. S., & Bargh, J. A. (2005). *The New Unconscious*. Oxford : Oxford University Press.

[169] Haun, A. M., Tononi, G., Koch, C., & Tsuchiya, N. (2017). Are we underestimating the richness of visual experience? *Neuroscience of Consciousness*, 1, 1 – 4.

222

[170] Haynes, J. D., & Rees, G. (2005). Predicting the orientation of invisible stimuli from activity in human primary visual cortex. *Nature Neuroscience*, 8, 686 – 691.

[171] Hebb, D. O., & Penfield, W. (1940). Human behavior after extensive bilateral removal from the frontal lobes. *Archives of Neurology and Psychiatry*, 42, 421 – 438.

[172] Henri-Bhargava, A., Stuff, D.T., & Freedman, M. (2018). Clinical assessment of prefrontal lobe functions. *Behavioral Neurology and Psychiatry*, 24, 704 – 726.

[173] Hepp, K. (2018). The wake-sleep " phase transition " at the gate to consciousness. *Journal of Statistical Physics*, 172, 562 – 568.

[174] Herculano-Houzel, S., Mota, B., & Lent, R. (2006). Cellular scaling rules for rodent brains. *Proceedings of the National Academy of Sciences*, 103, 12138 –12143.

[175] Herculano-Houzel, S., Munk, M. H., Neuenschwander, S., & Singer, W. (1999). Precisely synchronized oscillatory firing patterns require electroencephalographic activation. *Journal of Neuroscience*, 19, 3992 – 4010.

[176] Hermes, D., Miller, K. J., Wandell, B. A., & Winawer, J. (2015). Stimulus dependence of gamma oscillations in human visual cortex. *Cerebral Cortex*, 25, 2951 – 2959.

[177] Heywood, C. A., & Zihl, J. (1999). Motion blindness. In G. W. Humphreys (Ed.), *Case Studies in the Neuropsychology of Vision* (pp. 1 – 16). Hove : Psychology Press/ Taylor & Francis.

223 [178] Hiscock, H. G., Worster, S., Kattnig, D. R., Steers, C., Jin, Y., Manolopoulos, D. E., Mouritsen, H., & Hore, P. J. (2016). The quantum needle of the avian magnetic compass. *Proceedings of the National Academy of Sciences*, 113, 4634 – 4639.

[179] Hodgkin, A. L. (1976). Chance and design in electrophysiology : An informal account of certain experiments on nerve carried out between 1934 and 1952. *Journal of Physiology*, 263, 1–21.

[180] Hodgkin, A. L., & Huxley, A. F. (1952). A quantitative description of membrane current and its application to conduction and excitation in nerve. *Journal of Physiology*, 117, 500 – 544.

[181] Hoel, E. P., Albantakis, L., & Tononi, G. (2013). Quantifying causal emergence shows that macro can beat micro. *Proceedings of the National Academy of Sciences*, 110, 19790 –19795.

[182] Hohwy, J. (2013). *The Predictive Mind*. Oxford : Oxford University Press.

[183] Holsti, L., Grunau, R. E., & Shany, E. (2011). Assessing pain in preterm infants in the neonatal intensive care unit : Moving to a" brain-oriented "approach. *Pain Management*, 1, 171–179.

[184] Holt, J. (2012). *Why Does the World Exist?* New York : W. W. Norton.

[185] Hornik, K., Stinchcombe, M., & White, H. (1989). Multilayer feedforward networks are universal approximators. *Neural Networks*, 2, 359–366.

[186] Horschler, D. J., Hare, B., Call, J., Kaminski, J., Miklosi, A., & MacLean, E. L. (2019). Absolute brain size predicts dog breed differences in executive function. *Animal Cognition*, 22, 187–198.

[187] Hsieh, P. J., Colas, J. T., & Kanwisher, N. (2011). Pop-out without awareness : Unseen feature singletons capture attention only when top-down attention is available. *Psychological Science*, 22, 1220–1226.

[188] Hubel, D. H. (1988). *Eye, Brain, and Vision*. New York : Scientific American Library.

[189] Hyman, I. E., Boss, S. M., Wise, B. M., McKenzie, K. E., & Caggiano, J. M. (2010). Did you see the unicycling clown? Inattentional blindness while walking and talking on a cell phone. *Applied Cognitive Psychology*, 24, 597–607.

[190] Imas, O. A., Ropella, K. M., Ward, B. D., Wood, J. D., & Hudetz, A. G. (2005). Volatile anesthetics disrupt frontal-posterior recurrent information transfer at gamma frequencies in rat. *Neuroscience Letters*, 387, 145–150.

[191] Ioannidis, J. P. A. (2017). Are most published results in psychology false? An empirical study. https : //replicationindex.wordpress.com/2017/01/15/are-most-published-results-in-psychology-false-an-empirical-study/.

[192] Irvine, E. (2013). Consciousness as a Scientific Concept : A Philosophy of Science Perspective. Heidelberg : Springer. 224

[193] Itti, L., & Baldi, P. (2006). Bayesian surprise attracts human attention : Advances in neural information processing systems. Cambridge, MA : MIT Press.

[194] Itti, L., & Baldi, P. (2009). Bayesian surprise attracts human attention. *Vision Research*, 49,

1295–1306.

[195] Ius, T., Angelini, E., Thiebaut de Schotten, M., Mandonnet, E., & Duffau, H. (2011). Evidence for potentials and limitations of brain plasticity using an atlas of functional resectability of WHO grade II gliomas : Towards a " minimal common brain ". NeuroImage, 56, 992–1000.

[196] Jackendoff, R. (1987). Consciousness and the Computational Mind. Cambridge, MA : MIT Press.

[197] Jackendoff, R. (1996). How language helps us think. Pragmatics & Cognition, 4, 1–34.

[198] Jackson, J., Karnani, M. M., Zemelman, B. V., Burdakov, D., & Lee, A. K. (2018). Inhibitory control of prefrontal cortex by the claustrum. Neuron, 99, 1029–1039.

[199] Jakob, J., Tammo, I., Moritz, H., Itaru, K., Mitsuhisa, S., Jun, I., Markus, D., & Susanne, K. (2018). Extremely scalable spiking neuronal network simulation code : From laptops to exascale computers. Frontiers in Neuroscience, 12. doi : 10.3389 / fninf.2018.00002.

[200] James, W. (1890). The Principles of Psychology. New York : Holt.

[201] Jaynes, J. (1976). The Origin of Consciousness in the Breakdown of the Bicameral Mind. Boston : Houghton Mifflin.

[202] Jennings, H. S. (1906). Behavior of the Lower Organisms. New York : Columbia University Press.

[203] Jiang, Y., Costello, P., Fang, F., Huang, M., & He, S. (2006). A gender-and sexual orientation-dependent spatial attentional effect of invisible images. Proceedings of the National Academy of Sciences, 103, 17048–17052.

[204] Johansson, P., Hall, L., Sikström, S., & Olsson, A. (2005). Failure to detect mismatches between intention and outcome in a simple decision task. Science, 310, 116–119.

[205] Johnson-Laird, P. N. (1983). A computational analysis of consciousness. Cognition & Brain Theory, 6, 499–508.

[206] Jordan, G., Deeb, S. S., Bosten, J. M., & Mollon, J. D. (2010). The dimensionality of color vision carriers of anomalous trichromacy. Journal of Vision, 10, 12.

[207] Jordan, J., Ippen, T., Helias, M., Kitayama, I., Sato, M., Igarashi, J., Diesmann, M. D., & Kunkel, S. (2018). Extremely scalable spiking neuronal network simulation code : From laptops to exascale computers. Frontiers in Neuroinformatics, 12. doi : 10.3389/fninf.2018.00002.

[208] Joshi, N. J., Tononi, G., & Koch, C. (2013). The minimal complexity of adapting agents increases with fitness. PLOS Computational Biology, 9, e1003111.

[209] Jun, J. J., Steinmetz, N. A., Siegle, J. H., et al. (2017). Fully integrated silicon probes for high density recording of neural activity. Nature, 551, 232–236.

[210] Kaas, J. H. (2009). The evolution of sensory and motor systems in primates. In J. H. Kaas (Ed.), Evolutionary Neuroscience. New York : Academic Press.

[211] Kannape, O. A., Perrig, S., Rossetti, A. O., & Blanke, O. (2017). Distinct locomotor control and awareness in awake sleepwalkers. Current Biology, 27, R11-2-1104.

[212] Kanwisher, N. (2017). The quest for the FFA and where it led. Journal of Neuroscience, 37, 1056–1061.

[213] Kanwisher, N., McDermott, J., & Chun, M. M. (1997). The fusiform face area : a module in human extrastriate cortex specialized for face perception. Journal of Neuroscience, 17, 4302–4311.

[214] Karinthy, F. (1939). A Journey Round My Skull. New York : New York Review of Books.

[215] Karten, H. J. (2015). Vertebrate brains and the evolutionary connectomics : On the origins of the mammalian neocortex. Philosophical Transactions of the Royal Society of London B : Biological Sciences, 370, 20150060.

[216] Karr, J. R., Sanghvi, J. C., Macklin, D. N., et al. (2012). A whole-cell computational model predicts phenotype from genotype. Cell, 150, 389–401.

[217] Keefe, P. R. (2016). The detectives who never forget a face. New Yorker, August 22.

[218] Kertai, M. D., Whitlock, E. L., & Avidan, M. S. (2012). Brain monitoring with electroencephalography and the electroencephalogram-derived bispectral index during cardiac surgery. Anesthesia & Analgesia, 114, 533–546.

[219] Killingsworth, M. A., & Gilbert, D. T. (2010). A wandering mind is an unhappy mind. *Science*, 330, 932.

[220] King, B. J. (2013). *How Animals Grieve*. Chicago : University of Chicago Press.

[221] King, J. R., Sitt, J. D., Faugeras, F., et al. (2013). Information sharing in the brain indexes consciousness in noncommunicative patients. *Current Biology*, 23, 1914–1919.

[222] Koch, C. (1999). *Biophysics of Computation : Information Processing in Single Neurons*. New York : Oxford University Press.

226 [223] Koch, C. (2004). *The Quest for Consciousness : A Neurobiological Approach*. Denver : Roberts.

[224] Koch, C. (2012 a). *Consciousness : Confessions of a Romantic Reductionist*. Cambridge, MA : MIT Press.

[225] Koch, C. (2012 b). Modular biological complexity. *Science*, 337, 531–532.

[226] Koch, C. (2014). A brain structure looking for a function. *Scientific American Mind, November*, 24–27.

[227] Koch, C. (2015). Without a thought. *Scientific American Mind*, May, 25–26.

[228] Koch, C. (2016 a). Does brain size matter? *Scientific American Mind*, January, 22–25.

[229] Koch, C. (2016 b). Sleep without end. *Scientific American Mind*, March, 22–25.

[230] Koch, C. (2016 c). Sleeping while awake. *Scientific American Mind*, November, 20–23.

[231] Koch, C. (2017 a). Contacting stranded minds. *Scientific American Mind*, May, 20–23.

[232] Koch, C. (2017 c). *God, death and Francis Crick. In C. Burns (Ed.), All These Wonders : True Stories Facing the Unknown*. New York : Crown Archetype.

[233] Koch, C. (2017 d). How to make a consciousness meter. *Scientific American*, November, 28–33.

[234] Koch, C., & Buice, M. A. (2015). A biological imitation game. *Cell*, 163, 277–280.

[235] Koch, C., & Crick, F. C. (2001). On the zombie within. *Nature*, 411, 893.

[236] Koch, C., & Hepp, K. (2006). Quantum mechanics and higher brain functions : Lessons from quantum computation and neurobiology. *Nature*, 440, 611–612.

[237] Koch, C. & Hepp, K. (2010). The relation between quantum mechanics and higher brain functions : Lessons from quantum computation and neurobiology. In R. Y. Chiao et al. (Eds.), *Amazing Light : New Light on Physics, Cosmology and Consciousness*. Cambridge : Cambridge University Press.

[238] Koch, C., & Jones, A. (2016). Big science, team science, and open science for neuroscience. *Neuron*, 92, 612–616.

[239] Koch, C., Massimini, M., Boly, M., & Tononi, G. (2016). The neural correlates of consciousness : Progress and problems. *Nature Review Neuroscience*, 17, 307–321.

[240] Koch, C., McLean, J., Segev, R., Freed, M. A., Berryll, M. J., Balasubramanian, V., & Sterling, P. (2006). How much the eye tells the brain. *Current Biology*, 16, 1428–1434.

[241] Koch, C., & Segev, I. (Eds.). (1998). Methods in Neuronal Modeling : From Ions to Networks. 227 Cambridge, MA : MIT Press.

[242] Koch, C., & Tononi, G. (2013). Letter to the Editor : Can a photodiode be conscious? *New York Review of Books*, 60, 43.

[243] Kohler, C. G., Ances, B. M., Coleman, A. R., Ragland, J. D., Lazarev, M., & Gur, R. C. (2000). Marchiafava-Bignami disease : literature review and case report. *Neuropsychiatry Neuropsychology and Behavioral Neurology*, 13 (1), 67–67.

[244] Kotchoubey, B., Lang, S., Winter, S., & Birbaumer, N. (2003). Cognitive processing in completely paralyzed patients with amyotrophic lateral sclerosis. European Journal of Neurology, 10, 551–558.

[245] Kouider, S., de Gardelle, V., Sackur, J., & Dupoux, E. (2010). How rich is consciousness? The partial awareness hypothesis. *Trends in Cognitive Sciences*, 14, 301–307.

[246] Kretschmann, H.-J., & Weinrich, W. (1992). *Cranial Neuroimaging and Clinical Neuroanato-*

my. Stuttgart : Georg Thieme.

[247] Kripke, S. A. (1980). *Naming and Necessity.* Cambridge, MA : Harvard University Press.

[248] Lachhwani, D. P., & Dinner, D. S. (2003). Cortical stimulation in the definition of eloquent cortical areas. *Handbook of Clinical Neurophysiology,* 3, 273 – 286.

[249] Lamme, V. A. F. (2003). Why visual attention and awareness are different. *Trends in Cognitive Sciences,* 7, 12 –18.

[250] Lamme, V. A. F. (2006). Towards a true neural stance on consciousness. *Trends in Cognitive Sciences,* 10, 494 – 501.

[251] Lamme, V. A. F. (2010). How neuroscience will change our view on consciousness. *Cognitive Neuroscience,* 1, 204 – 220.

[252] Lamme, V. A. F., & Roelfsema, P. R. (2000). The distinct modes of vision offered by feedforward and recurrent processing. *Trends in Neurosciences,* 23, 571 – 579.

[253] Landsness, E., Bruno, A. A., Noirhomme, Q., et al. (2010). Electrophysiological correlates of behavioural changes in vigilance in vegetative state and minimally conscious state. *Brain,* 134, 2222 – 2232.

[254] Larkum, M. (2013). A cellular mechanism for cortical associations : An organizing principle for the cerebral cortex. *Trends in Neurosciences,* 36, 141 –151.

[255] Lazar, R. M., Marshall, R. S., Prell, G. D., & Pile-Spellman, J. (2010). The experience of Wernicke's aphasia. *Neurology,* 55, 1222 –1224.

[256] Leibniz, G. W. (1951). *Leibniz : Selections.* P. P. Wiener (Ed.). New York : Charles Scribner's Sons.

[257] Lem, S. (1987). *Peace on Earth.* San Diego : Harcourt.

228　[258] Lemaitre, A.-L., Herbet, G., Duffau, H., & Lafargue, G. (2018). Preserved metacognitive ability despite unilateral or bilateral anterior prefrontal resection. *Brain & Cognition,* 120, 48 – 57.

[259] Lemon, R. N., & Edgley, S. A. (2010). Life without a cerebellum. *Brain,* 133, 652 – 654.

[260] Levin, J. (2018). Functionalism. In E. N. Zalta (Ed.), *The Stanford Encyclopedia of Philosophy*. https : //plato.stanford.edu/archives/fall 2018 /entries/functionalism/.

[261] Levi-Strauss, C. (1969). *Raw and the Cooked : Introduction to a Science of Mythology*. New York : Harper & Row.

[262] Lewis, D. (1983). Extrinsic properties. *Philosophical Studies,* 44 , 197 – 200.

[263] Li, F. F., VanRullen, R., Koch, C., & Perona, P. (2002). Rapid natural scene categorization in the near absence of attention. *Proceedings of the National Academy of Sciences*, 99 , 9596 – 9601.

[264] List, C. (2016). What is it like to be a group agent? *Noûs*, 52 , 295 – 319.

[265] Logan, G. D., & Crump, M. J. C. (2009). The left hand doesn' t know what the right hand is doing. *Psychological Science*, 20 , 1296 – 1300.

[266] Loukola, O. J., Perry, C. J., Coscos, L., & Chittka, L. (2017). Bumblebees show cognitive flexibility by improving on an observed complex behavior. *Science*, 355 , 833 – 836.

[267] Luo, Q., Mitchell, D., Cheng, X., et al. (2009). Visual awareness, emotion, and gamma band synchronization. *Cerebral Cortex*, 19 , 1896 – 1904.

[268] Lutz, A., Jha, A. P., Dunne, J. D., & Saron, C. D. (2015). Investigating the phenomenological matrix of mindfulness-related practices from a neurocognitive perspective. *American Psychologist*, 70 , 632 – 658.

[269] Lutz, A., Slagter, H. A., Rawlings, N. B., Francis, A. D., Greischar, L. L., & Davidson, R. J. (2009). Mental training enhances attentional stability : Neural and behavioral evidence. *Journal of Neuroscience*, 29 , 13418 – 13427.

[270] Mack, A., & Rock, I. (1998). *Inattentional Blindness*. Cambridge, MA : MIT Press.

[271] Macphail, E. M. (1998). *The Evolution of Consciousness*. Oxford : Oxford University Press.

[272] Macphail, E. M. (2000). The search for a mental Rubicon. In C. Heyes and L. Huber (Eds.), *The Evolution of Cognition*. Cambridge, MA : MIT Press.

[273] Markari, G. (2015). *Soul Machine—The Invention of the Modern Mind*. New York : W. W.

Norton.

[274] Markowitsch, H. J., & Kessler, J. (2000). Massive impairment in executive functions with partial preservation of other cognitive functions : The case of a young patient with severe degeneration of the prefrontal cortex. *Experimental Brain Research*, 133, 94–102.

229 [275] Markram, H. (2006). The blue brain project. *Nature Reviews Neuroscience*, 7, 153–160.

[276] Markram, H. (2012). The human brain project. *Scientific American*, 306, 50–55.

[277] Markram, H., Muller, E., Ramaswamy, S., et al. (2015). Reconstruction and simulation of neocortical microcircuitry. *Cell*, 163, 456–492.

[278] Marks, L. (2017). What my stroke taught me. *Nautilus*, 19, 80–89.

[279] Marr, D. (1982). *Vision. San Francisco*, CA : Freeman.

[280] Mars, R. B., Sotiropoulos, S. N., Passingham, R. E., et al. (2018). Whole brain comparative anatomy using connectivity blueprints. *eLife*, 7, e35237.

[281] Marshall, W., Albantakis, L., & Tononi, G. (2016), Black-boxing and cause-effect power. *arXiv*, 1608.03461.

[282] Marshall, W., Kim, H., Walker, S. I., Tononi, G., & Albantakis, L. (2017). How causal analysis can reveal autonomy in models of biological systems. *Philosophical Transactions of the Royal Society of London A*, 375. doi : 10.1098 /rsta.2016.0358.

[283] Martin, J. T., Faulconer, A. Jr., & Bickford, R. G. (1959). Electroencephalography in anesthesiology. *Anesthesiology*, 20, 359–376.

[284] Massimini, M., Ferrarelli, F., Huber, R., Esser, S. K., Singh, H., & Tononi, G. (2005). Breakdown of cortical effective connectivity during sleep. *Science*, 309, 2228–2232.

[285] Massimini, M., & Tononi, G. (2018). *Sizing Up Consciousness*. Oxford : Oxford University Press.

[286] Mataro, M., Jurado, M. A., García-Sanchez, C., Barraquer, L., Costa-Jussa, F. R., & Junque, C. (2001). Long-term effects of bilateral frontal brain lesion : 60 years after injury with an iron bar.

Archives of Neurology, 58, 1139 – 1142.

[287] Mayner, W. G. P., Marshall, W., Albantakis, L., Findlay, G., Marchman, R., & Tononi, G. (2018). PyPhi : A toolbox for integrated information theory. *PLOS Computational Biology*, 14 (7), e1006343.

[288] Melloni, L., Molina, C., Pena, M., Torres, D., Singer, W., & Rodriguez, E. (2007). Synchronization of neural activity across cortical areas correlates with conscious perception. *Journal of Neuroscience*, 27, 2858 – 2865.

[289] Merker, B. (2007). Consciousness without a cerebral cortex : A challenge for neuroscience and medicine. *Behavioral and Brain Sciences*, 30, 63 – 81.

[290] Metzinger, T. (2003). *Being No One : The Self Model Theory of Subjectivity*. Cambridge, MA : MIT Press.

[291] Miller, G. A. (1956). The magical number seven, plus or minus two : some limits on our capacity for processing information. *Psychological Review*, 63, 81 – 97.

[292] Miller, S., M. (Ed.). (2015). *The Constitution of Phenomenal Consciousness*. Amsterdam, 230 Netherlands : Benjamins.

[293] Milo, R., & Phillips, R. (2016). *Cell Biology by the Numbers*. New York : Garland Science.

[294] Minsky, M. (1986). *The Society of Mind*. New York : Simon & Schuster.

[295] Mitchell, R. W. (2009). Self awareness without inner speech : A commentary on Morin. *Consciousness & Cognition*, 18, 532 – 534.

[296] Mitchell, T. J., Hacker, C. D., Breshears, J. D., et al. (2013). A novel data-driven approach to preoperative mapping of functional cortex using resting-state functional magnetic resonance imaging. *Neurosurgery*, 73, 969 – 982.

[297] Monti, M. M., Vanhaudenhuyse, A., Coleman, M. R., et al. (2010). Willful modulation of brain activity in disorders of consciousness. *New England Journal of Medicine*, 362, 579 – 589.

[298] Mooneyham, B. W., & Schooler, J. W. (2013). The costs and benefits of mind-wandering : A review. *Canadian Journal of Experimental Psychology*, 67, 11 – 18.

[299] Mørch, H. H. (2017). The integrated information theory of consciousness. *Philosophy Now*, 121, 12-16.

[300] Mørch, H. H. (2018). Is the integrated information theory of consciousness compatible with Russellian panpsychism? *Erkenntnis*, 1-21. doi : 10.1007/s10670-018-9995-6.

[301] Morgan, C. L. (1894). An Introduction to Comparative Psychology. New York : Scribner. Morin, A. (2009). Self-awareness deficits following loss of inner speech : Dr. Jill Bolte Taylor's case study. *Consciousness & Cognition*, 18, 524-529.

[302] Mortensen, H. S., Pakkenberg, B., Dam, M., Dietz, R., Sonne, C., Mikkelsen, B., & Eriksen, N. (2014). Quantitative relationships in delphinid neocortex. *Frontiers in Neuroanatomy*, 8, 132.

[303] Mudrik, L., Faivre, N., & Koch, C. (2014). Information integration without awareness. *Trends in Cognitive Sciences*, 18, 488-496.

[304] Munk, M. H., Roelfsema, P. R., König, P., Engel, A. K., & Singer, W. (1996). Role of reticular activation in the modulation of intracortical synchronization. *Science*, 272, 271-274.

[305] Murphy, M. J., Bruno, M. A., Riedner, B. A., et al. (2011). Propofol anesthesia and sleep : A high-density EEG study. *Sleep*, 34, 283-291.

[306] Nagel, T. (1974). What is it like to be a bat? *Philosophical Review*, 83, 435-450.

[307] Nagel, T. (1979). *Mortal Questions*. Cambridge : Cambridge University Press.

231 [308] Narahany, N. A., Greely, H. T., Hyman, H., et al. (2018). The ethics of experimenting with human brain tissue. *Nature*, 556, 429-432.

[309] Narikiyo, K., Mizuguchi, R., Ajima, A., et al. (2018). The claustrum coordinates cortical slow-wave activity. *BioRxiv*, doi : 10.1101/286773.

[310] Narr, K. L., Woods, R. P., Thompson, P. M., Szeszko, P., Robinson, D., Dimtcheva, T., & Bilder, R. M. (2006). Relationships between IQ and regional cortical gray matter thickness in healthy adults. *Cerebral Cortex*, 17, 2163-2171.

[311] Newton, M. (2002). *Savage Girls and Wild Boys*. New York : Macmillan.

［312］Nichelli, P. (2016). Consciousness and aphasia. In S. Laureys, O. Gosseries, & G. Tononi (Eds.), *The Neurology of Consciousness* (2nd ed., pp. 379–391).Amsterdam : Elsevier.

［313］Niikawa, T. (2018). Moral status and consciousness. *Annals of the University of Bucharest-Philosophy*, 67, 235–257.

［314］Nir, Y., & Tononi, G. (2010). Dreaming and the brain : From phenomenology to neurophysiology. *Trends in Cognitive Sciences*, 14, 88–100.

［315］Nityananda, V. (2016). Attention-like processes in insects. *Proceedings of the Royal Society of London Series B : Biological Sciences*, 283, 20161986.

［316］Norretranders, T. (1991). *The User Illusion : Cutting Consciousness Down to Size*. New York : Viking Penguin.

［317］Noyes, R. Jr., & Kletti, R. (1976). Depersonalization in the face of life-threatening danger : A description. *Psychiatry*, 39, 19–27.

［318］Odegaard, B., Knight, R. T., & Lau, H. (2017). Should a few null findings falsify prefrontal theories of conscious perception? *Journal of Neuroscience*, 37, 9593–9602.

［319］Odier, D. (2005). *Yoga Spandakarika : The Sacred Texts at the Origins of Tantra*. Rochester, Vermont : Inner Traditions.

［320］Oizumi, M., Albantakis, L., & Tononi, G. (2014). From the phenomenology to the mechanisms of consciousness : Integrated information theory 3.0. *PLOS Computational Biology*, 10, e1003588.

［321］Oizumi, M., Tsuchiya, N., & Amari, S. I. (2016). Unified framework for information integration based on information geometry. *Proceedings of the National Academy of Sciences*, 113, 14817–14822.

［322］O' Leary, M. A., Bloch, J. I., Flynn, J. J., et al. (2013). The placental mammal ancestor and the post-K-Pg radiation of placentals. *Science*, 339, 662–667.

［323］O' Regan, J. K., Rensink, R. A., & Clark, J. J. (1999). Change-blindness as a result of " mudsplashes " . *Nature*, 398, 34–35.

232 [324] Owen, A. (2017). *Into the Gray Zone : A Neuroscientist Explores the Border between Life and Death*. London : Scribner.

[325] Owen, M. (2018). Aristotelian causation and neural correlates of consciousness. *Topoi : An International Review of Philosophy*, 1–12. doi : 10.1007/s 11245 - 018 - 9606 - 9.

[326] Palmer, S. (1999). *Vision Science : Photons to Phenomenology*. Cambridge, MA : MIT Press.

[327] Parker, I. (2003). Reading minds. *New Yorker*, January 20.

[328] Parvizi, J., & Damasio, A. (2001). Consciousness and the brainstem. *Cognition*, 79, 135 – 159.

[329] Parvizi, J., Jacques, C., Foster, B. L., Withoft, N., Rangarajan, V., Weiner, K. S., & Grill-Spector, K. (2012). Electrical stimulation of human fusiform face-selective regions distorts face perception. *Journal of Neuroscience*, 32, 14915 –14920.

[330] Pasca, S. P. (2019). Assembling human brain organoids. *Science*, 363, 126 –127.

[331] Passingham, R. E. (2002). The frontal cortex : Does size matter? *Nature Neuroscience*, 5, 190 –192.

[332] Paul, L. K., Brown, W. S., Adolphs, R., Tyszka, J. M., Richards, L. J., Mukherjee, P., & Sherr, E. H. (2007). Agenesis of the corpus callosum : genetic, developmental and functional aspects of connectivity. *Nature Reviews Neuroscience*, 8, 287–299.

[333] Pearl, J. (2000). *Causality : Models, Reasoning, and Inference*. Cambridge : Cambridge University Press.

[334] Pearl, J. (2018). *The Book of Why : The New Science of Cause and Effect*. New York : Basic Books.

[335] Pekala, R. J., & Kumar, V. K. (1986). The differential organization of the structure of consciousness during hypnosis and a baseline condition. *Journal of Mind and Behavior*, 7, 515 – 539.

[336] Penfield, W. & Perot, P. (1963). The brain's record of auditory and visual experience : A final summary and discussion. *Brain*, 86, 595 – 696.

[337] Penrose, R. (1989). *The Emperor's New Mind*. Oxford : Oxford University Press.

[338] Penrose, R. (1994). *Shadows of the Mind*. Oxford : Oxford University Press.

[339] Penrose, R. (2004). *The Road to Reality—A Complete Guide to the Laws of the Universe*. New York : Knopf.

[340] Piersol, G. A. (1913). *Human Anatomy*. Philadelphia : J. B. Lippincott.

[341] Pietrini, P., Salmon, E., & Nichelli, P. (2016). Consciousness and dementia : How the brain loses its self. In S. Laureys, O. Gosseries, &. G. Tononi (Eds.), *Neurology of Consciousness* (2 nd ed., pp. 379 – 391). Amsterdam : Elsevier.

[342] Pinto, Y., Haan, E. H. F., & Lamme, V. A. F. (2017). The split-brain phenomenon revisited : A single conscious agent with split perception. *Trends in Cognitive Sciences*, 21, 835 – 851.

[343] Pinto, Y., Lamme, V. A. F., & de Haan, E. H. F. (2017). Cross-cueing cannot explain unified control in split-brain patients — Letter to the Editor. *Brain*, 140, 1 – 2.

[344] Pinto, Y., Neville, D. A., Otten, M., et al. (2017). Split brain : Divided perception but undivided consciousness. *Brain*, 140, 1231 – 1237.

[345] Pitkow, X., & Meister, M. (2014). Neural computation in sensory systems. In M. S. Gazzaniga & G. R. Mangun (Eds.), *The Cognitive Neurosciences*, pp. 305 – 316. Cambridge, MA : MIT Press.

[346] Pitts, M. A., Lutsyshyna, L. A., & Hillyard, S. A. (2018). The relationship between attention and consciousness : an expanded taxonomy and implications for " no-report " paradigms. *Philosophical Transactions of the Royal Society of London B*, 373, 20170348. doi : 10.1098 / rstb. 2017.0348.

[347] Pitts, M. A., Padwal, J., Fennelly, D., Martínez, A., & Hillyard, S. A. (2014). Gamma band activity and the reflect post-perceptual processes, not visual awareness. *NeuroImage*, 101, 337 – 350.

[348] Plomin, R. (2001). The genetics of G in human and mouse. *Nature Reviews Neuroscience*, 2, 136 – 141.

[349] Pockett, S., & Holmes, M. D. (2009). Intracranial EEG power spectra and phase synchrony

233

during consciousness and unconsciousness. *Consciousness and Cognition*, 18, 1049–1055.

[350] Polak, M., & Marvan, T. (2018). Neural correlates of consciousness meet the theory of identity. *Frontiers in Psychology*, 24. doi : 10.3389/fpsyg.2018.01269.

[351] Popa, I., Donos, C., Barborica, A., Opris, I., Dragos, M., Mălîia, M., Ene, M., Ciurea, J., & Mindruta, I. (2016). Intrusive thoughts elicited by direct electrical stimulation during stereo-electroencephalography. *Frontiers in Neurology*, 7. doi : 10.3389/fneur.2016.00114.

[352] Posner, J. B., Saper, C. B., Schiff, N. D., & Plum, F. (2007). *Plum and Posner's Diagnosis of Stupor and Coma*. New York : Oxford University Press.

[353] Preuss, T. M. (2009). *The cognitive neuroscience of human uniqueness*. In M. S. Gazzaniga (Ed.), The Cognitive Neuroscience. Cambridge, MA : MIT Press.

[354] Prinz, J. (2003). *A neurofunctional theory of consciousness*. In A. Brook & K. Akins (Eds.), Philosophy and Neuroscience. Cambridge : Cambridge University Press.

[355] Puccetti, R. (1973). *The Trial of John and Henry Norton*. London : Hutchinson.

234 [356] Quadrato, G., Nguyen, T., Macosko, E. Z., et al. (2017). Cell diversity and network dynamics in photosensitive human brain organoids. *Nature*, 545, 48–53.

[357] Railo, H., Koivisto, M., & Revonsuo, A. (2011). Tracking the processes behind conscious perception : A review of event-related potential correlates of visual consciousness. *Consciousness and Cognition*, 20, 972–983.

[358] Ramsoy, T. Z., & Overgaard, M. (2004). Introspection and subliminal perception. *Phenomenology and the Cognitive Sciences*, 3, 1–23.

[359] Rangarajan, V., Hermes, D., Foster, B. L., Weinfer, K. S., Jacques, C., Grill-Spector, K., & Parvizi, J. (2014). Electrical stimulation of the left and right human fusiform gyrus causes different effects in conscious face perception. *Journal of Neuroscience*, 34, 12828–12836.

[360] Rangarajan, V., & Parvizi, J. (2016). Functional asymmetry between the left and right human fusiform gyrus explored through electrical brain stimulation. *Neuropsychologia*, 83, 29–36.

[361] Rathi, Y., Pasternak, O., Savadjiev, P., et al. (2014) Gray matter alterations in early aging : A

diffusion magnetic resonance imaging study. *Human Brain Mapping*, 35, 3841 – 3856.

[362] Rauschecker, A. M., Dastjerdi, M., Weiner, K. S., Witthoft, N., Chen, J., Selimbeyoglu, A., & Parvizi, J. (2013). Illusions of visual motion elicited by electrical stimulation of human MT complex. *PLoS ONE*, 6. doi : 10.1371/journal.pone.0021798.

[363] Ray, S., & Maunsell, J. H. (2011). Network rhythms influence the relationship between spike-triggered local field potential and functional connectivity. *Journal of Neuroscience*, 31, 12674 –12682.

[364] Reardon, S. (2017). A giant neuron found wrapped around entire mouse brain. *Nature*, 543, 14 –15.

[365] Reimann, M. W., Anastassiou, C. A., Perin, R., Hill, S., Markram, H., & Koch, C. (2013). A biophysically detailed model of neocortical local field potentials predicts the critical role of active membrane currents. *Neuron*, 79, 375 – 390.

[366] Rensink, R.A., O' Regan, J.K., & Clark, J.J. (1997). To see or not to see : The need for attention to perceive changes in scenes. *Psychological Sciences*, 8, 368 – 373.

[367] Rey, G. (1983). A Reason for doubting the existence of consciousness. In R. Davidson, G. Schwarz, and D. Shapiro (Eds.), *Consciousness and Self-Regulation* : *Advances in Research and Theory* (Vol. 3). New York : Plenum Press.

[368] Rey, G. (1991). Reasons for doubting the existence of even epiphenomenal consciousness. *Behavioral & Brain Science*, 14, 691 – 692.

[369] Ricard, M., Lutz, A., & Davidson, R. J. (2014). Mind of the meditator. *Scientific American*, 311, 38 – 45.

[370] Ridley, M. (2006). Francis Crick. New York : HarperCollins. Rodriguez, E., George, N., Lachaux, J.-P., Martinerie, J., Renault, B., & Varela, F.J. (1999). Perception' s shadow : Long-distance synchronization of human brain activity. *Nature*, 397, 430 – 433.

[371] Roelfsema, P. R., Engel, A. K., König, P., & Singer, W. (1997). Visuomotor integration is associated with zero time-lag synchronization among cortical areas. *Nature*, 385, 157 –161.

[372] Romer, A. S., & Sturges, T. S. (1986). *The Vertebrate Body* (6 th ed.). Philadelphia : Saunders College.

[373] Roth, G., & Dicke, U. (2005). Evolution of the brain and intelligence. *Trends in Cognitive Sciences*, 9, 250 – 257.

[374] Rowe, T. B., Macrini, T. E., & Luo, Z.-X. (2011). Fossil evidence on origin of the mammalian brain. *Science*, 332, 955 – 957.

[375] Rowlands, M. (2009). *The Philosopher and the Wolf*. New York : Pegasus Books.

[376] Rowlatt, P. (2018). *Mind, a Property of Matter*. London : Ionides Publishing.

[377] Ruan, S., Wobbrock, J. O., Liou, K., Ng, A., & Landay, J. A. (2017). Comparing speech and keyboard text entry for short messages in two languages on touchscreen phones. In *Proceedings of ACM Interactive, Mobile, Wearable and Ubiquitous Technologies*. doi : 10.1145 / 3161187.

[378] Ruff, C. B., Trinkaus, E., & Holliday, T. W. (1997). Body mass and encephalization in Pleistocene Homo. *Nature*, 387, 173 – 176.

[379] Russell, B. (1927). *The Analysis of Matter*. London : George Allen & Unwin.

[380] Russell, R., Duchaine, B., & Nakayama, K. (2009). Super-recognizers : People with extraordinary face recognition ability. *Psychonomic Bulletin and Review*, 16, 252 – 257.

[381] Rymer, R. (1994). *Genie : A Scientific Tragedy* (2 nd ed.). New York : Harper Perennial.

[382] Sacks, O. (2010). *The Mind's Eye*. New York : Knopf.

[383] Sacks, O. (2017). *The River of Consciousness*. New York : Knopf.

[384] Sadava, D., Hillis, D. M., Heller, H. C., & Berenbaum, M. R. (2011). *Life : The Science of Biology* (9 th ed.). Sunderland, MA : Sinauer and W.H. Freeman.

[385] Sandberg, K., Timmermans, B., Overgaard, M., & Cleeremans, A. (2010). Measuring consciousness : Is one measure better than the other? *Consciousness and Cognition*, 19, 1069 – 1078.

236 [386] Sanes, J. R., & Masland, R. H. (2015). The types of retinal ganglion cells : Current status and implications for neuronal classification. *Annual Review of Neuroscience*, 38, 221 – 246.

[387] Saper, C. B., & Fuller, P. M. (2017). Wake-sleep circuitry : An overview. *Current Opinion in Neurobiology*, 44 , 186 –192.

[388] Saper, C. B., Scammell, T. E., & Lu, J. (2005). Hypothalamic regulation of sleep and circadian rhythms. *Nature*, 437, 1257–1263.

[389] Saposnik, G., Bueri, J. A., Mauriño, J., Saizar, R., & Garretto, N. S. (2000). Spontaneous and reflex movements in brain death. *Neurology*, 54 , 221.

[390] Sasai, S., Boly, M., Mensen, A., & Tononi, G. (2016). Functional split brain in a driving/listening paradigm. *Proceedings of the National Academy of Sciences*, 113 , 14444 –14449.

[391] Scammell, T. E., Arrigoni, E., & Lipton, J. O. (2016). Neural circuitry of wakefulness and sleep. *Neuron*, 93 , 747–765.

[392] Schalk, G., Kapeller, C., Guger, C., et al. (2017). Facephenes and rainbows : Causal evidence for functional and anatomical specificity of face and color processing in the human brain. *Proceedings of the National Academy of Sciences*, 114 , 12285 –12290.

[393] Schartner, M. M., Carhart-Harris, R. L., Barrett, A. B., Seth, A. K., & Muthukumaraswamy, S. D. (2017). Increased spontaneous MEG signal diversity for psychoactive doses of ketamine, LSD and psilocybin. *Scientific Reports*, 7, 46421.

[394] Schiff, N. D. (2013). Making waves in consciousness research. *Science Translational Medicine*, 5, 1–3.

[395] Schiff, N. D., & Fins, J. J. (2016). Brain death and disorders of consciousness. *Current Biology*, 26 , R572 –R576.

[396] Schimmack, U., Heene, M., & Kesavan, K. (2017). Reconstruction of a train wreck : How priming research went off the rails. https : //replicationindex.wordpress.com/ 2017/ 02/ 02/ reconstruction-of-a-train-wreck-how-priming-research-went-of-the-rails/.

[397] Schmidt, E. M., Bak, M. J., Hambrecht, F. T., Kufta, C. V., O ' Rourke, D. K., & Vallabhanath, P. (1996). Feasibility of a visual prosthesis for the blind based on intracortical microstimulation of the visual cortex. *Brain*, 119, 507– 522.

[398] Schooler, J. W., & Melcher, J. (1995). The ineffability of insight. In S. M. Smith, T. B. Ward, & R. A. Finke (Eds.), *The Creative Cognition Approach*. Cambridge, MA : MIT Press.

[399] Schooler, J. W., Ohlsson, S., & Brooks, K. Thoughts beyond words : When language overshadows insight. *Journal of Experimental Psychology—General*, 122, 166 –183.

237 [400] Schopenhauer, A. (1813). *On the Fourfold Root of the Principle of Sufficient Reason*. (Hillebrand, K., Trans.; rev. ed., 1907). London : George Bell & Sons.

[401] Schrödinger, E. (1958). *Mind and Matter*. Cambridge : Cambridge University Press.

[402] Schubert, R., Haufe, S., Blankenburg, F., Villringer, A., & Curio, G. (2008). Now you' ll feel it — now you won' t : EEG rhythms predict the effectiveness of perceptual masking. *Journal of Cognitive Neuroscience*, 21, 2407 – 2419.

[403] Searle, J. R. (1980). Minds, brains, and programs. *Behavioral and Brain Sciences*, 3, 417 – 424.

[404] Searle, J. R. (1992). *The Rediscovery of the Mind*. Cambridge, MA : MIT Press.

[405] Searle, J. R. (1997). *The Mystery of Consciousness*. New York : New York Review Books.

[406] Searle, J. R. (2013 a). Can information theory explain consciousness? *New York Review of Books*, January 10, 54 – 58.

[407] Searle, J. R. (2013 b). *Reply to Koch and Tononi*. New York Review of Books, March 7.

[408] Seeley, T. D. (2000). *Honeybee Democracy*. Princeton : Princeton University Press.

[409] Selimbeyoglu, A., & Parvizi, J. (2010). Electrical stimulation of the human brain : Perceptual and behavioral phenomena reported in the old and new literature. *Frontiers in Human Neuroscience*, 4. doi : 10.3389 /fnhum.2010.00046.

[410] Sender, R., Fuchs, S., & Milo, R. (2016). Revised estimates for the number of human and bacteria cells in the body. *PLOS Biology*, 14, e1002533.

[411] Sergent, C., & Dehaene, S. (2004). Is consciousness a gradual phenomenon? Evidence for an all-or- none bifurcation during the attentional blink. *Psychological Science*, 15, 720 –728.

[412] Seth, A. K. (2015). Inference to the best prediction : A reply to Wanja Wiese. In T. Metzinger & J. M. Windt (Eds.), *OpenMIND*. Cambridge, MA : MIT Press.

[413] Seung, S. (2012). *Connectome : How the Brain's Wiring Makes Us Who We Are.* New York : Houghton Mifflin Harcourt.

[414] Shanahan, M. (2015). Ascribing consciousness to artificial intelligence. *arXiv,* 1504.05696v2.

[415] Shanks, D. R., Newell, B. R., Lee, E. H., Balakrishnan, D., Ekelund, L., Cenac, Z., Kavvadia, F., & Moore, C. (2013). Priming intelligent behavior : An elusive phenomenon. *PLOS One,* 8 (4), e56515.

[416] Shear, J. (Ed.). (1997). Explaining Consciousness : *The Hard Problem.* Cambridge, MA : MIT Press.

[417] Shewmon, D. A. (1997). Recovery from " brain death ": A neurologist's apologia. *Linacre Quarterly,* 64, 30 – 96.   238

[418] Shipman, P. (2015). *The Invaders : How Humans and Their Dogs Drove Neanderthals to Extinction.* Cambridge, MA : Harvard University Press.

[419] Shubin, N. (2008). *Your Inner Fish—A Journey into the 3.5-billion Year History of the Human Body.* New York : Vintage.

[420] Siclari, F., Baird, B., Perogamvros, L., Bernadri, G., LaRocque, J. J., Riedner, B., Boly, M., Postle, B. R., & Tononi, G. (2017). The neural correlates of dreaming. *Nature Neuroscience,* 20, 872 – 878.

[421] Simons, D. J., & Chabris, C.F. (1999). Gorillas in our midst : Sustained inattentional blindness for dynamic events. *Perception,* 28, 1059 – 1074.

[422] Simons, D. J., & Levin, D. T. (1997). Change blindness. *Trends in Cognitive Sciences,* 1, 261 – 267.

[423] Simons, D. J., & Levin, D. T. (1998). Failure to detect changes to people during a real-world interaction. *Psychonomic Bulletin & Review,* 5, 644 – 649.

[424] Singer, P. (1975). *Animal Liberation.* New York : HarperCollins.

[425] Singer, P. (1994). *Rethinking Life and Death.* New York : St. Martin's Press.

［426］ Skrbina, D. F. (2017). *Panpsychism in the West* (Rev. ed.). Cambridge, MA : MIT Press.

［427］ Sloan, S. A., Darmanis, S., Huber, N., Khan, T. A., Birey, F., Caneda, C., & Paşca, S. P. (2017). Human astrocyte maturation captured in 3 D cerebral cortical spheroids derived from pluripotent stem cells. *Neuron*, 95, 779 - 790.

［428］ Snaprud, P. (2018). The consciousness wager. *New Scientist*, June 23, 26 - 29.

［429］ Sperry, R. W. (1974). Lateral specialization in the surgically separated hemispheres. In F. O. Schmitt and F.G. Worden (Eds.), *Neuroscience 3rd Study Program*. Cambridge, MA : MIT Press.

［430］ Stickgold, R., Malaia, A., Fosse, R., Propper, R., & Hobson, J.A. (2001). Brain-mind states : Longitudinal field study of sleep/wake factors influencing mentation report length. *Sleep*, 24, 171–179.

［431］ Strawson, G. (1994). *Mental Reality*. Cambridge, MA : MIT Press.

［432］ Strawson, G. (2018). The consciousness deniers. New York Review of Books, March 13. Sullivan, P. R. (1995). Content-less consciousness and information-processing theories of mind. *Philosophy, Psychiatry, and Psychology*, 2, 51 - 59.

［433］ Super, H., Spekreijse, H., & Lamme, V. A. F. (2001). Two distinct modes of sensory processing observed in monkey primary visual cortex. *Nature Neuroscience*, 4, 304 - 310.

239 ［434］ Takahashi, N., Oertner T. G., Hegemann, P., & Larkum, M.E. (2016). Active cortical dendrites modulate perception. *Science*, 354, 1587–1590.

［435］ Taneja, B., Srivastava, V., & Saxena, K. N. (2012). Physiological and anaesthetic considerations for the preterm neonate undergoing surgery. *Journal of Neonatal Surgery*, 1, 14.

［436］ Tasic, B., Yao, Z., Graybuck, L., et al. (2018). Shared and distinct transcriptomic cell types across neocortical areas. *Nature*, 563, 72 - 78.

［437］ Teilhard de Chardin, P. (1959). *The Phenomenon of Man*. New York : Harper.

［438］ Tegmark, M. (2000). The importance of quantum decoherence in brain processes. *Physical Review E*, 61, 4194 - 4206.

[439] Tegmark, M. (2014). *Our Mathematical Universe : My Quest for the Ultimate Nature of Reality*. New York : Alfred Knopf.

[440] Tegmark, M. (2015). Consciousness as a state of matter. *Chaos, Solitons & Fractals*, 76, 238–270.

[441] Tegmark, M. (2016). Improved measures of integrated information. *PLOS Computational Biology*, 12 (11), e1005123.

[442] Teresi, D. (2012). *The Undead—Organ Harvesting, the Ice-Water Test, Beating-Heart Cadavers—How Medicine Is Blurring the Line between Life and Death*. New York : Pantheon Books.

[443] Thompson, E. (2007). *Mind in Life : Biology, Phenomenology, and the Sciences of the Mind*. Cambridge, MA : Harvard University Press.

[444] Tononi, G. (2012). Integrated information theory of consciousness : An updated account. *Archives Italiennes de Biology*, 150, 290–326.

[445] Tononi, G., Boly, M., Gosseries, O., & Laureys, S. (2016). The neurology of consciousness. In S. Laureys, O. Gosseries, & G. Tononi (Eds.), *The Neurology of Consciousness* (2nd ed., pp. 407–461). Amsterdam : Elsevier.

[446] Tononi, G., Boly, M., Massimini, M., & Koch, C. (2016). Integrated information theory : From consciousness to its physical substrate. *Nature Reviews Neuroscience*, 17, 450–461.

[447] Tononi, G., & Koch, C. (2015). Consciousness : Here, there and everywhere? *Philosophical Transactions of the Royal Society of London B*, 370, 20140167.

[448] Travis, S. L., Dux, P. E., & Mattingley, J. B. (2017). Re-examining the influence of attention and consciousness on visual afterimage duration. *Journal of Experimental Psychology : Human Perception and Performance*, 43, 1944–1949.

[449] Treisman, A. (1996). The binding problem. Current Opinions in Neurobiology, 6, 171–178.　240

[450] Trujillo, C. A., Gao, R., Negraes, P. D., Chaim, I. A., Momissy, A., Vandenberghe, M., Devor, A., Yeo, G. W., Voytek, B., & Muotri, A. R. (2018). Nested oscillatory dynamics in cortical organoids model early human brain network development. BioRxiv, doi : 10.1101/358622.

[451] Truog, R. D., & Miller, F. G. (2014). Changing the conversation about brain death. *American Journal of Bioethics*, 14, 9–14.

[452] Tsuchiya, N., & Koch, C. (2005). Continuous flash suppression reduces negative afterimages. Nature Neuroscience, 8, 1096–101.

[453] Tsuchiya, N., Taguchi, S., & Saigo, H. (2016). Using category theory to assess the relationship between consciousness and integrated information theory. *Neuroscience Research*, 107, 1–7.

[454] Turing, A. (1950). Computing machinery and intelligence. *Mind*, 59, 433–460.

[455] Tyszka, J. M., Kennedy, D. P., Adolphs, R., & Paul, L. K. (2011). Intact bilateral resting-state networks in the absence of the corpus callosum. *Journal of Neuroscience*, 31, 15154–15162.

[456] VanRullen, R. (2016). Perceptual cycles. Trends in Cognitive Sciences, 20, 723–735.

[457] VanRullen, R., & Koch, C. (2003). Is perception discrete or continuous? *Trends in Cognitive Sciences*, 7, 207–213.

[458] VanRullen, R., Reddy, L., & Koch, C. (2010). A motion illusion reveals the temporally discrete nature of visual awareness. In R. Nijhawam & B. Khurana (Eds.), Space and Time in Perception and Action. Cambridge : Cambridge University Press.

[459] van Vugt, B., Dagnino, B., Vartak, D., Safaai, H., Panzeri, S., Dehaene, S., & Roelfsema, P. R. (2018). The threshold for conscious report : Signal loss and response bias in visual and frontal cortex. Science, 360, 537–542.

[460] Varki, A., & Altheide, T. K. (2005). Comparing the human and chimpanzee genomes : Searching for needles in a haystack. Genome Research, 15, 1746–1758.

[461] Vilensky, J. A. (Ed.). (2011). Encephalitis Lethargica — During and After the Epidemic. Oxford : Oxford University Press.

[462] Volz, L. J., & Gazzaniga, M. S. (2017). Interaction in isolation : 50 years of insights from split-brain research. Brain, 140, 2051–2060.

[463] Volz, L. J., Hillyard, S. A., Miler, M. B., & Gazzaniga, M. S. (2018). Unifying control over the body : Consciousness and cross-cueing in split-brain patients. Brain, 141, 1–3.

[464] von Arx, S. W., Müri, R. M., Heinemann, D., Hess, C. W., & Nyffeler, T. (2016). Anosognosia 241 for cerebral achromatopsia : A longitudinal case study. *Neuropsychologia*, 48, 970 – 977.

[465] von Bartheld, C. S., Bahney, J., & Herculano-Houzel, S. (2016). The search for true numbers of neurons and glial cells in the human brain : A review of 150 years of cell counting. *Journal of Comparative Neurology*, 524, 3865 – 3895.

[466] ovskiy, V. V., Olcese, U., Hanlon, E. C., Nir, Y., Cirelli, C., & Tononi, G. (2011). Local sleep in awake rats. *Nature*, 472, 443 – 447.

[467] Wallace, D.F. (2004). *Consider the lobster*. Gourmet (August) : 50 – 64.

[468] Walloe, S., Pakkenberg, B., & Fabricius, K. (2014). Stereological estimation of total cell numbers in the human cerebral and cerebellar cortex. *Frontiers in Human Neuroscience*, 8, 508 – 518.

[469] Wan, X., Nakatani, H., Ueno, K., Asamizuya, T., Cheng, K., & Tanaka, K. (2011). The neural basis of intuitive best next-move generation in board game experts. *Science*, 331, 341 – 346.

[470] Wan, X., Takano, D., Asamizuya, T., et al. (2012). Developing intuition : Neural correlates of cognitive-skill learning in caudate nucleus. *Journal of Neuroscience,* 32, 492 – 501.

[471] Wang, Q., Ng, L., Harris, J. A., et al. (2017a). Organization of the connections between claustrum and cortex in the mouse. *Journal of Comparative Neurology*, 525, 1317 –1346.

[472] Wang, Y., Li, Y., Kuang X, et al. (2017b). Whole-brain reconstruction and classification of spiny claustrum neurons and L 6 b-PCs of Gnb 4 Tg mice. *Poster presentation at Society of Neuroscience*, 259. 02. Washington, DC.

[473] Ward, A. F. & Wegner, D. M. (2013). Mind-blanking : When the mind goes away. *Frontiers in Psychology*, 27. doi : 10. 3389 /fpsyg. 2013. 00650.

[474] Whitehead, A. (1929). *Process and Reality*. New York : Macmillan.

[475] Wigan, A. L. (1844). Duality of the mind, proved by the structure, functions, and diseases of the brain. *Lancet*, 1, 39 – 41.

[476] Wigner, E. (1967). *Symmetries and Reflections : Scientific Essays*. Bloomington : Indiana University Press.

[477] Williams, B. (1978). *Descartes : The Project of Pure Enquiry.* New York : Penguin.

[478] Wimmer, R. A., Leopoldi, A., Aichinger, M., et al. (2019). Human blood vessel organoids as a model of diabetic vasculopathy. *Nature,* 565, 505 – 510.

[479] Winawer, J., & Parvizi, J. (2016). Linking electrical stimulation of human primary visual cortex, size of affected cortical area, neuronal responses, and subjective experience. *Neuron,* 92, 1 – 7.

[480] Winslade, W. (1998). *Confronting Traumatic Brain Injury.* New Haven : Yale University Press.

[481] Wohlleben, P. (2016). *The Hidden Life of Trees.* Vancouver : Greystone.

[482] Woolhouse, R. S., & Francks, R. (Eds.). (1997). *Leibniz's "New System" and Associated Contemporary Texts.* Oxford : Oxford University Press.

[483] Wyart, V., & Tallon-Baudry, C. (2008). Neural dissociation between visual awareness and spatial attention. *Journal of Neuroscience,* 28, 2667 – 2679.

[484] Yu, F., Jiang, Q. J., Sun, X. Y., & Zhang, R. W. (2014). A new case of complete primary cerebellar agenesis : Clinical and imaging findings in a living patient. *Brain,* 138, 1 – 5.

[485] Zadra, A., Desautels, A., Petit, D., & Montplaisir, J. (2013). Somnambulism : Clinical aspects and pathophysiological hypotheses. *Lancet Neurology,* 12, 285 – 294.

[486] Zanardi, P., Tomka, M., & Venuti, L. C. (2018). Quantum integrated information theory. *arXiv,* 1806.01421v1.

[487] Zeki, S. (1993). *A Vision of the Brain.* Oxford : Oxford University Press.

[488] Zeng, H., & Sanes, J. R. (2017). Neuronal cell-type classification : challenges, opportunities and the path forward. *Nature Reviews Neuroscience,* 18, 530 – 546.

[489] Zimmer, C. (2004). *Soul Made Flesh : The Discovery of the Brain.* New York : Free Press.

[490] Zurek, W. H. (2002). Decoherence and the transition from quantum to classical-revisited. *Los Alamos Science,* 27, 86 – 109.

索引

A

B

C

D

E

#

G

H

N

Q

R

S

and 脑电图（EEG）与, 45f, 46, 98, 101–102, 165, 184n9, 185n11, 199nn20,23; integrated information and 整合信息与, 162; neural correlates of consciousness (NCC) and 意识的神经相关物（NCC）与, 51; quiet restfulness and, 195n17 安静休息与; REM and 快速眼动睡眠与, 46, 55, 102, 184n9, 185n11, 195n14; slow wave sleep (see Sleep, deep) 慢波睡眠（参见睡眠，深度）; vegetative state (VS) and 植物状态（VS）与, 47, 96, 102–103, 171, 193n6

Sleeping sickness (encephalitis lethargica) 昏睡病（昏睡性脑炎）, 54

Sleepwalkers 梦游者, 23

Snaprud, Per 佩尔·斯奈普鲁德, 104

Socrates 苏格拉底, 13, 39, 161

Solipsism 唯我论, 12, 155

Soul 灵魂 animals and 动物与, 25; anima mundi or the world soul anima mundi 宇宙之灵或世界灵魂, 166; sensorium commune and 皮质感觉中枢与, 40; Cartesian 笛卡尔式的, 26, 29

Soul (cont.) 灵魂（续）essence of 本质, 7; immortal 不朽的, 25; panpsychism and 泛心论与, 160–161; Soul 2.0 灵魂 2.0, xiv; Whole and 整体与, 192n9

Sperry, Roger 罗杰·斯佩里, 106, 197n4

Spinal cord 脊髓 brainstem and 脑干与, 53, 58; reflexes and 反射与, 20; trauma to 外伤, 53

Split-brain patients 裂脑病人. See Brain, split 参见脑，分裂

Spurzheim, Johann 约翰·斯普尔兹海姆, 41–42

Star Trek 《星际迷航》, 94, 111, 165

Stem cells 干细胞, 126–128, 154, 201n14

Strawson, Galen 盖伦·斯特劳森, 4, 176n7

Strokes 中风, 23, 29, 47, 56, 60, 113, 186n20

Subjective measures 主观测量, 17–18, 22, 179n8

Suicide 自杀, 152, 194n10

Supercomputers 超级计算机, 131, 138, 149–152

Supplementary motor cortex 辅助运动皮层, 193n7

Synapses 突触 axons and 轴突与, 42; brain and 脑与, 178n6, 203n12; chemical 化学, 184n7; computation and 计算与, 135, 137; dendrites and 树突与, 42, 137, 190n27; electrical 电的, 184n7; hot zone and 热区与, 72; neuron doctrine and 神经元学说与, 42; proteins and 蛋白质与, 196n21

T

U

V

W

Z

译后记

> 正如光明以黑暗的存在为前提一样，意识也以无意识的存在为前提。
>
> —— Koch, C. (2012). *Consciousness: Confessions of A Romantic Reductionist*, MIT Press.

> 道德选择、创造力和人类文化只有在意识的光照之下才可想象。
>
> —— Damasio, A. (2021). *Feeling & Knowing: Making Minds Conscious*, Pantheon Books.

　　随着人工智能（AI）的惊人进步，关于"AI是否已经有了意识"、"AI是否能演变成具有意识的存在"，以及"如何构建有意识的AI系统"等一类问题，开始成为学界和公众都关注的热点话题。由于对AI现状和前景的不同认识和感受，人们对此类问题的态度和情绪也不一而足，有欣喜者，有武断者，有谨慎者，有期待者，有困惑者，有忧虑者。然而，如果要想对这类问题给出一种不受舆论裹挟的、理据充分且有信服力的判断和回答，我们就需要或者必须从意识理论中去寻找依据和答案。鉴于目前尚未出现受到普遍公认的意识理论，因此，继续致力于构建一个具备共识的理论体系，这既是意识的哲学-科学的崇高目标，亦是意识研究者的学术使命。

我一向认为，现代意识研究至少要对三个维度的问题做出回答：

D1. 现象学问题：探讨如何经第一人称体验（日常感知和内省的体验、异常状态的体验、冥想状态的体验等）对意识的本质做出描述。这事关意识的定义。

D2. 自然科学问题：探讨与意识活动或状态对应的生物神经机制或更深层的物理机制。

D3. 哲学（或形而上学）问题：探讨意识在宇宙中的地位，或心身关系的究竟，这构成了当代意识研究中所谓的"难问题"（hard problem）。若无法对此问题予以合理阐释，意识对理智造成的困扰就无法最终消弭。①

如此一来，这三个维度就构成了审视和衡定一个现代意识理论是否全面的基本参照系。

2023年是意识研究领域非常热闹的一年，其中几项瞩

---

① 如果方法论也考虑进去，那么意识研究还包括第四个维度的问题，即"D4. 方法论问题：探讨研究意识的恰当方法，以及如何拓展研究意识的方法"。

目的事件均与本书作者科赫及其倡导和支持的整合信息理论（Integrated Information Theory，IIT）有关[1]。并且其中涉及的问题可以对应到我提出的三维参照系中。

第一件事是有关意识理论之间的"对抗性合作"（adversarial collaboration）。2019年，在是时任艾伦研究所（Allen Institute）首席科学家、IIT支持者科赫和邓普顿世界慈善基金会（Templeton World Charity Foundation，TWCF）"发现科学"（Discovery Science）项目主任戴维·波吉特（David Potgieter）的联合创意下，邓普顿世界慈善基金会承诺出资2000万美元，发起一项名为"加速意识研究"（Accelerating Research in Consciousness，ARC）的计划，用于检验不同的意识理论。2019年11月在芝加哥召开的世界神经科学年会上，该计划宣布第一阶段项目正式启动，该阶段的项目名称是"针对GNWT与IIT的合作：检验关于体验的替代理论"（Collaboration On GNW and IIT: Testing Alternative Theories of Experience，简称COGITATE）。2023年6月23日，在纽约市举行的第26届意识科学研究协会（Association for the Scientific Study of Consciousness，ASSC）年会上，项目组披露了这两个意识理论之间"对抗性合作"的成果。概括地说，IIT认为意识的神经机制或神经相关物主要位于包括感觉区在内的后皮层热区，也就是包括皮层后部颞-顶-枕叶交界处在内的脑区；GNWT认为，意识的神经机制主要涉及脑前部的前额皮层。顾凡及先生将IIT

---

[1] 顾凡及先生在公众号"返朴"上的文章"一场意识理论大混战，甚至'伪科学'帽子都飞出来了"对这些事件有非常深度精彩的介绍。

关于意识神经机制的观点简称为"后脑理论"，而将GNWT的简称为"前脑理论"。《科学》（*Science*）杂志和《自然》（*Nature*）杂志分别于2023年6月30日和2023年7月6日相继撰文报道了第26届ASSC年会上披露的对这两个理论开展对抗性合作实验的评估情况。尽管参与"对抗性合作"项目的研究人员在实验结果究竟更支持哪个意识理论上的态度非常谨慎，甚至很模糊，但总体上实验结果似乎对IIT的理论预测更支持一些。《科学》杂志中的报道是：

> 总的来说，实验的初步结果（记录了志愿者看屏幕和按按钮时的脑活动）支持意识产生于脑后部感觉区的观点。

《自然》杂志中的报道是：

> 六个独立的实验室按照预注册的协议进行了对抗性实验，并使用各种互补的方法来测量脑活动。其结果（尚未经过同行评审）与这两种理论都不完全匹配。

> 位于德国法兰克福的马克斯·普朗克实证美学研究所的神经科学家梅洛尼（Lucia Melloni）是参与这项研究的研究人员之一，她说，"这告诉我们，这两种理论都需要被修正"，不过，"每个理论的修正程度略有不同。"

所以在实验过程中 GNWT 的表现比 IIT 差一些。"但这并不意味着 IIT 是正确的，而 GNWT 是错误的"，梅洛尼说。这意味着支持者们需要根据新的证据重新思考他们提出的机制。

第二件事是科赫与查默斯关于意识神经机制的一场赌局。这件事应该说是第 26 届 ASSC 年会上的一个插曲。1998 年，应该是在第二届 ASSC 年会上，作为神经科学家的科赫与哲学家大卫·查默斯打赌，科赫预言脑神经元生成意识的机制将在 2023 年被发现。时隔多年，这个赌局差不多已经被人遗忘了。然而，几年前，曾在 1998 年采访过查尔默斯斯的德哥尔摩科学记者佩尔·斯内普鲁德（Per Snaprud）见两人都参加了邓普顿世界慈善基金会资助的对抗性合作项目，于是旧事重提，使这个赌局再度进入公众视野，而特别让人津津乐道的是赌局设定的赌注——一箱葡萄酒。2023 年正好是兑现赌局的时间。《科学》杂志在报道中写道，"科赫在会上承认，关于意识的那些[神经]相关物仍不明朗"，"尽管科赫青睐的理论现在比 GNWT 更有优势，但他不得不承认，科学还没有发现意识的神经相关物。他用一箱美酒兑现与查默斯的赌约。他在台上宣称，'我在这赌局量中败北，但赢得了科学之战的胜利'"。而《自然》杂志在报道中写道，"至于赌局，科赫不愿意承认失败，但在 ASSC 会议前一天，他买了一箱精美的葡萄牙葡萄酒来兑现他的承诺。他会考虑再赌一把吗？他表示，'我会加倍努力，从现在起二十五年后现实目标是是现实可行的，因为技术在不断进步，你知道，考虑到我的年龄，我不能等超过 25 年'"。

　　第三件事是2023年9月16日由124名学者（其中不乏一些专门研究意识的头面人物）联署的一封公开信。公开信的标题颇具挑衅和煽动意味——"作为伪科学的意识的整合信息理论"（*The Integrated Information Theory of Consciousness as Pseudoscience*）。公开信的核心意思可分为两层，即"表层"与"深层"。就"表层"而言，公开信认为，包括《自然》和《科学》杂志在内的一些媒体在报道"对抗性合作"的研究成果时，在IIT未获得明确、全面的经验实证支持的情况下把IIT宣传为"占优势的"（dominant）、"得到确认的"（well-established）或"处于主导地位"（leading status），同时，IIT的支持者也一直在公众中传播其处于优势地位的观点，而这些不实的宣传是对公众的误导。就"深层"而言，公开信认为，IIT对泛心论（panpsychism）的承诺——譬如，IIT会认为类器官、胚胎甚至植物都可能有意识——不仅缺乏科学依据而且难以通过科学方法加以检验，甚至带有神秘主义色彩而与人们对已知科学的理解相去甚远，因此，在整个理论得到实证检验之前，适合给它贴上伪科学的标签。

　　不难看出，上述三件事情不但反映出学界对当代两个主要意识理论——IIT与GNWT——在意识机制上存在的分歧，而且更重要的是，它反映出学界在如何解决意识的形而上学问题（即"难问题"）上存在更严重的分歧，甚至是对立。我认为，公开信对IIT的意见主要还不在于"表层"，因为"表层"可以通过进一步的科学实验做出公平合理的裁定；而关键在于"深层"。因为"深层"涉及到人们秉持的哲学立场或世界观。毋庸讳言，联署公开信的不少学者可能一听到"泛心论"便可能产生抵触甚至表现出反感，原因一方面在于IIT的泛心论承诺与怀特海在《科学与近代世界》一书中所概括的近代"科学物质主义"（scientific materialism）的基本观念存在本质冲突，或者有违人们的"日常直觉"，另一方面在于IIT过于泛化地将系统的整合信息度"Φ"与意识关联在一起。在IIT看来，只要一个系统具有自我作用的因果力或复馈的（reentrant）因果力，这样的系统就是一个整体，就具有能以某个Φ值度量的某一程度的意识。如此一来，这就导致只要一个系统是整体，不论它是一个原子、分子、细胞、胚胎还是植物，就有意识。这种对意识的泛化使用不仅使IIT的泛心论承诺广受诟病，而且使人们对意识内涵的理解愈加混乱。我的观点是，泛心论是在二元论、物质主义和观念论之外解决"难问题"的第四种方案，它自有其合理性。但我们在使用"泛心论"这个概念时，要对其内涵做出必要的限定和区分。我认为，IIT所的泛心论承诺更准确地来说应该是"泛主体论"（pansubjectivism），即任何IIT意义上的整体都是宽泛意义上的主体或一种内在存在，它具备维持自身之为整体的自我作用的因果力。泛心论作为一种存在论（ontology），最终能否成为与科学兼容的观念体系，这对意识的形而上学问题的解决当然具有决定性的意义。然而，我认为，就公开信因为IIT蕴含了泛心论的承诺就给它贴上"伪科学"的标签实在有些武断和过度了。武断不符合科学开放和理性评判的精神。在本书的一个注释中，科赫写道，"作为一项独特的实践，科学拥有其专属的职业精神、研究方法，以及与伪科学、技术、哲学和宗教的明确分界。"

最终，泛心论在人类观念史上的前景和地位，只能交由历史来予以评判。

我对科赫的研究工作一直比较关注。我之前与安晖博士一起译过他的上一部专著 Consciousness: Confessions of a Romantic Reductionist（《意识：一个浪漫还原论者的自白》），并于2015年在机械工业出版社出版。就在不久前，人民大学出版社的编辑联系我，告诉我，人民大学出版社想再次出版 Consciousness: Confessions of a Romantic Reductionist 的中译本。我欣然答应了编辑的提议，对之前的译稿进行了一次全面细致的修订，这个工作也已完成。

本书翻译始于2019年秋冬，当时英文版也刚出版不久。我翻译了目录、前言、致谢、第1-7章，陈琰（浙江大学哲学学院科学技术哲学2020级硕士研究生）译了第8-14章、尾声、注释和索引。之后，我在2020年春夏之际统校了一遍，形成了一个完整的译稿。岁月婉转，此后几年，我又断断续续对全译稿做了两遍统译。现在，这本译著也终于要出版了。

本书的翻译获得国家社科基金一般项目"心智的生命观研究"（20 BZX 045）、国家社科基金重大项目"马克思主义认识论与认知科学范式的相关性研究"（22&ZD 034）、科技部科技创新2030"脑科学与类脑研究"重大项目（2021ZD 0200409）等基金的资助或支持，对此我们深表谢忱！

李恒威

2024年1月18日

图书在版编目（CIP）数据

生命本身的感觉 / （美）克里斯托夫·科赫著；李恒威译 . —长沙：湖南科学技术出版社，2024.7
（第一推动 . 生命系列）
ISBN 978-7-5710-2797-1

Ⅰ . ①生… Ⅱ . ①克… ②李… Ⅲ . ①神经科学 Ⅳ . ① Q189

中国国家版本馆 CIP 数据核字（2024）第 059992 号

伟 2019 Massachusetts Institute of Technology
All rights reserved. No part of this book may be reproduced in any form by any electronic or
mechanical means (including photocopying, recording, or information storage and retrieval)
without permission in writing from the publisher.
湖南科学技术出版社获得本书中文简体版独家出版发行权
著作权合同登记号 ： 18-2024-072
版权所有，侵权必究

SHENGMING BENSHEN DE GANJUE
生命本身的感觉

著者	印刷
[美] 克里斯托夫·科赫	长沙超峰印刷有限公司
译者	（印装质量问题请直接与本厂联系）
李恒威	厂址
出版人	宁乡市金州新区泉洲北路 100 号
潘晓山	邮编
责任编辑	410600
王梦娜　李蓓　吴诗	版次
营销编辑	2024 年 7 月第 1 版
周洋	印次
出版发行	2024 年 7 月第 1 次印刷
湖南科学技术出版社	开本
社址	880mm×1230mm 1/32
长沙市芙蓉中路一段 416 号	印张
泊富国际金融中心	12.5
http://www.hnstp.com	字数
湖南科学技术出版社	275 千字
天猫旗舰店网址	书号
http://hnkjcbs.tmall.com	ISBN 978-7-5710-2797-1
邮购联系	定价
本社直销科 0731-84375808	68.00 元

版权所有，侵权必究。